中国东部海域海底地震探测

张训华 吴志强 刘丽华 等 著

科学出版社

北京

内 容 简 介

本书概述海底地震仪(OBS)深部地震探测的原理、发展历程和现状，以及我国东部海域深部地质研究存在的科学问题，重点论述针对 OBS 深部地震探测的工作特点和技术难点，攻关研究形成的立体枪阵延迟激发震源设计、台站数据净化和速度反演等技术，提高了原始资料信噪比和反演精度。利用上述技术方法，在南黄海实施两条 OBS+地震台站的海陆联测地震测线，查明了南黄海深部地质结构和深大断裂分布，验证了扬子与华北块体在海区接触关系的推测，厘定了扬子块体在海区的分布范围；通过东海陆架盆地-冲绳海槽 OBS 深部探测，证实了洋陆过渡带内深部上涌的软流圈不断向东带动岩石圈进行幕式伸展拉张，并引起弧后地区的构造迁移，认为冲绳海槽南部地区地壳已经破裂，进入到海底扩张的初始阶段，冲绳海槽南部已经出现了初始的洋壳。

本书适合从事海底地震探测与构造地球物理研究的科研人员以及高等院校相关专业的教师、高年级本科生和研究生阅读使用。

审图号：GS 京(2022)0618 号

图书在版编目(CIP)数据

中国东部海域海底地震探测/张训华等著. —北京：科学出版社，2022.8
ISBN 978-7-03-071123-6

Ⅰ. ①中… Ⅱ. ①张… Ⅲ. ①海底–地震勘探–研究–中国 Ⅳ. ①P631.4

中国版本图书馆 CIP 数据核字(2021)第 258987 号

责任编辑：孟美岑　韩　鹏/责任校对：郝甜甜
责任印制：吴兆东/封面设计：北京图阅盛世

科 学 出 版 社 出版
北京东黄城根北街 16 号
邮政编码：100717
http://www.sciencep.com

北京建宏印刷有限公司 印刷
科学出版社发行　各地新华书店经销
*

2022 年 8 月第 一 版　　开本：787×1092　1/16
2022 年 8 月第一次印刷　　印张：14 1/2
字数：340 000

定价：198.00 元
(如有印装质量问题，我社负责调换)

序

西太平洋洋陆转换带拥有宽阔的陆架，汇聚全球 70%的边缘海，是地球各圈层相互作用与浅地幔系统活动最强烈的地区之一。由于被海水与第四系沉积层覆盖，其深部组成结构的探测成为当今地球科学的一个前沿领域，备受地球科学家的关注。我国的黄海和东海处在洋陆转换带的东亚大陆一侧，探测这一区域的深部壳幔结构，对于地球浅地幔系统研究与深层油气资源勘探都有重要意义。

地震勘探方法是海洋地质调查必不可少的重要手段之一。20 世纪 60 年代，沉放在海底、具有自主记录功能的海底地震仪(ocean bottom seismograph，OBS)研发成功，并在海底地震探测中得到了广泛的应用，成为海洋深部地震探测的主流技术方法。尤其是主动源 OBS 地震探测研究，开辟了海洋科学探测的新途径。

自 2012 年以来，青岛海洋地质研究所张训华团队开展了贯穿渤海-胶东半岛-南黄海-朝鲜半岛的主动源 OBS 海陆联测调查和东海陆架-琉球岛弧的主动源 OBS 深部地震探测，查明了东海陆架盆地及冲绳海槽的深部地壳结构，揭示了西太平洋东海陆架至冲绳海槽地区的地壳深部构造，并研究了扬子块体与黄海演化的关联问题。该书总结了作者团队研发的 OBS 资料采集与处理关键技术和多年取得的原创性研究成果。我谨向科技界推荐本书，也向作者们表示诚挚的祝贺。

中国科学院院士
浙江大学研究员
2021 年 7 月 9 日

前　言

中国东部的渤海、黄海、东海和中国台湾以东海区地处欧亚大陆东部边缘，属于印度-澳大利亚板块、欧亚板块和太平洋板块三大板块交汇处的东部锋线。中-新生代以来，由于印度-澳大利亚板块沿西部锋线向欧亚板块向下俯冲，以及太平洋板块向东撤离，这一地区长期处于板缘俯冲、板内裂离的状态，形成了一系列中-新生代拉张断陷盆地。长期以来，海洋地质调查的重点主要集中在浅部，油气勘探的目标层主要是中-新生代盆地，在渤海与东海陆架盆地东部坳陷带的新生代地层内均获得了油气发现，而且已经成为我国海上油气的主要产区，而黄海是我国唯一尚未获得工业油气流的海域。进入 21 世纪，中国东部海域的油气勘探开始向深部进军，在东海发现了新生代之下的侏罗纪"大东海"，也开始关注黄海深部的中-古生代地层。

中国东部海域上覆有海水和第四系，浅部还有新近系之下的高阻抗区域不整合面存在，加之华北克拉通破坏、闽浙带岩浆活动、苏鲁造山带两侧前陆挤压等对地壳深部地质结构改造强烈，使得深部探测和研究异常困难。长期以来，受限于深部地质调查设备和技术，中国东部各主要块体之间的界线及深浅关系、扬子块体的东延、朝鲜半岛的大地构造属性、绍兴-江山断裂在海中的延伸与走向，以及冲绳海槽的洋壳化程度与演化阶段等诸多构造问题，始终困扰着地质学界。中国东部海域的深部地质调查与基础研究，不仅关系着中国东部印支期以来的构造演化研究，也进一步关系到基础地质理论的发展，更直接影响了深部油气资源勘探，以及地震预报、防震减灾等。

海底地震仪（OBS）是一种沉放于海底，自主记录地震信号的探测设备，始创于 20 世纪 60 年代。这种设备长期被外国公司垄断，进口价格昂贵，关键技术封锁，严重制约了我国海底深部探测。21 世纪初，针对上述现状和问题，国家设立专项项目投入研发了 OBS 系列装备与技术，并实现了商业化量产，极大地满足了我国海域壳幔结构探测需求。借国产 OBS 商业化量产的东风，近十几年来，海洋地质科技工作者相继在我国近海海域开展了若干 OBS 深部地震调查工作，获得了系列地学剖面，也取得了一系列新的发现和认识，并出版了介绍 OBS 探测理论方面的专著，对推动海底地震探测研究发挥了重要作用。

本书对青岛海洋科学与技术试点国家实验室鳌山科技创新计划项目、"973" 计划项目子课题和国家自然科学基金国际（地区）合作交流项目等三个实际调查项目做了介绍，对在其支持下实施的跨越江苏北部近海-南黄海中部隆起-朝鲜半岛、东海陆架-冲绳海槽和南黄海-山东半岛-渤海的三条 OBS 地学大断面进行了刻画，对探测和研究过程做了纪实性总结。主要内容包括：我国东海、黄海、渤海及邻区存在的深部地质关键科学问题，OBS 深部地震探测存在的核心技术难题，研发深部探测针对性关键技术及实施

OBS 深部地震探测的过程，获得的南黄海、东海深部地震探测剖面与进而得到的地壳结构特征，揭示的火成岩、断裂体系、沉积盆地和深部构造之间的相互关系，以及对太平洋板块俯冲的远程构造效应等科学问题的探讨。

总之，本书介绍了 OBS 深部地震探测的发展历程和现状，以及我国东部海域深部地质研究存在的科学问题，针对 OBS 深部地震探测的工作特点和技术难点，重点论述了攻关研究形成的立体枪阵延迟激发震源设计、台站数据净化和速度反演等技术，以及原始资料信噪比和反演精度提高方法。利用上述技术方法，在山东半岛-南黄海-朝鲜半岛实施两条 OBS+地震台站的海陆联测地震测线，获得了南黄海及邻区深部地质结构和深大断裂分布，验证了扬子与华北块体在海区接触关系的推测，厘定了扬子块体在海区的分布范围；通过东海陆架盆地-冲绳海槽 OBS 深部探测，证实了洋陆过渡带内深部上涌的软流圈不断向东迁移，带动岩石圈幕式拉张并引起弧后扩张中心的构造迁移，认为冲绳海槽南部地区地壳已经破裂，进入到海底扩张的初始阶段，冲绳海槽南部已经出现了初始的洋壳。

本书共由六章组成。前言由张训华、郭兴伟和吴志强撰写，第一章绪论由张训华、吴志强和祁江豪撰写，第二章区域地质背景由侯方辉、郭兴伟、吴志强和祁江豪撰写，第三章 OBS 资料采集技术由吴志强、祁江豪、赵维娜、孟祥君和张训华撰写，第四章数据处理技术由张建中、赵维娜、李同宇、吴志强和祁江豪撰写，第五章南黄海深部地震探测成果由张训华、刘丽华、赵维娜、吴志强、祁江豪和侯方辉撰写，第六章东海深部地震探测成果由张训华、祁江豪、吴志强、赵维娜、孟祥君和侯方辉撰写。张训华和吴志强对全书进行统稿，田振兴编排全稿格式，王燕清绘插图。

在此要特别感谢杨文采院士，在书稿完成之际，承蒙杨院士审阅全文并欣然作序。他在序中指出，"地震勘探方法是海洋地质调查必不可少的重要手段之一""尤其是主动源 OBS 地震探测研究，开辟了海洋科学探测的新途径""该书总结了作者团队研发的 OBS 资料采集与处理关键技术和多年取得的原创性研究成果"。

本书的成果是中国地质调查局青岛海洋地质研究所海底地震深部探测团队全体成员的辛勤劳动成果，同时也是与中国科学院地质与地球物理研究所、自然资源部第一海洋研究所、中石化上海海洋石油局第一海洋地质调查大队、中国地震局地球物理勘探中心、中国海洋大学和北京软岛科技有限公司的合作结果。特别需要指出的是，南黄海 OBS 深部地震探测，也是与韩国海洋科学技术院（KIOST）、韩国釜山国立大学（PNU）等机构国际合作的结晶。在项目实施过程中，得到外交部边界与海洋事务司、亚洲司，多个综合部门及中国地质调查局的大力支持。在研究和写作过程中，得到了李家彪院士、郝天珧研究员、刘保华研究员、丘学林研究员、赵明辉研究员、郑彦鹏教授、刘怀山教授、阮爱国研究员、何起祥研究员、刘守全研究员、戴春山研究员、肖国林研究员、王修田教授、于常青研究员、李丽研究员、杜立筠高级工程师等专家学者的悉心指导与大力支持。本书的出版与项目组其他研究人员的同心协力密不可分，在这里不一一列举他们的名字，谨向大家致以衷心感谢。同时也感谢"发现号""发现 2 号""勘 407"和"向阳红 8 号"调查船上的工程技术人员和船员的辛勤劳动。

热忱希望本书的出版能为广大地球物理工作者,尤其是从事海底地震探测研究的科技工作者提供一些有价值的技术、方法,并令大家了解在中国东部海域地壳深部结构研究中的新发现、新认识、新成果。希望可以在地壳深部结构、东亚大陆边缘块体间相互关系,以及西太平洋沟-弧-盆形成演化等研究中发挥些许作用,为海底地震探测工作提供借鉴。

本书在撰写过程中难免存在不足和疏漏,一些认识和观点也有待进一步思考与完善,恳请读者给予批评、指正,以求不断完善和改进。

目 录

序
前言
第一章 绪论 ·· 1
    一、中国东部海域深部地质探测历程 ·· 1
        (一)南黄海 ·· 1
        (二)东海 ··· 3
    二、OBS 深部地震探测技术发展历程 ··· 4
        (一)国际 ··· 5
        (二)国内 ··· 6
    三、关键科学与技术问题 ··· 7
    四、主要进展和成果 ·· 8
第二章 区域地质背景 ··· 10
    一、南黄海 ··· 10
    二、东海 ·· 13
第三章 **OBS** 资料采集技术 ··· 16
    一、OBS 结构与工作原理 ·· 16
        (一)结构 ··· 16
        (二)工作原理 ··· 18
    二、地震波震源激发技术 ··· 19
        (一)气枪激发地震信号机理 ··· 19
        (二)激发地震波特征分析 ·· 27
        (三)大容量枪阵组合设计方法 ··· 30
        (四)应用效果 ·· 44
第四章 数据处理技术 ··· 60
    一、处理流程简介 ··· 60
    二、数据净化处理 ··· 62
        (一)特征分析 ·· 62
        (二)组合净化 ·· 67
        (三)效果分析 ·· 77
    三、信号增强技术 ··· 78
    四、P、Z 分量合并与波场分离处理 ·· 84

　　　　（一）压力(P)和垂直(Z)分量接收机理 ·· 84
　　　　（二）P 分量和 Z 分量合并方法 ··· 86
　　五、射线追踪与走时计算 ·· 94
　　　　（一）模型离散 ·· 95
　　　　（二）走时计算 ·· 96
　　　　（三）波前扩展 ·· 98
　　　　（四）射线追踪 ·· 99
　　六、层析成像速度建模技术 ·· 100
　　　　（一）OBS 资料的地震斜率数据拾取 ·· 101
　　　　（二）反射波斜率层析成像 ··· 105
　　　　（三）初至波与反射波联合斜率层析成像 ······································ 117
　　七、多尺度走时层析成像反演技术 ·· 123

第五章　南黄海深部地震探测成果 ·· 128
　　一、资料采集 ·· 128
　　　　（一）LINE2013 线 ·· 128
　　　　（二）LINE2016 线 ·· 131
　　二、震相分布 ·· 133
　　　　（一）LINE2013 线 ·· 134
　　　　（二）LINE2016 线 ·· 142
　　三、速度模型构建 ·· 145
　　　　（一）初始模型构建 ··· 145
　　　　（二）多尺度层析纵波速度结构 ··· 148
　　　　（三）射线追踪与走时拟合 ··· 153
　　四、全震相横波速度结构 ·· 164
　　　　（一）水平分量极化 ··· 164
　　　　（二）震相识别 ··· 165
　　　　（三）转换模式确定 ··· 166
　　　　（四）横波速度结构与波速比 ·· 170
　　　　（五）结果评价 ··· 173
　　五、地质解释 ·· 173
　　　　（一）南黄海上地壳岩性分析 ·· 173
　　　　（二）中朝、扬子块体及苏鲁造山带在海区的接触关系 ·················· 174
　　　　（三）朝鲜半岛南部的构造归属及构造动力学机制 ························ 182

第六章　东海深部地震探测成果 ·· 187
　　一、测线部署与资料采集 ·· 187
　　二、数据处理 ·· 188

三、震相分布 ·· 189
四、走时模拟 ·· 193
五、地质解释 ·· 202
 (一)二维速度结构模型分析 ·· 202
 (二)新生代构造迁移 ·· 203
 (三)冲绳海槽的地壳性质 ·· 206

参考文献 ·· 210

第一章 绪　　论

《中国东部海域海底地震探测》是依托青岛海洋科学与技术试点国家实验室鳌山科技创新计划项目(项目编号：2015ASKJ03-1)、"973"计划项目"典型弧后盆地热液活动及其成矿机理"之课题"构造地质过程及其对热液活动的控制"(课题编号：2013CB429701)和国家自然科学基金国际(地区)合作交流项目"黄海及邻区壳幔结构及深浅构造关系的综合地球物理研究"(项目编号：41210005)取得的主要成果之一。这些项目总体研究周期为 2012 年至 2017 年，其主要目标是：针对我国南黄海、东海深部地质的关键科学问题和海底地震仪(ocean bottom seismograph, OBS)深部地震探测的关键技术难题，研发针对性的深部探测关键技术，实施 OBS 深部地震探测，获得南黄海、东海深部地震探测剖面，进而得到研究区壳幔结构特征，揭示火成岩、断裂体系、沉积盆地和深部构造之间的相互关系，探讨太平洋板块俯冲的远程构造效应等科学问题。

根据南黄海、东海 OBS 深部地震探测的科学目标，上述三个项目针对 OBS 深部地震勘探的技术难题，开展了 OBS 资料采集与处理关键技术攻关研究工作，实施了南黄海海陆联合深部地震探测和东海陆架盆地-冲绳海槽 OBS 深部地震探测，获得了地壳速度结构剖面，取得了对南黄海深部地质、扬子块体与华北块体结合带在海区分布及接触关系，以及冲绳海槽地壳性质与演化规律等新认识。

一、中国东部海域深部地质探测历程

(一)南黄海

在本项目实施前，对南黄海的深部构造探测主要是采用重力、磁力探测和天然地震层析成像进行的。郝天珧等(2002，2003)分析了黄海地区的重力异常特征，利用布格重力异常数据反演计算出黄海地区的莫霍面深度在 29km 左右，仍属于大陆地壳，得出黄海东部存在一个 N-S 向的断裂带；地震层析成像显示其为深达岩石圈的深大断裂带，该断裂带北部与山东半岛五莲-青岛断裂相连，南部与韩国济州岛南缘断裂相连，构成中朝与扬子块体的"Z"字形拼合边界。张训华等(2008，2013)通过对南黄海海域重力、磁力资料反演处理得出莫霍面埋藏深度在 28~33km 变化，从海区向大陆，莫霍面深度呈阶梯状向下倾伏，但总体上等深线走向为 NE-NNE 向，岩石圈厚度为 80~100km。这一结论得到众多专家学者的研究结果的支持(Zhang et al.，2007；杨金玉，2010)。吴健生等(2014)利用地震资料和重力资料反演的方法得出下扬子地区的莫霍面深度为 30~33km，莫霍面深度起伏不大，说明地壳相对稳定，接近于均衡状态。皆颐等(2008，2009)利用地震层析成像揭示出速度异常分布，认为南黄海东部和西部分属不同的构造块体，推测南黄海与朝鲜半岛之间可能存在一个近南北方向的深断裂——黄海东部断裂。南黄海北部的千里岩隆起是苏鲁造山带在海区的延伸，徐佩芬等(2000)通过地震层析成像结果，认为苏鲁造山带的岩石层结构具有"鳄鱼楔状"速度结构特征，即华北地壳楔入扬子中地壳并覆盖在扬子岩石层古俯冲带之上，这种在碰撞带深部存在的楔状构造是具有普遍意义的(Xu et al., 2002)。

众所周知，苏鲁超高压变质带是印支期扬子块体向中朝块体俯冲折返形成的。在陆上苏鲁地区，超高压变质带西以郯庐断裂为界，东临黄海，以北主要为华北块体，以南则为扬子块体。扬子与华北块体于印支期发生碰撞拼贴，苏鲁造山带为两块体碰撞形成的过渡带，向海区延入千里岩隆起区。由于海区缺乏地质露头和深部地震探测资料，对苏鲁造山带向朝鲜半岛延伸大致有两类观点。

1. 苏鲁造山带延伸至朝鲜半岛，朝鲜半岛分属两大块体[图 1.1(a)]

以刘光鼎(1992)提出的苏鲁造山带与临津江带相连为主要代表观点，许多学者进行了不同方面的阐述。任纪舜(1999)提出了苏胶-临津江造山带，Zhang(1997)认为过临津江带(IB)后经日本海继续向北与中国东北地区延吉带相连；Yin(1993)则认为经临津江带后向南延入沃川带(OB)，与湖南剪切带组成中朝-扬子的缝合；Chwae 和 Choi(1999)提出苏鲁造山带经临津江后顺揪哥岭(Jooggaryeong)断裂向南延伸至沃川带；蔡乾忠(2002，2005)提出胶北造山带-千里岩隆起-临津江造山带是中朝块体与下扬子块体的分界线。也有学者认为苏鲁造山带与沃川带相连，认为京畿地块中近东西向延伸的洪城-奥德山带为两块体碰撞带在朝鲜半岛的位置(Oh et al., 2006a, 2006b)；近年来在京畿地块(GM)西南发现洪城杂岩(Zhai et al., 2007)，使得越来越多的学者将苏鲁造山带延伸至京畿地块洪城地区；侯泉林等(2008)则提出自临津江至沃川带构成了一条较完整的中生代造山带，为大别-苏鲁造山带在朝鲜半岛的东延。

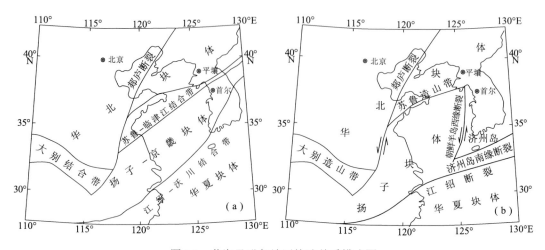

图 1.1 黄海及毗邻地区构造关系模式图

(a)据刘光鼎，1992；郭兴伟等，2014；(b)据郝天珧等，2003，2004

2. 造山带没有延入朝鲜半岛，朝鲜半岛整体上属中朝块体[图 1.1(b)]

张文佑(1983，1986)认为扬子块体陆域北界为嘉山-响水断裂带，海区为千里岩隆起南缘断裂，结合带在朝鲜半岛西侧海域内为断层接触；万天丰(2004)认为黄海东缘断裂与济州岛南缘断裂及青岛-五莲-荣成断裂组成中朝块体和扬子块体的"Z"字形边界；郝天珧等(2003，2004)依据黄海重磁反演和地震层析成像资料识别出朝鲜半岛西侧存在一条 NNE 向大型右行走滑断裂——黄海东缘断裂带，可能沿朝鲜半岛西缘向南绕过济州岛，然后到日本方向；胥颐等(2008，2009)根据 P 波速度各向异性特征认为黄海东缘断裂为块体缝合线；Chang 和 Park(2001)认为缝合线为黄海中部北西向转换断裂；翟明国等(2007)推测朝鲜半岛和中朝块体在晚古生代之前属于同一陆块，并提出了扬子块体与朝鲜半岛的拆离-逆掩模式；Ishiwatari 和 Tsujimori(2001)认为中朝与扬子的分界线一直延伸到台湾以东的石垣岛(Ishigaki)。

因此，实施海区的 OBS 深部探测，对于厘定华北与扬子块体在海区的接触关系及碰撞结合带的展布，意义重大。

(二)东海

为研究控制东海陆架盆地、冲绳海槽盆地等构造单元的形成演化的大地构造背景，我国与周边国家及地区进行了大量的深部地质地球物理调查工作，主要采用多道地震、重力、磁力与 OBS 探测等技术方法，进行了区域地质结构与深部地质特征的调查研究工作。其中，深部地质特征调查主要有：长江口—琉球海沟的地学断面调查(图 1.2 中的 A 线)，长度 725km 的跨越东海陆架盆地、冲绳海槽、琉球海沟延伸到菲律宾海的地震-重力-磁力综合探测测线(图 1.2 中的 B 线)，建立了反映沉积盆地和深部地壳宏观结构、岩石圈厚度展布，以及火成岩分布等地质特征的 2D 综合地质、地球物理模型(高德章等，2004，2006)；日本的岩石圈计划、中国台湾地区的 TAICRUST 计划等一系列调查研究计划，在冲绳海槽及琉球海沟等海域完成多条 OBS 深部地学探测剖面，揭示了冲绳海槽地壳的宏观结构特征(尚鲁宁等，2014)。

迄今为止，在我国东海地区仍有一些存在争议的科学问题。其中，最重要的就是西太平洋最年轻的、具备高热流和活跃构造运动的边缘海盆地——冲绳海槽盆地的地壳属性归属问题。针对这一正在经历快速拉张减薄作用的弧后盆地，目前存在拉张型大陆地壳(周祖翼等，2001；高德章等，2004；Arai et al.，2017)、过渡型地壳(郝天珧等，2004，2006)、新生大洋地壳(Lee et al.，1980；Kimura et al.，1986；梁瑞才等，2001)等多种观点。冲绳海槽地区地壳属性的厘定是众多海洋地质科学家关注的焦点，也是涉及中日海上划界的重要地质论证资料。开展深部壳幔结构研究，揭示深部构造特征，是解决这一问题的理想手段，这需要大量高精度的深部地球物理资料的数据支持。

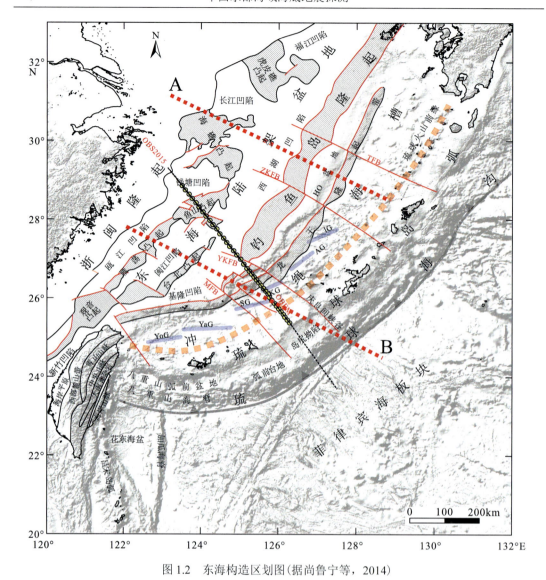

图 1.2　东海构造区划图(据尚鲁宁等, 2014)

阴影部分代表基底隆起, 橙色粗虚线为琉球火山前锋, 红色实线为主要的断裂带: MFB. 宫古断裂带, YKFB. 鱼山-久米断裂带, ZKFB. 舟山-国头断裂带, TFB. 吐噶喇断裂带。紫线为冲绳海槽中央地堑: YoG. 与那国地堑, YaG. 八重山地堑, SG. 先岛地堑, KG. 庆良间地堑, AG. 粟国地堑, IG. 伊平屋地堑。A 与 B 为重力、磁力、地震联合探测剖面(据高德章等, 2004)。OBS2015: 2015年 OBS 探测测线

二、OBS 深部地震探测技术发展历程

地震波(纵波、横波)在传播介质中非法线入射情况下, 在速度、密度发生改变的分界面上会发生反射情况, 同时也会出现传播方向改变的透射现象和地震波性质的转换。当非法线入射的地震波为纵波时, 在物性界面处可形成反射纵波、透射纵波, 以及反射横波、透射横波; 同理, 当倾斜入射的地震波为横波时, 也会形成上述四种类型的地震

波。由 Zoeppritz 方程的计算分析可知，非法线入射的地震波随入射角的变化，反射波与透射波的能量发生改变：当入射角等于临界角时，在产生折射波的同时，透射波能量急剧下降，反射波能量急剧增大；当入射角大于临界角时，则发生大能量的广角反射。

在海洋深部地震探测中，深部地层速度高、密度大，界面波阻抗差异小，造成小入射角地震反射能量弱，而广角地震[wide angle (aperture) reflection and refraction profiling, WARRP]勘探利用广角反射能量大的特点，可以获得深达莫霍面的地震反射信号。但是，广角地震需要大能量激发和大排列接收的特殊观测系统，拖缆地震勘探受地震船的拖曳能力限制，无法实现对深部地层的广角地震勘探。因此，能够实现与地震船分离的独立接收地震波的装备——OBS 应运而生。

（一）国际

OBS 问世于 1960 年，是当时美国为确定地下核试验的位置而研制的(Richards，1960)。由于其具有不受调查船束缚的独立布放、自主记录的特点，问世后得到世界各国海洋科技工作者的重视。随着 OBS 技术的发展和制造成本的下降，以及海洋地球科学发展的急切需求，以 OBS 为技术手段的海洋地震观测系统被广泛应用于天然地震观测及人工震源深部地质调查中(夏少红等，2016)，成为地球物理仪器与探测技术发展中的一个新的研究点，在海洋科学的研究中发挥着重要作用。从 20 世纪 70 年代开始，美国、日本及欧洲一些发达国家相继投入了大量的人力、物力研发 OBS 装备和技术，并将其作为一种常规的调查手段应用于海洋科学研究中。美国率先应用 Texas 仪器公司生产的 OBS 监测千岛群岛到堪察加近海海域天然地震，同年苏联莫斯科大学也研制了 OBS，在印度洋进行了观测试验，得出了印度洋中央海岭的微震主要发生在两条平行峡谷里的重要结论(Kasahara and Harvey，1977；卢振恒，1999)。从 20 世纪 80 年代开始，利用大容量气枪阵列震源+OBS 的广角/折射地震探测方法，在印度洋(Trey et al.，1999)、南极洲罗斯海域(Charvis and Operto，1999)、日本海沟(Miura et al.，2005)、地中海(Bohnhoff et al.，2001；Drakatos et al.，2005；Sachpazi et al.，2007；Martinez et al.，2008；Davide et al.，2009)、挪威海(Breivik et al.，2003)等许多具有重大地质意义的海域进行过海洋深地震探测实验，获得了一系列研究成果(阮爱国等，2004；吴振利等，2008；夏少红等，2016；刘训矩等，2019)。

到目前为止，利用 OBS 深部地震探测技术开展了多个深部地壳探测计划，比较著名的有台湾大地动力学国际合作研究(TAIGER)、新西兰南岛地球物理断面计划(SIGHT)、东南加勒比海大陆动力学计划(BOLIVAR)、洛杉矶区域地震试验计划(LARSE)、格陵兰陆缘地震探测试验(SIGMA)等，均是在海区布设 OBS 台站，通过与陆上地震流动台站进行结合的方式进行海陆联合深地震探测(Okaya et al.，2002；Nazareth and Clayton，2003；Van Avendonk et al.，2004；McIntosh et al.，2012；Eakin et al.，2014)，旨在了解海陆过渡带地区横向上的地壳结构变化规律。

(二)国内

我国拥有广阔的海洋,海洋深部地质结构探测与研究是海洋地质调查研究的重要内容之一,海洋深部地震探测是重要的工作手段之一。我国海洋深部地震探测发展历程可以大致分为三个阶段:双船扩展广角反射/折射探测阶段、OBS地震探测技术合作引进阶段和自主研发与探测阶段。

1. 双船扩展广角反射/折射探测阶段

1985年,广州海洋地质调查局与美国哥伦比亚大学拉蒙特-多尔蒂地质观测所合作,在我国南海北部陆缘采用双船扩展广角反射/折射探测(synthetic aperture profile,SAP)方法,探测了陆缘地壳结构,并得到来自上地幔的反射波,发现上地幔中存在断层,为研究大陆岩石圈的构造变形提供了基础资料(姚伯初等,1994),开启了我国海洋深部地震探测的先河。

2. OBS地震探测技术合作引进阶段

双船扩展广角反射/折射探测施工难度大、成本高,难以大面积推广应用。因此,我国海洋地质工作者将深部地震探测聚焦在OBS探测手段上。1993年,中国科学院南海海洋研究所与日本东京大学地震研究所、海洋研究所等机构合作,在南海北部边缘中段完成了一条多分量OBS测线(Yan et al.,2001),获取了地壳和莫霍面的纵波、转换横波震相(赵岩等,1996;王彦林和阎贫,2009);后于1996年,与德国基尔大学海洋地学研究中心(GEOMAR)合作,在南海西北部完成三条单分量海底地震仪(OBH)测线,获取了莺歌海盆地和西沙海槽地区的地震剖面记录(丘学林等,2000)。

3. 自主研发与探测阶段

进入21世纪,在"863"计划支持下,中国科学院地质与地球物理研究所自主开发、研制了OBS,并于2003年在潮汕凹陷实验中成功获得良好的地壳速度结构剖面,标志着我国海洋OBS深部地震探测进入了快速、自主发展的阶段,形成了"国产装备、自主组织、自主实施"的新局面。应用新研发的国产OBS,中国科学院、国家海洋局和中国地质调查局所属的海洋地质调查研究机构,在南海和渤海开展多航次的OBS深部地震探测工作,获得丰富的调查成果。通过南海的OBS深部地震探测,识别出壳内高速层(卫小冬等,2010)、低速层(赵明辉等,2006,2007)、滨海断裂带(赵明辉等,2004a,2004b;徐辉龙等,2010)等特殊构造单元,获得大量的深部结构信息,极大地丰富了对于南海北部、西北部地壳结构的认识。在南海中北部、西南次海盆等地区,国家海洋局第二海洋研究所、中国科学院南海海洋研究所等单位也开展了OBS广角折射/反射深地震探测实验,并且于2011年在南海中央次海盆珍贝-黄岩海山区开展了首次OBS三维地震探测实验(张莉等,2013)。相比深地震测线较多的南海地区,我国北部近海的深地震探测试验开展较晚。2010年与2011年，中国科学院地质与地球物理研究所与国家海洋局第一海洋研究所在渤海开展了两条NWW-SEE向和NEE-SWW向的海陆联合深地震探测测线，在两条共轭分布的测线上分别布设了51台及40台OBS，旨在了解渤海地区的深部地壳结构特征(支鹏遥等，2012)。

OBS深部地震探测是一种特殊装备、特殊观测系统和特殊应用领域的勘探方法，与拖缆地震勘探存在较大的差异，因此，在进行OBS深部地震探测的同时，还开展了资料采集与处理技术方法的攻关研究工作。针对OBS深部地震探测需要接收上百千米远的广角反射/折射地震信号必须提高地震激发能量的需求，开展了大容量气枪阵列震源的激发特征及地震波传播机理的研究工作，得出了大容量气枪震源具有丰富低频信号(4～8Hz)的低频震源，其激发的地震波具有传播距离远、穿透深度大、波形稳定和易于识别的特点(林建民等，2008；赵明辉等，2008)，同时还具有较丰富的10Hz以上的信号成分，是海洋深部地震探测和海陆联测的地震激发手段(丘学林等，2007)。

海陆联合深地震探测在观测系统、数据频带及有效信号等方面与常规地震有明显不同，其数据处理主要由三部分组成：①原始数据预处理，信号接收仪器以连续记录的形式存储有效信号，但连续的数据格式并不适合后续处理，因此利用导航等信息将原始数据解编为SEG-Y格式(或SAC格式)，形成共接收点道集或者共激发点道集；②数据常规处理，引用常规地震勘探中的反褶积等处理手段提高有效数据的信噪比；③数据成像。

目前，OBS深地震探测最主流的数据成像方法是初至波层析成像及走时拟合射线追踪。同时研究者还研发了数据格式的转换、二次定位、时差校正、基准面校正、水平(X、Y)分量旋转、波场分离等技术方法，并将增益恢复、滤波、反褶积等常规地震勘探的处理方法应用到OBS台站数据处理中(刘丽华等，2012)。

三、关键科学与技术问题

在大地构造背景上，黄海、东海位于欧亚板块和太平洋板块结合地带，为典型的板块汇聚作用区，西太平洋洋陆过渡带存在一系列典型的沟-弧-盆体系，正发生着大陆增生、弧陆碰撞、板块消减等现代地质构造过程，既是全球构造研究的热点，也是未来打开地球系统众多科学问题的关键区域。

下扬子块体的主体位于南黄海，扬子与华北块体结合带从陆地向东延伸进入南黄海。由于缺乏深部地震探测资料，对扬子块体东延进入南黄海后平面展布范围及华北、扬子块体接触关系和结合带的分布等存在分歧，成为制约南黄海区域地质研究深入开展的主要科学问题。

近三十年来，随着研究方法、技术手段、仪器设备的不断进步，以及调查资料的不断丰富，对东海陆架盆地和冲绳海槽的构造地质学研究取得较大的进展。但是，在菲律宾海板块俯冲、南海板块-菲律宾海板块之间转换断层跃迁，以及冲绳海槽弧后张裂、前展等一系列重大构造地质事件之间的关系等科学问题上还存在不同的认识。特别是在冲绳海槽，虽然利用区域重力资料可以计算出冲绳海槽及邻区的地壳厚度和莫霍面深度，但该方法本身存在多解性，难以准确计算出地壳内各圈层的厚度和细致刻画莫霍面的起伏形态。折射地震很大程度上弥补了重力反演计算的不足，可以获取地壳内地震波速度变化特征，进而查明地壳岩层分布状况。但迄今为止，冲绳海槽的折射地震调查受震源能量、测线长度、仪器设备等诸多因素的限制，探测水平有待提高，冲绳海槽尤其是海槽南段的地壳属性仍需进一步探讨。

OBS深部地震探测与海洋多道地震探测存在较大的差异，无法全部引用多道地震探测技术方法，OBS探测技术研究成为OBS探测的主要工作之一。目前，OBS探测技术研究主要针对射线追踪走时模拟和层析速度成像方面，而针对大容量枪阵的组合设计和激发机理研究较少。另外，OBS深部探测时间采样间隔与空间采样间距均较大，原始地震记录的采集脚印特征明显，基于密集采样的多道地震数据净化处理方法无用武之地，亟需研发针对性的数据净化处理技术方法。

四、主要进展和成果

(1) 获得三条深部地震探测剖面，填补了我国在南黄海、东海OBS深部地学探测的空白。

从2013年开始，在国家自然科学基金项目、鳌山科技创新计划项目的支持下，实施了两条主动源海陆联合深部地震探测测线：贯穿渤海-胶东半岛-南黄海的LINE2013线和横贯南黄海海域到韩国西部陆地的LINE2016线，首次获得山东半岛、南黄海和朝鲜半岛区域性的深部地震探测数据。2015年，在"973"计划项目的支持下，实施了东海陆架至冲绳海槽南部的主动源OBS深部地震探测测线(OBS2015线)，填补了东海陆架盆地深部地震探测空白，实现了我国对冲绳海槽的深部地震探测。

(2) 创新集成OBS深部地学探测关键技术系列，部分成果处于国际领先水平。

通过浅海区OBS深部地学探测技术方法攻关，突破了浅海区OBS深部地学探测大能量气枪震源设计关键技术，提出了基于中、小容量气枪组合阵列的立体枪阵延迟激发震源关键技术，形成OBS数据震相信号增强、海底多次波自动搜索与压制关键技术，创新集成和优化了浅海区OBS资料采集、处理、速度建模与反演处理技术系列，在OBS资料采集与处理中取得良好的成果。这些关键技术的创新研发，推动了海洋OBS深部地学探测技术的进展，具有良好的示范作用。OBS深部地学探测大能量气枪震源设计技术处于国际领先水平，信号增强处理、速度建模广角反射成像处理与速度反演处理技术处于国内领先水平。

研究了OBS广角反射的速度求取方法，进行了OBS广角反射镜像偏移的成像处理技术攻关研究和资料处理，形成OBS广角反射波正演模拟、速度求取与成像处理等关键技术；模拟分析了南黄海海相地层界面的广角反射特征，建立广角反射走时与振幅等特征的识别标志，提出了OBS资料采集观测系统优化建议；建立了OBS广角反射及折射信号的层析速度分析方法,申请了相关专利,创新形成基于 OBS 广角反射波成像处理的关键技术和处理流程,使大间距台站 OBS 数据广角反射波成像处理关键技术处于国内领先地位。

(3)获得南黄海二维地壳速度结构剖面,为厘清华北-扬子块体在黄海接触关系提供了重要的地球物理依据。

LINE2013 线的探测结果表明,华北与扬子两大块体的边界结合带北、南分别以烟台-青岛断裂带和千里岩断裂带为界,结合带地壳结构更为复杂,千里岩隆起上地壳存在较大规模向南倾斜的高速异常,表明两块体碰撞结合时扬子块体发生了地壳拆离,华北地壳楔入扬子地壳中,在千里岩隆起上地壳残留了扬子块体的中下地壳,形成高速异常。华北块体莫霍面深度平均为 30km,在郯庐断裂带附近,地壳厚度较薄且下地壳出现了小规模高速异常,表明地壳深部发生过底侵和改造作用。LINE2016 线结果表明,黄海东缘断裂带确实是中朝与扬子块体的边界结合带,断裂带西侧下地壳速度大于东侧,且莫霍面埋深较深,地壳厚度可达 35km,而断裂带东侧莫霍面抬升明显。

(4)展现了西太平洋东海陆架至南冲绳海槽地区的弧后地壳深部结构,为冲绳海槽"初始洋壳"的认识提供了地球物理证据。

基于 OBS2015 广角地震探测成果,研究了西太平洋东海陆架至南冲绳海槽地区的弧后地壳深部结构,洋陆过渡区内莫霍面深度由东海陆壳区的 30km 显著抬升至冲绳海槽内的 15.5km,不同构造单元的地壳结构既有差异又有连续性。不同构造单元的地壳变化特征表明,弧后地区存在与地壳拉张减薄共生的一系列规模各异的不连续下地壳高速体,这是亚洲东部大陆边缘晚中生代以来太平洋板块俯冲背景下存在自西向东跃迁式后退拉张的直接证据,证实了洋陆过渡带内深部上涌的软流圈不断向东带动岩石圈进行幕式伸展拉张并引起弧后地区的构造迁移。与东海陆架盆地厚度大、速度正常的下地壳相比,位于冲绳海槽的测线段下地壳厚度减薄明显,在正常的速度背景上发育厚层的高速体(最高达 7.1km/s),推测是弧后拉张过程中幔源物质大量上涌的表现,结合浅部存在低速异常的岩浆房及岩浆岩刺穿沉积基底层等现象,认为沿测线的冲绳海槽南部地区地壳已经破裂,进入到海底扩张的初始阶段,冲绳海槽南部已经出现了初始的洋壳。

第二章 区域地质背景

一、南 黄 海

根据钻井和地球物理资料,在大地构造位置上,南黄海位于下扬子块体在海域的延伸部分(图2.1),是下扬子块体的主体(蔡峰和熊斌辉,2007)。其北部以苏鲁造山带为界与华北块体相邻,南部以江绍断裂带为界与华南块体相邻,西部与陆地的苏北盆地连为一体,整体上为建立在中、古生代海相地层之上,经中、新生代构造运动强烈改造的叠合盆地。

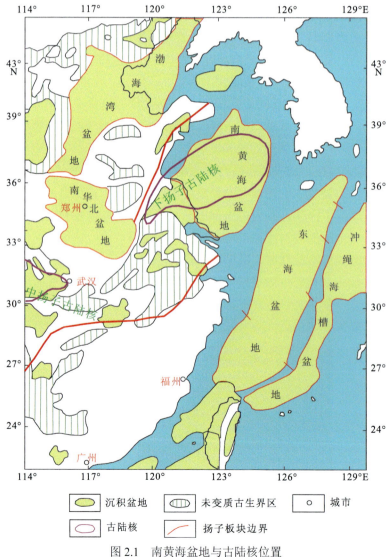

图2.1 南黄海盆地与古陆核位置

对扬子块体内的新太古代变质岩系的研究,近十余年来取得了显著的成绩。四川西部康定杂岩群下部的斜长角闪质混合岩内取得了最老为 2957Ma 的原岩形成年龄(全岩 Pb-Pb 一致线法),还有 2451Ma(锆石 U-Pb 法)、2404Ma(全岩 Rb-Sr 等时线)的年龄可能代表新太古代末期构造热事件的发生。在鄂西,原来的崆岭群已经被解体,其下部的东冲河岩群黑云母斜长变粒岩和斜长角闪岩已获得 2891Ma 的锆石 U-Pb 年龄(李福喜和聂学武,1987)。这些太古宙—古元古代褶皱变质岩系构成了扬子古陆核(万天丰,2004)。

扬子块体古元古代的变质作用主要为从中高温区域变质作用过渡到低温区域动力变质作用(低绿片岩—低角闪岩相),变质作用的温度和影响范围逐渐降低和缩小。古元古代末的构造事件并未使扬子块体形成统一的结晶基底,整个扬子块体最终形成统一结晶基底的时期为新元古代晋宁期。中元古代时期,扬子块体的大部分为稳定区(江苏、浙西北、湘西、川东、贵州和滇东),沉积地层厚度较薄;扬子块体西、北缘的构造活动带沉积地层厚度较大。在中元古代末期,北扬子陆块和南扬子陆块发生俯冲、碰撞,从而拼合成为大家熟知的扬子块体。新元古代早期,扬子块体大部分地区都经受了绿片岩相变质,并形成强烈褶皱,常见同斜褶皱,褶皱轴均以 EW 向为主(以现代磁场为准),此类褶皱是青白口纪构造事件的主要表现之一。通过此期构造变形,扬子块体形成统一的结晶基底。

新元古代南华纪时期(以前划为早震旦纪),扬子块体开始形成第一个沉积盖层。早期,扬子主体为陆地,古陆内或边缘发育河流相沉积,东南侧为海陆过渡相,下扬子地区为滨海潮坪沉积环境,西缘发育火山岩系;晚期,普遍被冰川覆盖。南华系与上覆震旦系普遍呈平行不整合接触,多数地区与下伏青白口系呈角度不整合接触关系。新元古代震旦纪时期(以前划为晚震旦纪),随着南华纪冰川的消融和长期夷平,海水自西南部侵入扬子块体,随后大规模海侵,沉积范围不断扩大。早古生代时期(加里东期),扬子块体经历了一个从海侵到海退的过程。早寒武世扬子块体大部分地区继承了震旦纪的构造环境,扬子主体为浅海环境;中寒武世扬子块体则处在广阔的浅海沉积环境中;晚寒武世气候转为干旱、炎热,形成许多白云岩和石膏沉积;奥陶纪沉积环境比较稳定,海水明显加深;志留纪扬子块体发生明显海退,形成半封闭浅海。志留纪晚期的加里东运动导致下扬子南部普遍隆升,形成了广阔而稳定的后加里东地台。晚古生代时期(海西期),扬子块体南部从早泥盆世开始就形成了碎屑沉积,而后海侵范围从西南向东北不断扩大,中泥盆世开始广泛发育浅海碳酸盐沉积;湖北与湘西北一带则以浅海碎屑沉积为主;下扬子和上扬子(四川)地区缺失泥盆纪沉积。石炭纪时,海水由南向北逐渐加深,从滨岸-滨海环境逐次到浅海,后期趋于稳定,沉积了一套以浅海碳酸盐岩为主的地层,物源主要来自南部闽浙隆起区。早、中二叠世时期,下扬子承袭了石炭纪沉积面貌,仍为南浅北深沉积格局,但岩相出现分异,总体上以浅海碳酸盐岩、滨海相碎屑岩和含煤沼泽相建造为主。海西运动在下扬子主要表现为频繁的差异升降运动,仅仅引起沉积的迁移和局部地层缺失。晚二叠世—三叠纪时期(印支期),扬子块体在晚二叠世—早、中三叠世期间处于浅海环境,大部分区域发育青龙组台地灰岩、灰泥岩沉积建造,仅在南部和西北部靠近物源区出现滨海和三角洲沉积。中三叠世晚期,海水开始向北退却,海盆被海湾或潟湖代替,局部有石膏沉积。至晚三叠世早期,海水进一步萎缩,发育黄马青组海陆交互相沉积。晚三叠世末,海水全面退出本区,最终结束了自南华纪以来的海相盆地沉积历史。

印支构造期是中国大陆主体基本形成的时期,也是西太平洋构造域西缘贝尼奥夫带的形成时期。该时期古太平洋板块沿贝尼奥夫带向 NW 方向俯冲,同时欧亚大陆相对向南运动,因而在欧亚大陆东缘形成近 SN 向左行力偶。中国东部形成了规模巨大的郯庐断裂,其东西两侧发生大规模的相对左行平移,破坏了古老基底构造形式。在左行扭动作用下,扬子块体内部沉积盖层广泛发育褶皱、断裂,形成印支构造体系。扬子块体北部与东部参与印支褶皱的地层是从南华系到中-上三叠统,其中,志留系中-下统的泥岩、页岩和中三叠统的膏盐层常常构成滑脱面,使其上下的地层表现出截然不同的褶皱形态和构造样式。扬子块体南部由于在加里东期发生过褶皱,印支褶皱常常在早古生代褶皱的基础上发育,而使印支构造事件表现得不太明显。

值得注意的是,青白口纪末期,扬子块体与秦岭-大别带的中间带发生过俯冲作用,扬子与华夏地块之间也可能发生了局部洋-陆俯冲作用。秦岭-大别带在早古生代末期曾经遭受过会聚与缩短作用,可能仍旧是洋-陆之间的俯冲作用,真正的陆-陆碰撞作用仅仅发生在三叠纪晚期,这样才最终形成秦岭-大别碰撞带。华夏地块在早古生代末期与扬子陆块发生会聚、挤压现象,并沿江山-绍兴一带最终完成碰撞拼合。

晚三叠世末的印支运动后,扬子陆块在侏罗纪时期(早燕山期)基本上继承了印支晚期的特点,一些大型的陆内前陆盆地或挤压挠曲盆地继续发育相关沉积,叠加在海相盆地之上。白垩纪时期(晚燕山期),太平洋板块向欧亚板块下俯冲,形成弧后伸展-拉张环境,扬子陆块在早燕山运动后处于应力松弛时期,古近纪时期(早喜马拉雅期)继承了晚燕山期的构造-沉积环境,从而导致其上广泛发育一系列断陷盆地。这些盆地以 NNE-NE 向为主,沉积厚度大,相变剧烈,沉降中心多作单向迁移。新近纪以来(晚喜马拉雅期),受大陆碰撞的影响,前期盆地萎缩,盆地遭受改造,上扬子地区整体抬升,下扬子地区形成拗陷型盆地叠加在断陷盆地之上。

现今的南黄海盆地是根据白垩纪—古近纪陆相地层的分布范围圈定的,自北而南可划分出五个次一级构造单元,分别为千里岩隆起、北部拗陷、中部隆起、南部拗陷和勿南沙隆起(图 2.2),盆地内部还发育一系列断陷、地堑等构造,断陷主要分布在 123°E 以西,以北断南超、北陡南缓为特征,构造线以 NNE 和 NE 向为主,控制着盆地的形成和发展(李乃胜,1990)。

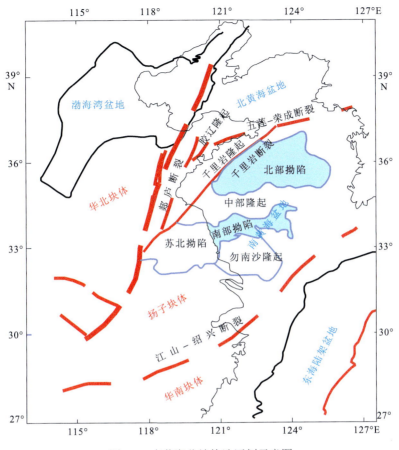

图 2.2 南黄海盆地构造区划示意图

二、东 海

在大地构造位置上,东海位于欧亚板块与菲律宾海板块交接区的东缘(见图 1.2),是发育在华南块体之上的中、新生代复合盆地。当前对东海地质构造单元的划分与命名主要是基于新生界分布及地质结构特征,自西向东可划分为浙闽隆起区、东海陆架盆地、钓鱼岛隆起区、冲绳海槽盆地和琉球隆褶区。

闽浙隆起区从浙闽一带一直沿 NE 向延伸到朝鲜半岛的光州一带,隆起区上分布一系列 NNE 向及 NE 向的张性正断裂,以及少量 NW 向具有平移性质的断裂。结晶基底为前震旦系变质岩。在结晶基底之上分布有震旦纪到早古生代的地层,经加里东运动后,这些早古生代地层都发生了区域抬升、褶皱及浅变质,低洼部位分布有零星的上古生界。经中生代早期强烈的印支和中生代燕山运动,浙闽隆起区大部分地区主要分布燕山期火山岩,在各火成岩山头之间,分布众多面积较小的陆相中生代沉积盆地,在这些小盆地中沉积一套以红色为主要特征的砂泥岩。

东海是位于中国大陆和琉球岛弧之间的边缘海，具有"三隆两盆"的构造格局，自西向东分别为浙闽隆起、东海陆架盆地、钓鱼岛隆起、冲绳海槽和琉球岛弧(见图1.2)。东海陆架盆地是一个中-新生代叠合盆地(刘光鼎，1992；赵金海，2004)，由北向南分布有福江凹陷、虎皮礁凸起、长江凹陷、海礁凸起、钱塘凹陷、西湖凹陷、鱼山凸起、瓯江凹陷、雁荡凸起、闽江凹陷、台北凸起、基隆凹陷、观音凸起、新竹凹陷等14个构造单元(见图1.2)(周志武等，1990；曾九岭，2001；贾键谊和顾惠荣，2002；索艳慧等，2012)。基底主要由元古宙变质岩和中生代火成岩组成(赵金海，2004；杨传胜等，2012)。新生界最大厚度超过10km，以陆相冲积和河流-湖泊沉积物为主(Ren et al.，2002；Cukur et al.，2011)。迄今为止，东海陆架盆地已钻探井70余口，钻井揭示的地层由老到新为元古宇(温东群)，中生界侏罗系(福州组、厦门组)、白垩系(鱼山组、闽江组、石门潭组)，新生界古新统(月桂峰组、灵峰组、明月峰组)、始新统(瓯江组、宝瓶组、平湖组)、渐新统(花港组)、中新统(龙井组、玉泉组、柳浪组)、上新统(三潭组)和第四系(东海群)。前人研究(周志武等，1986；曾九岭，2001)多认为东海陆架盆地西部主要发育侏罗系—白垩系、古新统—中-下始新统、新近系和第四系，而盆地东部主要发育中-上始新统及以上地层，因此东海陆架盆地地层发育具有自西向东由老变新的规律。晚白垩世裂陷之前，东海陆架盆地可能是一个弧前盆地，充填了自西向东逐渐增厚的晚三叠世—早白垩世沉积层(Li and Li，2007；杨长清等，2012；Li et al.，2012)，这些中生代地层在现今盆地南部残留较厚(李刚等，2012；杨长清等，2012；龚建明等，2012，2014)。晚白垩世—中新世，东海陆架盆地经历了两期裂陷作用(晚白垩世—早始新世、渐新世—早中新世)和两期挤压抬升(晚始新世—早渐新世玉泉运动、中-晚中新世龙井运动)，在晚中新世之后，进入裂后沉降阶段，东海的裂陷作用向东跃迁至冲绳海槽(Zhou，1989；Ren et al.，2002；Lee et al.，2006；Ye et al.，2007；Cukur et al.，2011；Yang et al.，2011；索艳慧等，2012)。

钓鱼岛隆起区自日本五岛列岛附近延伸至台湾岛东北，分隔了两侧的东海陆架盆地和冲绳海槽盆地(李桂群和李学伦，1995；李学伦等，1997)。该隆起区以鱼山-久米大断裂为界分为南、北两段，北高南低，北段呈NNE向延伸，南段转为NE-NEE向，构成一个向东南凸出的弧形构造带。鱼山-久米断裂带以北的部分遭受了晚更新世抬升构造运动的改造，形成宽阔平坦的基底隆起，平均埋深约2000m，局部受中新世及之后岩浆作用的改造，形成多个小型丘状凸起(Gungor et al.，2012)。鱼山-久米断裂带以南的钓鱼岛隆起带宽度较小，以发育岩浆侵入体及伴生构造为主，局部出露于海面形成岛屿(Chen et al.，1995；Sibuet et al.，1998；Shinjo et al.，1999；Wang et al.，1999)。晚中新世不整合面之下的隆起带基底与东海陆架盆地基底类似，以元古宙变质岩为主，其上可能残留了古生代和中生代沉积岩、变质岩，并被大量中-新生代岩浆岩侵入(杨文达等，2010)。重磁资料显示，钓鱼岛隆起区为重力梯级带和磁异常带。

冲绳海槽盆地是东海最年轻的新生代弧后裂陷盆地。北端与日本九州岛中部的别府-岛原地堑(Beppu-Shimabara Graben)相连(Letouzey and Kimura，1985；Fabbri et al.，2004)，南端与台湾碰撞造山带相接。冲绳海槽中段和北段以多断陷作用为主(Gungor et al.，

2012），形成一系列左行雁列状排列的地堑和半地堑(Kimura，1985；Letouzey and Kimura，1985；Fabbri et al.，2004)。南段以集中式裂陷为主，形成明显的中央地堑及两侧对称的正断层(Gungor et al.，2012)。钓鱼岛隆褶带北段东侧、冲绳海槽的西北部存在一个窄而深的盆地，宽约 30km，基底最大埋深超过 10km，Lin 等(2005)将其称为 Ho 盆地，其东侧被龙王隆起所限。

琉球隆褶带自北西向南东分为内带和外带，内带自西向东包括石垣带、本部带和国头带，外带也称岛尻带。中-北琉球前中新世的沉积物被认为是西南日本群岛的延伸，而南琉球前中新世的地质特征与中国台湾具有一定的相似性(Kizaki，1986)。目前已知，在日本九州西南的长崎发育有晚古生代-中生代变质岩；中、北部琉球内带的石垣带、本部带发育有晚古生代变质岩，国头带发育有中生代变质岩；南琉球的八重山发育有古生代-中生代变质岩；台湾的大南澳发育有晚古生代-中生代变质岩。因此，钓鱼岛隆起在中新世冲绳海槽拉开之前，可能与琉球隆起连为一体，它的基底组成应与琉球隆起及台湾等地密切相关。由于左行错断，钓鱼岛隆起的基底组成可能与日本内带-南琉球-台湾大南澳等地相关；同样由于左行错断，中北琉球应与日本外带相关。

第三章 OBS 资料采集技术

一、OBS 结构与工作原理

(一)结构

OBS 是一种独立沉放在海底沉积物上、自主记录的地震仪,能够在复杂的海底环境下连续地稳定工作。这对 OBS 提出了多项特殊的要求:首先,OBS 必须在海底低温、高压环境下保持完整的密封性,以保障内部的电子元件能够长时间可靠地工作;其次,为了记录来自深部或大炮间距的微弱地震信号,OBS 需要有高度的灵敏性,必须具备大的记录动态范围、高保真度和较强的抗干扰能力;再次,OBS 必须具备在测量结束后自主上浮到海面并发出警示的能力,确保其能被快速回收。

根据 OBS 的工作环境和技术要求,一般将 OBS 设计成如图 3.1 所示的组合结构,其主体部分包括由一个三分量地震仪和一个深海水听器组成的传感器、一台数字化记录器、一个声学应答释放器,外加无线电发射器、闪光灯、罗盘和压力表。其中,三分量地震仪由三个正交的地震检波器组成,两个为水平方向,一个为垂直方向,检波器被安装在万向支架上,以保障仪器的箱体在海底倾斜达 25°时,检波器也能保持水平/垂直方向;数字化记录器由信号增益、模数转换、数据储存等部分组成,当检波器接收的微弱地震信号输入到记录系统后,由一个三级增益控制的放大器进行信号放大输出到 24 位模数转换器,将模拟信号转换为数字信号,最后储存在存储器里;声学应答释放器主要功能是在接收到地震船(又称 OBS 母船)发出的 OBS 上浮指令后,回传应答信号并发出释放命令,使 OBS 甩掉镇重锚,自主上浮到海面。

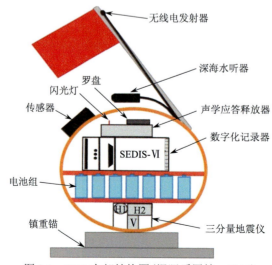

图 3.1 OBS 内部结构图(据阮爱国等,2018)

现以德国产 Geopro OBS 和中国科学院地质与地球物理研究所研制的短周期四分量 Micro OBS 为例，简要介绍 OBS 的技术指标（表 3.1）。Geopro OBS 为 SEDIS Ⅵ型短周期四分量 OBS，主频为 4.5Hz，频带为 2～100Hz，动态范围大于 120dB；OBS 的外壳为玻璃球和塑料套[图 3.2(a)]，内置地震仪、数字化记录器、声学应答释放器、电池、闪光灯和罗盘等装置，外置深海水听器、压力传感器、外加无线电发射器等。该类型 OBS 在投放前需要进行内部仪器的组装，包括释放单元、记录单元、电池组以及地震检波器等，然后密封球体进行释放；OBS 回收后还需将球体拆开，以便读取记录到的地震数据，这在一定程度上增加了海上作业的工作量，但是其内部电池组每次更新，保证了 OBS 海底工作时有足够的电量（张佳政等，2012）。

表 3.1 Geopro OBS 与 Micro OBS 技术参数表

参数	Geopro OBS	Micro OBS
仪器尺寸	550mm×550mm×520mm	400mm×400mm×600mm
仪器质量	自重 30kg+沉耦架 17kg	自重 20kg+沉耦架 10kg
采集通道数	四通道(三分量检波器+一通道水听器)	四通道(三分量检波器+一通道水听器)
工作水深	6700m	6000m
工作频带	2～100Hz	4.5～200Hz
连续工作时间	120 天	60 天
动态范围	>120dB	>120dB
采样率	1～1000SPS	1000，500，250SPS
电池类型	蓄电池	充电电池
存储介质容量	32GB	32GB
参数设置方式	开球设置	Wi-Fi 接口

(a) Geopro OBS   (b) Micro OBS

图 3.2 南黄海投放 OBS

国产短周期四分量 Micro OBS[图 3.2(b)]的检波器工作频带为 4.5～200Hz，动态范围大于 120dB，内部结构与 Geopro OBS 相似。该型 OBS 最大的优势是，内部所有的设备均密封在耐压玻璃球内，通过蓝牙或无线 Wi-Fi 等方式连接电脑和 OBS 进行仪器的调试及数据的读取，无需进行烦琐的拆卸工作，减少了海上作业的工作量，更加适应国际上 OBS 探测技术的发展趋势(张佳政等，2012)。Geopro OBS 和 Micro OBS 的具体工作参数见表 3.1。

(二)工作原理

利用 OBS 进行深部地壳结构探测时，OBS 与地震震源船分离，独立地布放到海底，其探测资料采集观测系统的设计较为灵活，以 OBS 可以在较远偏移距记录到下地壳甚至上地幔顶部折射或广角反射的地震波为观测系统设计的基本目标(图 3.3)。但 OBS 体积大、造价高，不能像多道地震密集布放，目前的 OBS 资料采集均采用"记录台站稀疏布设、地震激发点密集布置"的原则进行，一般按 2～10km 的台站间距布放 OBS，地震震源船按 100～200m 的间距激发地震波，既弥补了稀疏接收造成的地震照明密度不足的缺陷，也充分发挥了震源船可以短距离(短时间间隔)重复激发地震波的优势，提高资料采集作业的效率。

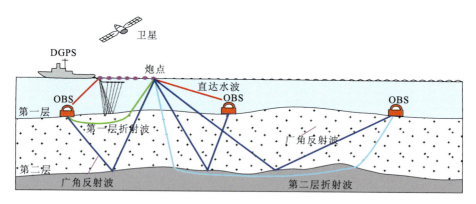

图 3.3 OBS 探测原理示意图

OBS 观测系统设计的目的是获取目标层高信噪比的地震波场信号，对于二维 OBS 探测而言，主要分为激发炮线设计与 OBS 接收台站(接收线)设计，两者的设计参数包括起始点和结束点位置及点间距设计。其中，炮线应与 OBS 接收线重合且方向布设应与探测目标体的走向垂直或平行一致，起始炮点应位于接收线的延长段上，与 OBS 起始台站的距离应为探测目标体底部埋深的两倍以上，以保证能够接收到探测目标体底界面的广角反射信号，终了炮点的位置设计同理亦然。由此形成三者的起始点与终止点位置相互对应，起始/终了炮点与 OBS 起始/终了布设点的位置决定了探测目标体的起始/终了位置，并且位于其大致处于起始/终了炮点与 OBS 起始/终了布设点的半分位置处。

炮间距与 OBS 台站间距一般为等间隔设计，且 OBS 台站间隔与炮间距成倍数关系，这种设计使得观测系统设计较为简单，在资料处理时抽取共中心点道集也更加容易和精确。

理论上，炮间距的变化只会影响到探测目标体横向的分辨率，并不能提高对共中心点的覆盖次数；OBS台站间距则决定了对共中心点的覆盖次数，其最大覆盖次数等同于OBS台站的个数。在探测目标体横向范围确定的基础上，更多的OBS则意味着更多的覆盖次数，对于深部构造成像效果会更好。因此，在实际观测系统设计时，应根据探测目的，在测线不同区域适当加大或减少OBS台站间距，以达到增加对重点线段或复杂构造区域射线密度(或覆盖次数)，同时提高采集作业效率的目的。

OBS台站记录包括垂直反射波、陡角反射波和广角反射波，此外还同时记录其他类型的地震波，如折射波、转换横波(PS)或转换纵波(SP)等。

二、地震波震源激发技术

国内外已实施的海洋深部OBS探测项目，如美国的"LARSE"计划(Nazareth and Clayton，2003)、新西兰的"TAICRUST"计划(McIntosh et al.，2012)、我国的南海深部探测项目(丘学林等，2007；赵明辉等，2008；吴振利等，2008；吕川川等，2011)和渤海深部探测项目(支鹏遥等，2012)，均利用大容量气枪阵列震源作为激发震源，获得了深达莫霍面的有效反射与折射震相，为深部地壳结构研究打下了坚实基础。

OBS深部地震探测深度大，地震波传播距离远，要求气枪震源激发的地震信号主频低、能量大，传播距离在100km以上，探测深度在30km以上。为了保障气枪震源具有足够的输出能量，一般使用4~6条大容量气枪组成气枪阵列震源(罗桂纯等，2006；丘学林等，2007；林建民等，2008；赵明辉等，2008；支鹏遥等，2012)。

(一)气枪激发地震信号机理

海洋地震勘探中所使用的气枪有多种类型(陈浩林等，2008)，包括Bolt公司研制的各种类型的气枪(统称Bolt枪)、Sleeve枪(套筒枪)和G枪等，但是所有类型气枪的运行原理大同小异。Bolt气枪最重要的组成部分是气室、活塞和气腔；高压气体储存在气腔和气室中，二者通过一个狭窄的管道相连。气枪的容量从几立方英寸(in^3[①])到几百立方英寸不等(图3.4)。

活塞和气腔主要用来对气室内高压气体的释放进行控制。空气压缩机向气枪输送高压气体，高压气体通过气体入口、活塞中间的通道进入气腔和气室。气枪工作的压力一般为136个大气压(2000psi[②])。活塞两端分别受到来自气腔和气室的压力，但其上凸缘的面积大于下凸缘，因此活塞受到的总力方向向下，封住了气室。

---

① $1in^3 \approx 16.387 cm^3$。

② $1psi \approx 6.89476 \times 10^3 Pa$。

在气枪激发时，电磁阀打开，高压气体作用于上凸缘的下部，破坏了活塞上凸缘与下凸缘受到的压力平衡。上下压力失去平衡之后，活塞开始快速向上移动，枪口打开，气室内的高压气体释放到水中，产生地震波传播到水中。枪口关闭后，气体停止释放。高压气体通过气体入口重新注入到气腔和气室中，活塞重新回到起始位置。等到充气完毕后，气枪恢复到等待激发的状态。

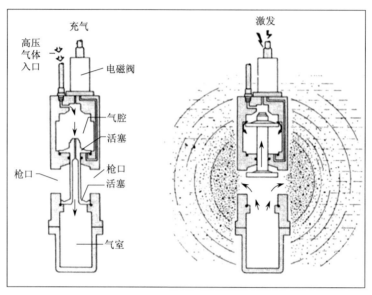

图 3.4　Bolt 枪的结构和工作方式(陈浩林等，2008)

图 3.5 为气枪激发后向周围发出的压力波的波形。气室内的高压气体释放到流体中之后形成气泡，空气泡因内外压差而进行振荡。振荡过程中，每当气泡体积达到极小值时，就会产生压力波峰值。气泡振荡过程中产生的首个正极性脉冲即为气枪信号的主脉冲。当气泡刚形成的时候，其内部压力大于外面的静水压力而产生扩张，直至内外压力相等。当气泡向外扩张的时候产生相当大的动能，使得气泡因为惯性继续变大，直至达到最大体积，此时气泡内部的压力和温度远小于周围流体的压力和温度。然后气泡开始收缩，这个阶段与膨胀过程正好相反，直到气泡体积达到另外一个极小值。气泡的第一个膨胀-收缩过程对应着气枪信号的第一个脉冲，气泡振荡的周期约为几十到几百毫秒。这种振荡过程会持续发生，不断向流体中发射压力波，但振幅会不断减小，持续时间可达几秒钟，或者当气泡浮至水面破碎，气泡振荡会立即停止。

气枪信号根据测量距离的不同而分为近场子波和远场子波。而在气枪子波的测量中，"近场"和"远场"辐射区域的定义一直没有一致的说法，在物理学中，假设震源的尺寸为 d，产生的信号波长为 L，r 为震源到观测点的距离，则近场指的是 r 大于 d 而小于 L 的空间范围，而远场则指的是 r 大于 L 的范围。如果将压力检波器置于距离单枪较近的位置，则会测得如图 3.5 中的近场信号。从图 3.5 中的曲线可以看到，压力信号在达到峰值之后会下降到低于周围静水压力的值，而气泡振荡的振幅也是随着时间推移而迅速衰减，这说明气泡振荡并不是简谐振动。

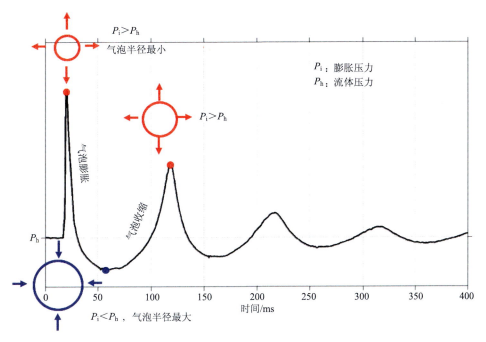

图 3.5 气枪激发产生的压力信号

单条气枪激发之后产生的压力波全方位传播，上行的压力波在气水交界面（即海面）发生反射（图 3.6），形成具有鬼波效应的虚反射。因此，最初向下传播的信号子波跟随着一个具有一定延迟的极性相反的镜像信号。海面反射了几乎全部的能量，因此镜像与初始脉冲能量相近。气枪沉放的深度有限，海面反射波与下行波的旅行时间差异只有数毫秒，因此，无法将压力波在海面的反射与波场分离，只能将其看做震源信号的一部分（图 3.7）。将远场水听器置于震源正下方远场区域，可以测得如图 3.8 所示的远场子波信号。

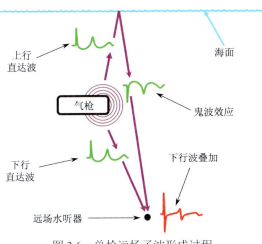

图 3.6 单枪远场子波形成过程

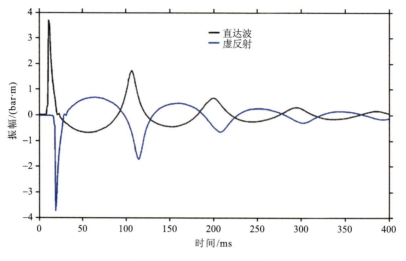

图 3.7 远场子波的组成

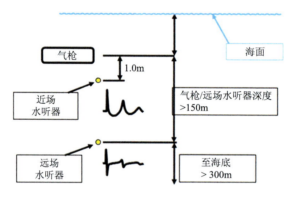

图 3.8 近场和远场子波测量示意图

气枪在水中激发产生的声波为压力信号,单位为 bar·m,即距离震源 1m 处测得的压力值或压力值与测量距离的乘积。主要由三部分组成(图 3.9):①直达波,或主脉冲,在枪口打开的瞬间产生的压力;②震源虚反射,经海面反射的主脉冲,与直达波的极性相反,这是由从水体到空气的反射系数为负造成的;③气泡脉冲,是由气枪激发之后产生的气泡进行胀缩运动造成的,且每一个气泡脉冲都紧跟着其自身的震源虚反射。

单枪信号最主要的特征参数有两个:信号强度和气泡周期。信号强度也就是声波信号的振幅,表达方式有主脉冲的振幅值,或称零峰值(0-P)或者峰峰值(主脉冲峰值与主脉冲虚反射的峰值之差,P-P);气泡周期(T)为主脉冲顶点与第一个气泡脉冲顶点的时间之差。另外还有一个特征参数,为主脉冲峰峰值(P-P)与第一个气泡脉冲峰峰值(B-B)之比,称为初泡比(PBR)。

其中,信号强度代表了气枪的能量,其值越大,气枪信号的能量就越大,其穿透能力就越强。气泡周期代表气泡振荡的频率,是设计调谐枪阵的主要考虑因素之一。子波信号的初泡比则是表示气泡脉冲能量在信号中的所占的比例,代表信号的信噪比。

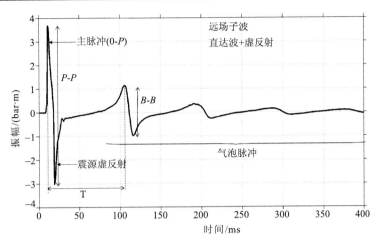

图 3.9 气枪子波信号特征参数示意图

单气枪子波的强度和气泡周期与气枪的容量、深度和工作压力有关，表 3.2 总结了它们之间的关系(Dragoset，2000)。

表 3.2 气枪信号与气枪参数的关系(Dragoset，2000)

气枪参数	强度(S)	气泡周期(T)
容量(V)	$S \propto V^{1/3}$	$T \propto V^{1/3}$
工作压力(P)	$S \propto P$	$T \propto P^{1/3}$
枪深(D)	—	$T \propto (10+D)^{-5/6}$

由表 3.2 可知，单枪的信号强度 S 与气枪气室容量 V 的立方根成正比，其具体表达式为

$$A_{0\text{-}P} = C_1 V^{1/3} \tag{3.1}$$

式中，信号强度用零峰值 $A_{0\text{-}P}$ 表示；C_1 为常量，与枪深 D、气室初始压力 P 及枪型有关。试验结果(图 3.10)也证明了式(3.1)揭示的规律基本符合实际情况。

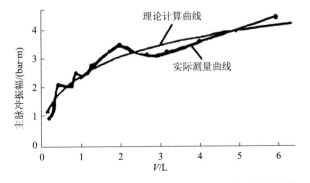

图 3.10 气枪容量与主脉冲振幅的理论与实际关系曲线

信号强度与枪深的关系比较复杂，没有明确的经验公式。一般来讲，当气枪沉放深度小于气枪激发形成的气泡半径时，气泡会冲破海平面，高压气体向空气中扩散，造成能量的大量损失。当气枪沉放深度大于或等于气泡半径时，枪膛中释放的高压气体被束缚在水体中做膨胀、收缩往复运动，能量基本上全部转换成膨胀、收缩能，激发的地震波能量较大。但是，当气枪沉放深度较大时，由于净水压力的加大，高压气体的释放受到抑制，激发能量有所降低。

从表3.2中可以总结出单枪子波的气泡周期 T 的经验公式为

$$T = C_2 \frac{(PV)^{1/3}}{(D+10)^{5/6}} \tag{3.2}$$

式中，枪深的单位为 m；C_2 为常量，与气枪类型有关。

在工作压力与枪深一定的情况下，子波的气泡周期与气枪容量的立方根成正比，这一点与实际资料也是基本符合的(图3.11)，式(3.2)计算的理论曲线基本符合实测结果。

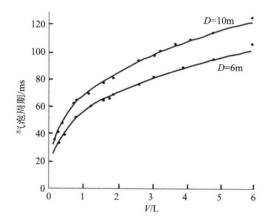

图 3.11 气泡周期与气枪容量的关系曲线

子波的初泡比 PBR 与枪深 D 及气枪容量 V 在 2000psi 工作压力下的近似关系式为

$$\text{PBR} = \frac{C_3}{\dfrac{D(1+0.1D)^{1/3}}{3.2V^{1/3}} + 0.2} \tag{3.3}$$

式中，C_3 为常量，常用近似值为 13 或 14。

由式(3.3)可以看出初泡比与枪深大体成反比，这是由于气枪放浅，气泡振荡会对海面做功，使其上凸，因此能量发生消耗，气泡振动幅度变小。极端情况则是当枪深过浅，气枪激发之后气泡冲破海面而破碎，后续的气泡振荡则消失，但这样会导致能量消耗过大，信号强度降低。而当气枪放置较深时，由于静水压力变大，气泡对海面做功减少，气泡振荡能量消耗变小，振动幅度加强。因此要根据实际的需要进行枪深的选择(翟鲁飞，2006)。

气枪的工作压力对信号子波也会产生明显的影响(於国平和姜海，2001)。从表 3.2 中可以看出，气枪的初始压力增强，信号的能量变大，气泡周期也变长。由图 3.12 可以看到，气枪工作压力为 3000psi 时的子波零峰值是工作压力为 2000psi 时的 1.3 倍，近似等于工作压力之比，符合表 3.2 中的规律。而工作压力越强，初泡比也就越大，气枪信号的低频越丰富，图 3.12(b) 中 3000psi 下 8Hz 处的低频能量增加了 5dB。

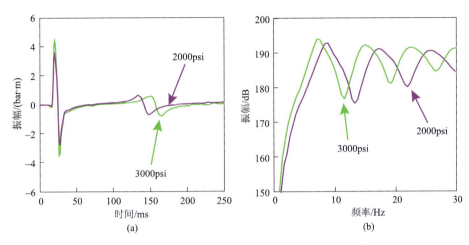

图 3.12　250in^3 的 G 枪不同工作压力的远场子波(a)和频谱(b)对比

此外，气枪容量的大小对信号子波的脉冲宽度也有影响，子波的脉冲宽度又称为视周期，其倒数则称为视频率。枪深一定时，气枪容量与子波视周期成正比，即与视频率成反比。表 3.3 为不同容量的 Sleeve 枪在枪深为 6m 时，其信号子波的视周期和视频率。

表 3.3　气枪容量与子波信号视周期和视频率的对应关系

子波信号	气枪容量					
	10in^3	20in^3	40in^3	70in^3	100in^3	150in^3
视周期/ms	3.5	5.0	6.5	8.0	8.5	9.5
视频率/Hz	286	200	154	125	118	105

震源子波信号的振幅谱反映的是信号的振幅强度与频率的关系，一般将振幅谱归一化为分贝(dB)表示，参考值为距气枪 1m 距离时频率信号的压力，即 1μPa，最终单位简写为 dB re 1μPa·m/Hz。因为 1μPa 是很小的压力单位，所以对于气枪阵列，其振幅值能够超过 200dB re 1μPa·m/Hz。另外一种表示方式是将压力最大值作为参考值，其好处是能够方便地判断高低截止频率的位置(–3dB 或 –6dB 处)，进而能够估计信号的有效频带宽度。

图 3.13 为单枪子波频谱，从中可以看到，在低频部分振幅有强烈的振动，这是由气泡脉冲造成的，说明气泡脉冲的能量主要集中在低频部分，其振动强度与初泡比有关。频谱中另外一个明显的现象就是在频谱的 0Hz、125Hz、250Hz 附近，振幅曲线存在明显

的凹陷，这是震源虚反射造成的陷波效应，影响着频带宽度，其强弱与枪深及海面反射有关。因此，可以通过信号子波的频谱来判断气枪震源的频带宽度与信噪比等指标，对不同震源进行比较，从而选出更加适合勘探任务的震源。

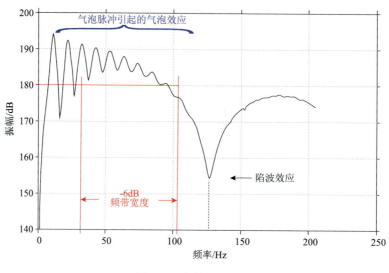

图 3.13　气枪子波频谱

气枪产生的压力信号在流体中传播，其传播及衰减机制影响着远场子波的强度等特征，因此，对气枪信号在流体中的传播规律的研究有助于更准确地模拟远场子波信号。

一般情况下，单枪激发产生的气泡，其体积达到最大值时是气枪本身的上百倍。但即使气泡达到最大体积，其直径也远小于所产生的水中压力波的波长，因此，可以将气枪看做关于球面对称的点震源。

在深海中，不考虑海面或海底反射的影响，点震源能量的传播与光从光源传播类似（图 3.14），能量强度（I）以 $1/r^2$ 衰减（r 为传播距离），而声压（p）则以 $1/r$ 关系衰减。

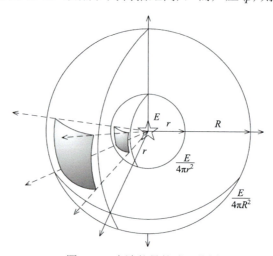

图 3.14　声波能量的球形传播

吸收衰减涉及声波能量向热能的转换，可能会出现在多种情况中。试验表明，海水温度、硫酸镁的浓度和声波的频率是关键因素。Richardson 等(1995)给出海水吸收系数的经验表达式为

$$A_W = 0.036 W^{1.5} \tag{3.4}$$

式中，吸收系数 A_W 的单位是 dB/km；W 是频率，单位是 kHz。

由式(3.4)可以推得，当声波频率低于 1kHz 时，40km 范围以内声波的吸收衰减极少。地震勘探中所用到的频率远远低于此，因此声波在水体内部的吸收衰减可以忽略不计。

(二) 激发地震波特征分析

气枪在海水中激发时，将气枪中的高压空气瞬间释放到水中，迅速形成球形的气泡，气泡内压力大于周围水体压力，导致气泡迅速膨胀形成压力脉冲，即气枪的主脉冲，向四周传播形成地震波。同时，部分向上传播的信号经海平面反射之后向下传播并到达检波点，形成震源水体虚反射(简称虚反射)。海水与空气界面的反射系数为负，因此，虚反射极性与近场信号极性相反，到达接收点的时间滞后于下行地震波。到达时间延迟的震源虚反射与近场子波叠加，形成远场子波(图3.15)。

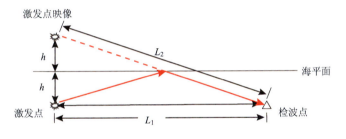

图 3.15 气枪远场子波形成示意图

远场子波信号可表示为

$$y(t) = x(t) + \alpha \cdot x(t + \Delta t) \tag{3.5}$$

式中，$x(t)$ 为近场子波信号；Δt 为虚反射延迟到达时间，其值为气枪沉放深度的 2 倍除以水体的声波速度；$x(t+\Delta t)$ 为虚反射信号；α 为海水与空气界面的反射系数，约等于 -1.0，则式(3.5)可改写为

$$y(t) = x(t) - x(t + \Delta t) \tag{3.6}$$

图 3.16 为容量 150in³ 的 G 枪在沉放 6m、压力 2000psi 条件下的近场子波波形，反映了气枪激发后气泡膨胀、压缩、再膨胀、再压缩循环往复的震荡过程。由于振荡过程中气枪分子摩擦消耗能量，每一次形成的脉冲振幅就越来越小，直至最后气泡浮出水面破裂震荡结束。

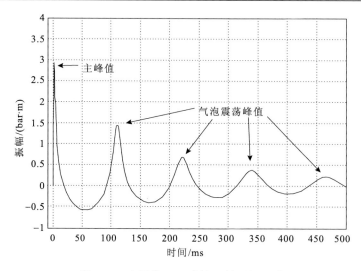

图 3.16　容量为 150in³ 的 G 枪近场子波

图 3.17 为该枪的远场子波波形，由于水体虚反射造成的负极性子波脉冲延迟叠加，远场子波的正负脉冲震荡，并随时间的增加呈近指数衰减的特征，与最小相位子波波形相近，说明水体虚反射改善了枪阵子波波形，使之更接近地震勘探的理论子波。同时也可以看到，受水体虚反射的作用，远场子波的气泡震荡比近场子波小，表明水体虚反射有压制气泡作用的积极意义。

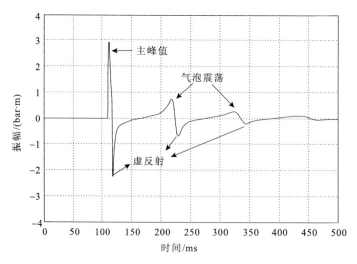

图 3.17　容量为 150in³ 的 G 枪沉放深度 6m 时的远场子波

为了了解水体虚反射对枪阵子波频谱的影响，首先从理论上分析水体虚反射的频谱特征。对式(3.6)进行傅氏变换得

$$Y(f) = X(f)\left(1 - \mathrm{e}^{-\mathrm{i}2\pi \cdot f \Delta t}\right) \tag{3.7}$$

式中，f 为频率，$\left(1-\mathrm{e}^{-\mathrm{i}2\pi\cdot f\Delta t}\right)$ 可视为一次反射的滤波因子，即虚反射滤波器，设为 $H(f)$。

假设震源与检波器的连线与海面垂直，则

$$\Delta t = 2h_\mathrm{g}/c \tag{3.8}$$

式中，h_g 为枪阵的沉放深度，c 为海水速度。滤波器的振幅谱为

$$|H(f)| = \left[1 - 4\sin^2\left(\pi f \frac{2h_\mathrm{g}}{c}\right)\right]^{1/2} \tag{3.9}$$

由式(3.9)可得，当频率 $f = nc/2h_\mathrm{g}$（$n=1,2,3,\cdots$）时，滤波器的振幅谱受到震源虚反射的压制最大，称 $f = nc/2h_\mathrm{g}$ 为陷波频率，其大小由海水中声波传播速度 c 和枪阵沉放深度 h_g 决定(图 3.18)。

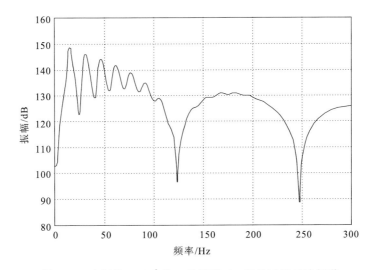

图 3.18　容量为 150in³ 的 G 枪深度 6m 时的远场子波频谱

因此，即使利用水体虚反射对气枪远场子波的改造作用，单枪信号能量较小且初泡比较低的问题依然突出。气枪阵列的出现有效解决了该难题，它将多个不同容量的气枪组合成一个枪阵，并同时激发所有气枪，主脉冲同相叠加提高了信号的输出能量，单枪气泡的后续振荡产生的气泡脉冲信号则因振动周期不同而相互抵消，这种组合形式被称为调谐枪阵。如图 3.19 所示，六个不同容量的气枪组合激发产生较强的远场子波信号并压制气泡振荡。

为了进一步提高枪阵的性能，枪阵中的大容量气枪被总容量相同的相干枪簇代替。相干枪簇(简称相干枪)一般是由容量相同且近距离放置的单枪组成。相干枪中的单枪之间通过强相干作用而使气泡后续振荡受到压制，进一步提高枪阵的初泡比。

调谐枪阵与相干枪之间的区别在于其组成单元之间的距离，即单元之间的相干作用的强弱。调谐枪阵是由间距较大单枪或相干枪组成的弱相干组合；相干枪则是近距离放

置的单枪组成的强相干组合,可看成一个具有高初泡比的大枪。无论是强相干还是弱相干,气枪间的相互干扰作用都会对单枪信号的波形产生影响,因此,枪阵中气枪的位置安排是需要仔细考虑的问题。

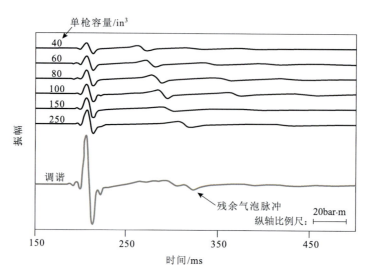

图 3.19　调谐阵列工作原理(据 Dragoset,2000)

(三)大容量枪阵组合设计方法

理论研究表明,只有当地震数据的频带宽度不低于两个倍频程时,才能保证获得精度较高的地震成像效果,频带越宽,地震成像处理的精度越高。拓展低频分量的主要作用是减少子波旁瓣,降低地震资料的解释多解性,提高解释成果的精度。图 3.20 形象地

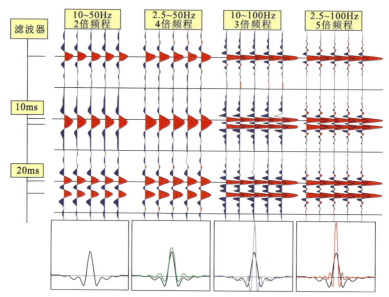

图 3.20　地震子波倍频程的增加提供高分辨率和精确解释(据 Soubaras,2010)

展示了低频分量的重要性，高频分量丰富，缺少低频分量的地震子波主峰尖锐，但是会产生子波旁瓣，使地震资料的精确解释变得困难而多解。高分辨率子波是在低频和高频两个方向都得到拓展的宽频带波形尖锐子波，这样子波的主峰尖锐，旁瓣少且能量低，能够分辨厚度小的薄层，地震解释的精度最高。

另外，低频带的宽度和能量决定着地震波的穿透深度。高频成分在传播过程中衰减快，因此，地震波的低频成分越丰富，低频能量越强，地震波的穿透深度越大。

然而，在海洋地震勘探中，得到宽频带地震数据存在较大的困难。首先，常规的海洋地震资料采集，电缆和气枪都要以固定的深度沉放到海平面之下，以保证下传的激发能量和降低接收阶段的环境噪声。海平面是一个强反射界面，它的反射作用在激发和接收两个方面都产生鬼波（虚反射）效应，压制了信号的低频和高频能量，并产生了陷波点，限制了地震勘探的频带宽度。例如，为了获得深部目标层的有效反射信号，必须增加气枪阵列容量，加大沉放深度，以得到穿透能力大、主频低的激发子波，并加大电缆的沉放深度，以减少对来自深部反射界面的低频反射信号的压制效应。由此带来的副作用是高频信号受到极大的压制，降低了地震信号的频带宽度和分辨率。在海洋高分辨率地震勘探中，一般采用较低的气枪阵列容量和较浅的沉放深度，以得到高频成分丰富的激发子波；同时减少电缆沉放深度，以降低接收中对高频信号的压制效应。这样虽然提高了地震信号的频带宽度和视觉分辨率，但是它是以牺牲低频信息和勘探深度为代价的，处理后的成果数据缺少低频信息，给叠后反演处理带来了较大的困难。

到目前为止，OBS深部探测均使用大容量平面气枪阵列震源，即将组成气枪阵列震源的所有气枪均沉放在海平面之下相同深度，具有操作方便、排列简单和能实现子阵列最大能量同时叠加等优点。但是，大容量平面气枪阵列震源也存在较大的缺点，由于大容量气枪的气泡半径大，气枪必须沉放在大于气泡半径的深度，才能保证其最佳的输出能量；气枪的沉放深度大，气枪到海平面之间的水体虚反射（鬼波）改变了气枪震源激发的地震子波特征，地震信号的低频分量和高频分量受到不同程度的抑制，降低了地震数据的频带宽度。另外，大容量的单枪及简单的阵列组合，在抑制气泡方面作用有限，而气泡抑制程度决定了原始地震资料的品质（陈浩林等，2008）。

图3.21为2010年渤海海域OBS深部地震探测使用的总容量9300in^3枪阵组合模式图，该枪阵包括四条1500in^3的Bolt 1500LL型长寿命气枪、两条600in^3的Bolt气枪、两条450in^3的Bolt气枪及四条300in^3的Sleeve气枪。

图3.22、图3.23分别为该枪阵远场子波波形和频谱图，由于大容量单枪在抑制气泡方面的先天不足，子波特征品质降低，表现为低频段单频能量分布不均匀，振幅随频率变化振荡跳跃，频谱振幅曲线呈"锯齿"状分布，枪阵的气泡效应大，波泡比只有8.2（图3.22），而常规枪阵的波泡比一般在13以上。波泡比的变低，造成地震原始资料中续至波干扰严重，品质下降。

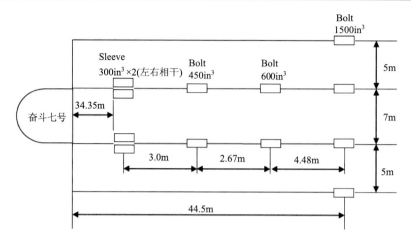

图 3.21 渤海 OBS2010 线深部地震探测枪阵组合模式图(据支鹏遥等，2012)

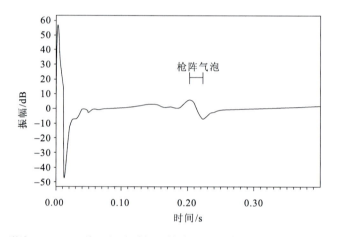

图 3.22 渤海 OBS2010 线深部地震探测枪阵远场子波波形图(据支鹏遥等，2012)

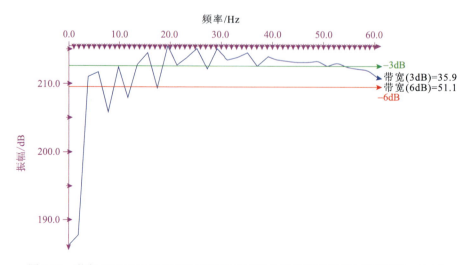

图 3.23 渤海 OBS2010 线深部地震探测枪阵远场子波频谱图(据支鹏遥等，2012)

枪阵容量和组合方式对 OBS 资料的品质起决定性作用：枪阵容量小，难以获得来自莫霍面的折射波；枪阵容量大，则多次波等各种干扰波严重，信噪比下降。枪阵组合不合理，震源子波特征差，资料的品质下降。

只选用相同容量的大气枪组成激发枪阵，对气泡的压制作用更差。图 3.24 为渤海 OBS2011 线深地震探测的枪阵组合模式图，由 6 支单枪容量为 1500in³ 的 Bolt 气枪组成总容量 9000in³ 的大容量枪阵，枪阵沉放深度 8m，工作压力为 1900psi（潘军，2012）。图 3.25 和图 3.26 分别为枪阵理论模拟的远场子波脉冲响应和振幅谱，从图中可以看出，枪阵的峰峰值为 108.0bar·m，气泡脉冲较大，致使气泡比只有 5.7，震源有效频带范围为 4～60Hz，低频段的能量较大，但振幅谱曲线跳跃幅度较大，频谱能量分布不够均匀。

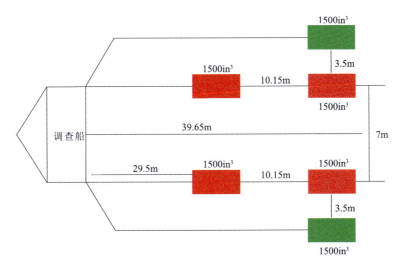

图 3.24　渤海 OBS2011 线深地震探测的枪阵组合模式图（潘军，2012）

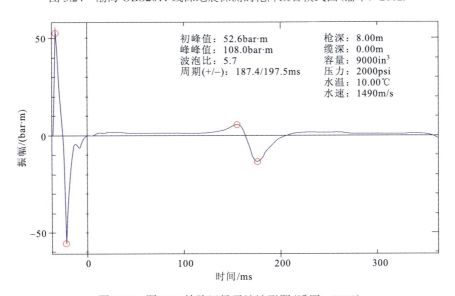

图 3.25　图 3.21 枪阵远场子波波形图（潘军，2012）

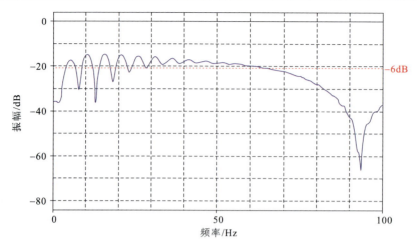

图 3.26　图 3.24 枪阵远场子波频谱图(潘军，2012)

图 3.27 为 OBS 海上试验中采用对称两个子阵列总容量 3300in³ 枪阵激发获得的台站记录，在反射临界角以内的道集上，反映沉积层界面的反射震相清晰；在反射临界角以外道集上，沉积层界面的广角反射波组易于识别，信噪比较高，但 PMP 震相振幅较弱，连续性差。

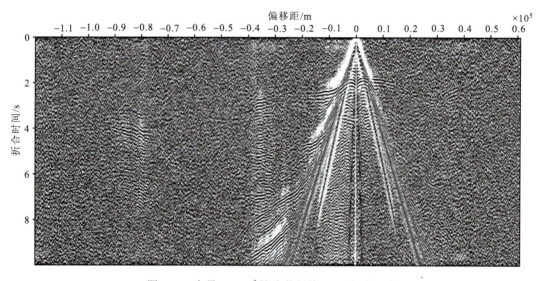

图 3.27　容量 3300in³ 枪阵获得的 OBS 台站记录

图 3.28 为采用图 3.24 所示的等容量大气枪组成的大容量枪阵激发获得的同一 OBS 台站的记录剖面，虽然大容量枪阵提高了远偏移距(20～100km)道集上的折射波振幅能量，来自莫霍面的广角反射波震相能量增强，但来自沉积层界面的小炮检距道集反射震相频率低，信噪比差，难以有效识别；沉积层界面的广角反射震相虽然可以分辨，但是由于频率低、频带窄，续至相位多，走时拾取难度大。

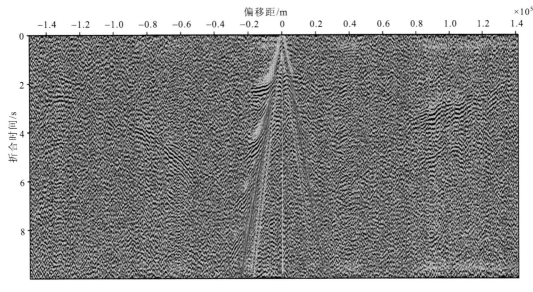

图 3.28 由图 3.24 所示的枪阵激发获得的 OBS 台站记录剖面

陆地地震勘探激发地震波的方式之一是井中炸药激发。由于炸药在井中一定深度爆炸，产生的地震波在向下传播的同时，也会向上传播到地表再反射到地下，同样也存在虚反射问题，降低地震记录的分辨率和信噪比。为了降低和衰减虚反射效应，发明了陆地地震资料采集组合延迟激发技术，将炸药在井中分别放置在不同深度，并从浅到深延迟激发，延迟的时间为上一个激发点形成的下行波到达下一个激发点的走时，这样就会在叠合下行波的同时消耗上行波，鬼波（与地表反射相关的上行波）的能量被削减（谭绍泉，2003）。该技术在陆地地震资料采集中存在的主要困难是：地表速度变化大，很难完全得到精确的地表速度结构，炸药爆炸时间的精度低，无法做到爆炸的视速度与地层速度完全匹配，影响该技术在陆地地震勘探的应用效果。

受陆地组合延迟激发技术的启示，将各子阵相同深度沉放的平面枪阵改造成将子阵列沉放在不同深度的立体阵列，从最浅沉放的子阵开始顺序地延迟激发各沉放深度的子阵列，延迟的时间是上一个深度子阵列激发的下行波波前到达下一个沉放深度子阵列的走时，这样在保证下行波波前同时叠加、能量不变的同时，到达海平面的上行波能量不能同时叠加而受到削弱，降低了水体虚反射效应，这就是立体延时震源激发技术的核心。与陆地炸药井中延迟激发相比，激发介质海水的物性相对均一，声波速度基本恒定，而且子阵列沉放深度相对稳定，其变化可以忽略不计，精确的气枪触发控制完全可以做到下行波前同相叠加。该技术实现起来相对简单，只需要对现在的气枪阵列的激发方式进行小的改进。

一般气枪平面阵列要求同时激发，以使气枪主脉冲能够同相叠加（图3.29），立体延时震源也是要求对气枪激发时间进行精确控制，以达到各个气枪信号的波前在阵列下方同相叠加（图3.30）。但立体延时震源要求对气枪激发时间的控制必须十分精确，否则其信号主脉冲振幅等会受到影响。而实际勘探过程中，受不同因素的影响，这个条件难以满足。例如，假设立体震源深度差为2m，水中声波的传播速度为1500m/s，则两层子阵之间的时间延迟约为1.3ms，而气枪之间的同步性误差可能会达到1ms，对枪阵的时延控制产生较大影响。另外，由于海况的影响，加上气枪本身并非完全固定在枪架上，其深度会发生或多或少的改变。这些因素都有可能对地震波的同相叠加造成很大影响，使得理想的延时设置难以实现。再如，有的传统气枪阵列无法实现激发时间的控制，因此无法进行延时激发。

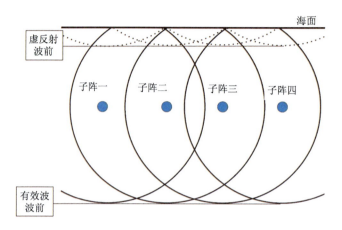

图3.29　平面阵列波前示意图

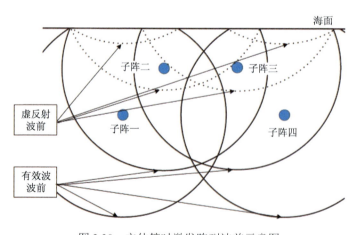

图3.30　立体等时激发阵列波前示意图

假设一种极端情况，枪深分别为4m和8m的立体震源内气枪同时激发，其主脉冲与虚反射均未同相叠加（图3.31），远场水听器位于阵列正下方。两层子阵激发信号到达水听器的时间延迟约为2.67ms，虚反射之间的时间差为−2.67ms。而同样枪阵延时激发其主脉冲同相叠加，两个深度的子阵信号虚反射时间差为5.33ms（图3.32）。因此，同时激发获得的信号主脉冲强度将会小于准确的延时激发震源和平面阵列，但对虚反射部分的压制程度则介于平面阵列与延时立体震源之间。其虚反射振幅谱如图3.33示，虽然相较于延时激发震源和平面阵列(枪深 4m)，等时激发立体震源在低频部分的振幅略高，且其陷波频率(125Hz)大于枪深为 8m 时的值(93.75Hz)，等于枪深为 6m 时的陷波频率，但其能量在所有频率处均小于枪深为 6m 的平面阵列，有效频宽也较小。

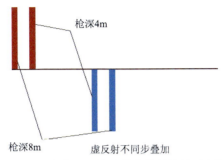

图 3.31　立体震源等时激发信号简单示意图

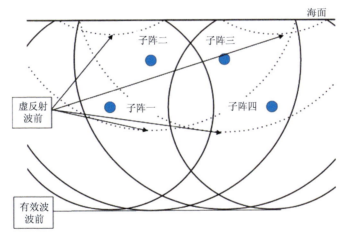

图 3.32　立体延时激发阵列波前示意图

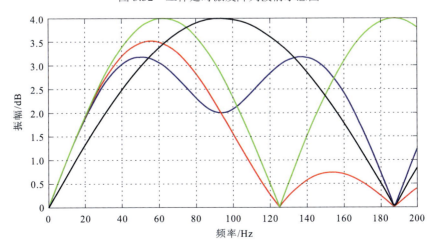

图 3.33　平面阵列(枪深 4m：黑线；枪深 6m：绿线)与立体震源(枪深组合 4m+8m，延时激发：蓝线；等时激发：红线)虚反射振幅谱

由 4m+8m 的深度组合来看，等时激发的立体震源主脉冲强度和虚反射压制程度均小于延时立体震源，只是在低频部分的能量略高。而相较于平面阵列(6m)，虽然对虚反射部分有所压制，但其主脉冲振幅、频带宽度和能量都较低，最终获得的信号并不理想。因此，精确控制激发延迟是获得理想立体震源信号的关键。

组合方式与容量相同的子阵列组成的立体延时震源的远场子波信号可表示为

$$y(t) = n \times x(t) - x(t+\Delta t_1) - x(t+\Delta t_2) \cdots - x(t+\Delta t_n) \quad (3.10)$$

式中，n 为子阵列数量，$x(t)$ 为单子阵的近场子波信号，$x(t+\Delta t_n)$ 为第 n 个子阵列的虚反射信号，Δt_1、Δt_2、$\cdots$、Δt_n 为各子阵虚反射延迟到达时间，对式(3.10)做傅里叶变换可以得到多层枪阵的远场子波频谱为

$$\begin{aligned} Y(f) &= (n - e^{i2\pi f \Delta t_1} - e^{i2\pi f \Delta t_2} \cdots - e^{i2\pi f \Delta t_n})F(f) \\ &= H(f) \times F(f) \end{aligned} \quad (3.11)$$

式中，$F(f)$ 为子阵的近场子波频谱；$H(f)$ 为多层枪阵鬼波滤波器，其振幅谱为

$$|H(f)| = \left[n - 4\sin^2(\pi f \Delta t_1) - 4\sin^2(\pi f \Delta t_2) \cdots - 4\sin^2(\pi f \Delta t_n)\right]^{1/2} \quad (3.12)$$

当子阵列的沉放深度相同时，即为常规的平面气枪阵列震源，则其鬼波滤波器的振幅为

$$|H(f)| = \left[n - 4n\sin^2(\pi f \Delta t)\right]^{1/2} \quad (3.13)$$

对比式(3.12)和式(3.13)可以看出，立体气枪阵列震源延迟激发方式，分散和降低了震源鬼波对远场子波的陷波作用，陷波频率点分散，且陷波作用大幅度降低，低频和高频段能量都得到了释放；平面气枪阵列震源陷波点集中，陷波作用强。

立体震源最佳的沉放深度是当其中一层震源信号的陷波频率正好对应着另一层震源信号最强能量处的频率时。依照这个标准，假设沉放深度为 4m 的枪阵，其陷波频率约为 187.5Hz(设水中声速为 1500m/s)，从其虚反射频谱判断，其最大能量应位于 93Hz 左右，为陷波频率的一半。这主要是因为如果去除陷波效应，气枪阵列的振幅谱除了低频部分以外，基本为一条平缓的直线(图 3.34)。只要陷波频率不是很低(枪深很大)，则这个判断是合理的。沉放深度为 8m 子阵的陷波频率在 93Hz 左右，因此 4m 和 8m 的深度组合是最优化的。从它们的震源虚反射的振幅谱(图 3.33)中可以看到，立体震源可以提高枪阵信号在低频和高频处的能量，并使其频率曲线更加平坦，但削弱了中心频率处的能量，这是由于能量被分配到了其两侧。

这一分析方法对于其他的深度组合也是适用的，如枪深 6m 和 9m 的组合(图 3.35)，二者对应的陷波频率分别是 125Hz 和 83.3Hz，其最大能量处在 62.5Hz 和 42Hz 左右。如果两层震源的能量相差不大的话，那么最终立体震源信号的主频应在 42Hz 左右。虽然最终立体震源提升了两层震源在陷波点处的能量，但其频带宽度受到了明显的影响，明显不如平面阵列(6m)的宽，这是由于较小的陷波频率并不对应另一层震源的能量最强处的频率。这一点从枪阵信号的频谱(图 3.36)中也可以看出。

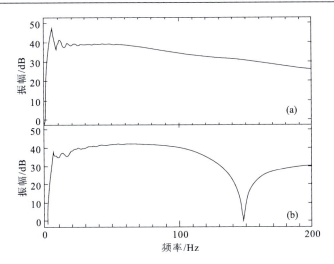

图 3.34　平面阵列信号振幅谱

(a)无震源虚反射；(b)包含震源虚反射引起的陷波效应

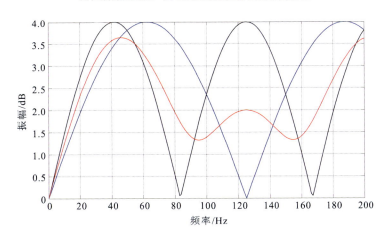

图 3.35　平面阵列(6m，蓝线；9m，黑线)和延时激发立体阵列(6m 和 9m，红线)的震源虚反射频谱

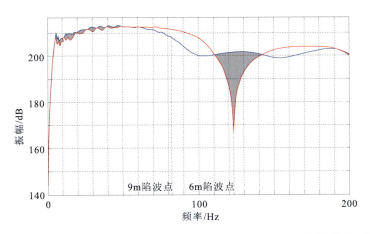

图 3.36　平面阵列(6m，红线)和两层气枪阵列(6m 和 9m，蓝线)信号频谱

立体枪阵延时震源的另外一个问题是枪阵信号的方向性,这一点对于三维地震探测尤其重要。尽管传统平面枪阵也有方向性的问题,但这个问题在立体气枪震源上表现得更加明显。

传统平面枪阵为了克服震源方向性的问题,一般将其对称布置(图 3.37),而对于立体延时震源来说,这种对称性还要体现在深度配置上(图 3.38)。图 3.39 为对称立体阵列的水平和垂直方向的能量分布,与传统阵列的能量分布(图 3.40)相比,其对称性基本不变。而不对称的立体震源(图 3.41、图 3.42)的能量分布则在水平以及横向上均呈现不对称性。

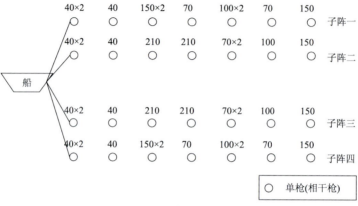

图 3.37 枪阵平面布置图

单独数字或乘号前的数字的单位为 in³,乘号后数字代表相干枪数量

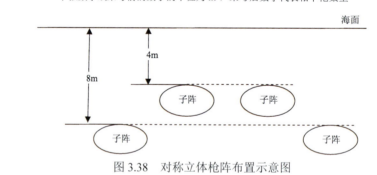

图 3.38 对称立体枪阵布置示意图

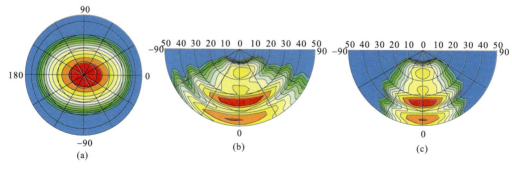

图 3.39 对称立体阵列能量分布图

(a) 30Hz 能量平面分布图 [方位角单位为度(°),径向为垂直角(0~90°)];(b) 垂向纵切面分布图(方位角 0°);(c) 垂向横切面分布图(方位角 90°)[垂直角单位为度(°),径向为频率(0~50Hz)]

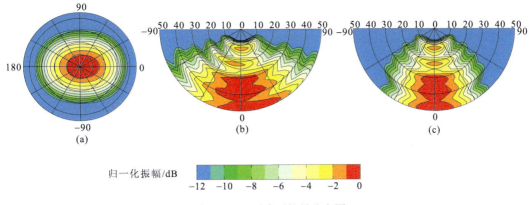

图 3.40 平面阵列能量分布图

(a)30Hz 能量平面分布图[方位角单位为度(°),径向为垂直角(0~90°)];(b)垂向纵切面分布图(方位角 0°);(c)垂向横切面分布图(方位角 90°)[垂直角单位为度(°),径向为频率(0~50Hz)]

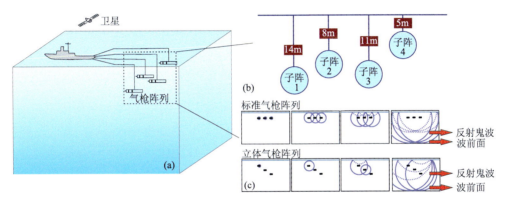

图 3.41 不对称立体枪阵布置示意图

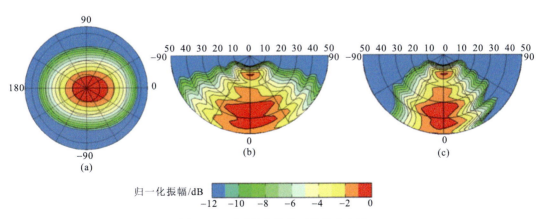

图 3.42 不对称立体阵列能量分布图

(a)30Hz 能量平面分布图[方位角单位为度(°),径向为垂直角(0~90°)];(b)垂向纵切面分布图(方位角 0°);(c)垂向横切面分布图(方位角 90°)[垂直角单位为度(°),径向为频率(0~50Hz)]

立体震源对虚反射在时间域的压制，主要体现在对鬼波脉冲的削弱上，这里以主脉冲零峰值与鬼波脉冲振幅的比值的绝对值($|P/G|$)为衡量标准，比值越大，对鬼波压制越大。以图3.37所示枪阵为例，上层两个子阵列保持枪深5m不变，下层两个子阵列逐渐向下沉放，所得结果如图3.43所示。

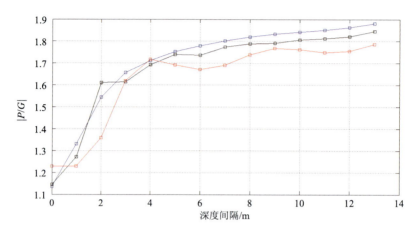

图3.43　鬼波脉冲压制程度($|P/G|$)与子阵深度间隔关系
未滤波：蓝线，截频-256Hz：黑线，截频-128Hz：红线

对于未滤波的信号，随着深度间隔的增大，鬼波脉冲的压制效果逐渐变大，但增长速度逐渐趋于平缓。对于滤波后的信号，压制效果曲线比较曲折，但大体趋势仍与未滤波时一致。因此，单从时间域鬼波脉冲的压制来看，深度差越大越好。

另外，可以通过增加枪阵的层次，使鬼波脉冲更加分散，从而提高压制效果。以初始压力为2000psi的100in³的Sleeve气枪为例，最浅枪深为4m，以2m为间隔，依次向下布置气枪，延时激发。布置气枪数量与压制效果的关系如图3.44所示。通过模拟结果可以看出，随着气枪数量或枪阵层数的增多，鬼波压制效果越来越好，但$|P/G|$增长速度逐渐变小。

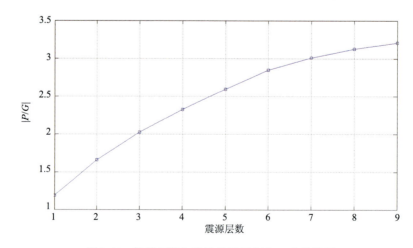

图3.44　枪阵层数与鬼波脉冲压制($|P/G|$)的关系

如果只通过改变整个子阵的深度来增加立体阵列的层数，同时考虑到枪阵的方向性问题，那么最终可以增加的层数是有限的，特别是对于子阵数量较少的枪阵。因此，在这里提出另外一种方案，通过改变子阵内气枪的深度，使子阵呈倾斜状，由此增加枪阵的层数(图3.45、图3.46)。图3.45中所示枪阵以船头为前方，由后向前逐渐变深，也可以为由前向后逐渐变深，这种阵列被称为倾斜阵列。延时激发的倾斜阵列波场如图3.46所示，与之前的凸形或凹形立体震源的区别在于，其鬼波的波前以一定角度沿着枪阵纵向传播。

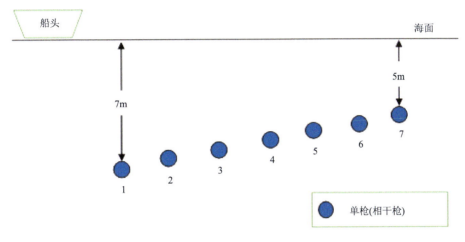

图3.45 倾斜阵列布置图

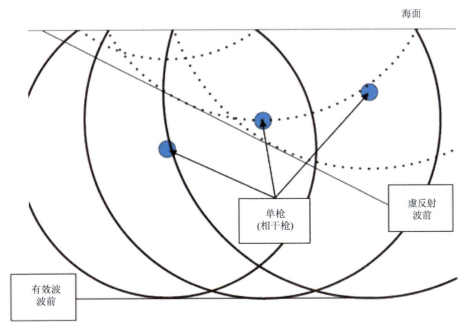

图3.46 倾斜延时激发阵列波前示意图

立体延时震源使得震源虚反射受到有效的压制，但子波的初泡比却因此变小了，这是由于虚反射信号的减弱降低了子波信号的峰峰值。另外，枪阵的改变，使得气泡受到的静水压力发生了变化，因此会改变单枪的气泡周期，最终影响气泡振荡的压制效果。

子阵变深会导致有效频带宽度的减小，因此，对于要求有效频宽较大的地震勘探，枪深不宜过大，这使得立体震源的设计受到限制。所以，在已有的枪阵基础上对子阵沉放深度进行修改的方法有一定的局限性。

(四)应用效果

从以上分析中可以看出，设计一个激发高品质远场子波的枪阵震源，必须具备三个条件：①有一定数量的单枪组成的多个对称的子阵列；②子阵列内的单枪容量应高、中、低均衡配置；③应采用立体延时的组合方式，以有效压制虚反射，保障远场子波的低频段频率能量的均匀分布。

因此，在南黄海、东海的OBS深部地震探测震源设计上，没有考虑采用多条大容量气枪的组合方式，而是采用多条中、小容量的气枪组成立体延时枪阵震源。中、小容量气枪的气泡半径较小，较浅的沉放深度就能发挥其最大输出能量，适应南黄海海域和东海陆架海域水深较浅的勘探环境。但是，气枪的触发同步精度一般为0～1.5ms，为了发挥立体延时震源的优势，需要将子阵列沉放深度差异加大到6m(延迟激发时间4ms)以上，这在深水采集环境中是不成问题的，但在浅水区由于水深条件的限制，几乎是不可能实现的。另外，沉放深度差异的加大，带来了气泡压制作用的减弱和震源方位角的复杂化，造成地震资料品质的降低。

基于以上分析，确定选用触发同步精度高的中、小容量气枪组成沉放深度差异≤3m的立体气枪阵列，在顺序延迟激发时间设计上，不完全拘泥于将上层子阵列激发地震波到达下一层子阵列的时间作为延迟激发时间，而是通过远场子波模拟计算和对其技术指标的总体性能评价与优选后，确定立体气枪阵列组合与延迟激发的设计方案。

OBS2013线为南黄海首次实施的深部地震探测测线，因此，在实施前对震源激发方案进行了细致的论证。首先，对2012年南黄海多道地震探测的立体延时枪阵进行了分析。该枪阵是由不同容量的G枪组成的四个容量为1260in^{3}的子阵，总容量为5040in^3(图3.47)，设计为立体延时震源。其中，将中间两个子阵沉放到7m深度，两边的两个子阵沉放到10m深度，延迟2ms激发沉放深的子阵，组成"正梯形"立体延时震源。将该枪阵与同类组合的常规枪阵频谱对比可以看出，无延迟激发的平面枪阵震源频率主要集中在主频附近，低频段和高频段衰减严重，且虚反射的陷波效应明显；而采用双层枪阵延迟激发的震源频率能量分布较为均匀，低频和高频成分均得到拓宽，频谱更加圆滑，陷波作用明显得到削弱(图3.48)。

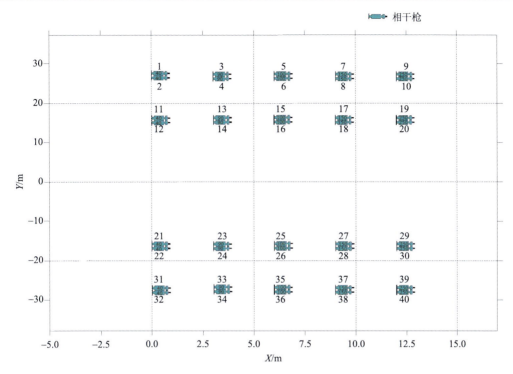

图 3.47 容量为 5040in³ 的枪阵组合模式图

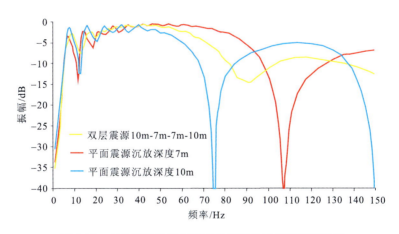

图 3.48 立体延时枪阵与平面枪阵远场子波频谱对比图

图 3.49 为三个子阵总容量为 8340in³ 的枪阵组合示意图,该枪阵由三条 1500in³ 的 Bolt 长寿命和 15 条 G 枪组成。图 3.50 为该枪阵与 OBS 探测使用的六条 1500in³ Bolt 枪组成的枪阵远场子波波形对比图,虽然该枪阵的容量低于渤海探测所用的枪阵,但是它的峰峰值和波泡比均优于单一大容量气枪组成的枪阵,在频谱特征上,两种枪阵差别不大(图 3.51)。

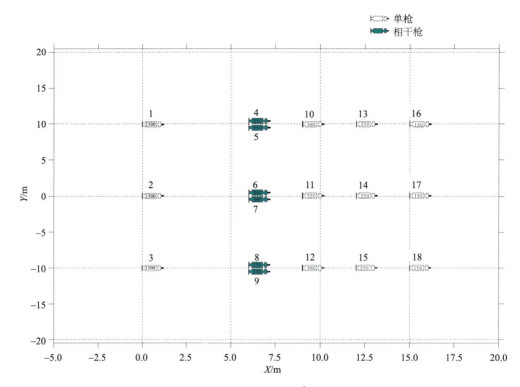

图 3.49 三个子阵总容量为 8340in³ 的枪阵组合示意图

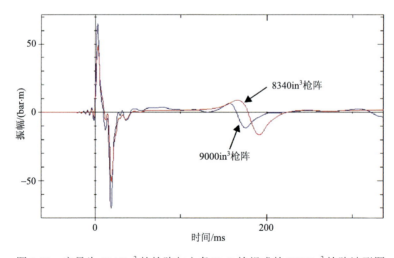

图 3.50 容量为 8340in³ 的枪阵与六条 Bolt 枪组成的 9000in³ 枪阵波形图

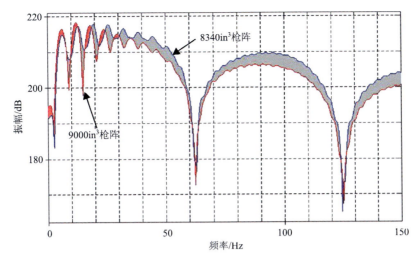

图 3.51 容量为 8340in³ 的枪阵与六条 Bolt 枪组成的 9000in³ 枪阵频谱图
蓝线：8340in³ 枪阵；红线：9000in³ 枪阵

为了验证不同组合的效果，设计了新的枪阵组合，由三条 1500in³ 的 Bolt 枪、三条 380in³ 的 G 枪和 250in³、150in³、100in³、60in³ 的 G 枪各六条组成的三个子阵（图 3.52），总容量为 9000in³，采用立体延迟激发的方式，三个子阵的沉放深度分别为 12m、8m、10m，激发延迟为 2ms（简称 C3-12m-8m-10m-2ms）。

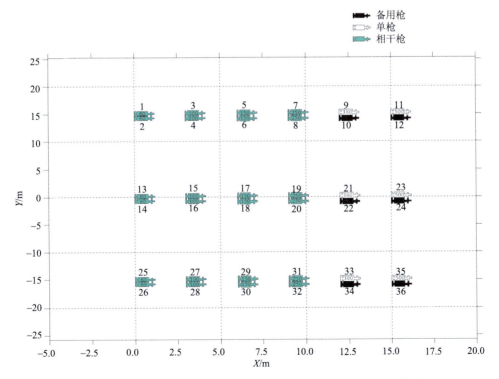

图 3.52 容量为 9000in³ 的 C3-12m-8m-10m-2ms 枪阵组合示意图

图 3.53 和图 3.54 分别为图 3.52 所示枪阵远场子波波形和频谱。在平面枪阵(所有子阵都在同一深度的枪阵)的远场子波波形上,由海平面虚反射作用引起的负波峰与正波峰基本相当,采用立体组合延时触发后,远场子波的负波峰值比正波峰值低 30%左右,表明虚反射作用得到较大的抑制。从频谱图(图 3.54)上可以看到,频谱曲线相对光滑,低频能量得到提升,陷波作用得到较大程度的抑制。

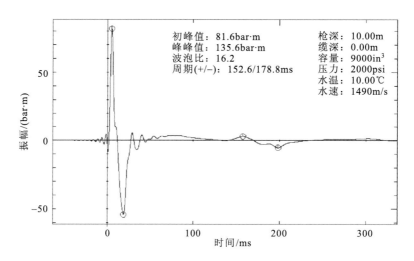

图 3.53　容量为 9000in³ 的 C3-12m-8m-10m-2ms 枪阵远场子波波形图

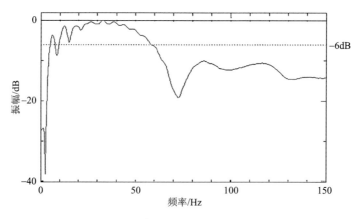

图 3.54　容量为 9000in³ 的 C3-12m-8m-10m-2ms 枪阵频谱图

为了对比以单枪容量不超过 250in³ 的 G 枪组成的枪阵与用 1500in³ 的 Bolt 单枪组成的枪阵性能的优劣,特将图 3.47 所示枪阵(简称 5040 枪阵)按不同立体延时组合模式与容量为 9000in³ 的 C3-12m-8m-10m-2ms 枪阵进行对比。图 3.55 为 5040 枪阵沉放深度分别为 14m、10m、8m、12m 的四个子阵,从沉放最浅的枪阵开始,依深度递增的顺序延迟 2ms 激发,组成 E4-14m-10m-8m-12m-2ms 立体延时枪阵与 C3-12m-8m-10m-2ms

枪阵远场子波波形对比图。从图中可以看出，5040枪阵的E4-14m-10m-8m-12m-2ms立体延时组合远场子波的初峰值和波泡比与容量C3-12m-8m-10m-2ms枪阵基本相当，但5040枪阵的虚反射效应更低，说明该枪阵立体延时组合具有更优越的性能，在频谱图(图3.56)上显示了其具有更好的低频性能(图中圆圈所指位置)和较低的陷波作用。

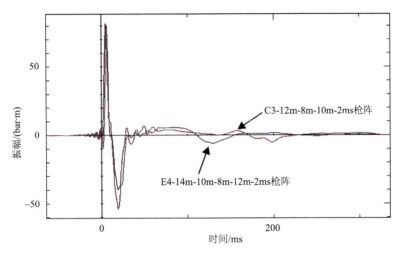

图 3.55　5040 枪阵 E4-14m-10m-8m-12m-2ms 立体延时组合
与 C3-12m-8m-10m-2ms 枪阵远场子波对比

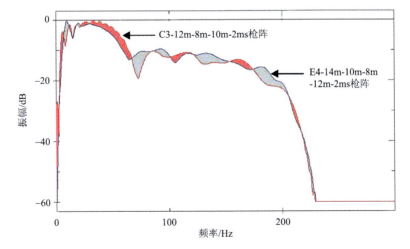

图 3.56　5040 枪阵 E4-14m-10m-8m-12m-2ms 立体延时组合
与 C3-12m-8m-10m-2ms 枪阵远场子波频谱对比图

图 3.57 为 48 条不同容量的 G 枪组成的总容量为 6060in³ 的枪阵组合(简称 6060 枪阵),由四个子阵组成,最大单枪容量为 380in³,最小单枪容量 40in³,采用立体延时激发的方式。图 3.58 为不同的立体枪阵组合形式模拟的远场子波波形和频谱图,经对比分析从中优选了 S4-13m-9m-7m-11m-1.5ms 组合方式,四个子阵的沉放深度分别为 13m、9m、7m、11m,激发延迟为 1.5ms,枪阵的初峰值为 90.2bar·m,虚反射效应更低,波泡比高达 15.3,说明具有更优越的性能。

图 3.59 为 6060 枪阵与 5040 枪阵的 S4-10m-7m-7m-10m-2ms 立体延时组合远场子波波形对比图。从图中可以看出,6060 枪阵的初峰值和波泡比高,虚反射效应较低。在频谱对比图(图 3.60)上,该枪阵具有更强的低频能量。

图 3.61 为 6060 枪阵与 5040 枪阵 S4-14m-10m-8m-12m-1.5ms 组合远场子波波形对比图,从图中可以看出,6060 枪阵的初峰值和波泡比高,虚反射效应。在频谱对比结果(图 3.62)上,该枪阵具有更强的低频能量。

图 3.63(a) 为 6060 枪阵立体延时组合与容量为 9000in³ 的 S3-12m-8m-10m-2ms(其中加入容量为 1500in³ 大枪三条) 枪阵远场子波波形对比图,6060 枪阵的初峰值和波泡比高,虚反射效应相对较低。在频谱对比图[图 3.63(b)]上,两种枪阵的低频能量相当,但 6060 枪阵立体延时组合频谱曲线相对光滑,中频段能量较强,兼顾了获得沉积层震相的要求。

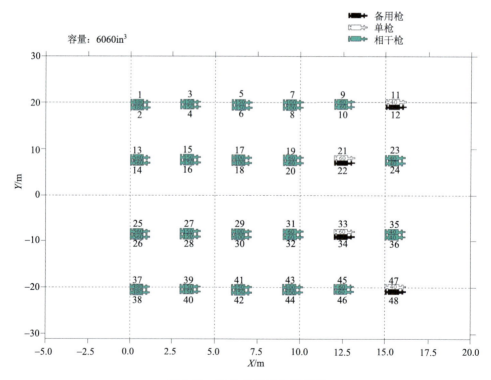

图 3.57　6060 枪阵组合模式图

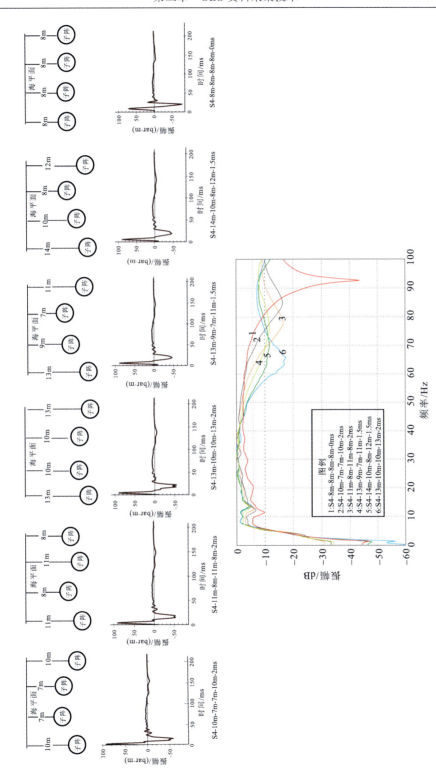

图3.58 六组枪阵组合示意图(上)及其远场子波(中)和频谱(下)对比

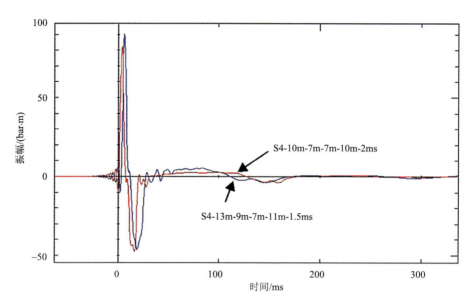

图 3.59　6060 枪阵 S4-13m-9m-7m-11m-1.5ms 组合与 5040 枪阵 S4-10m-7m-7m-10m-2ms 组合远场子波波形对比图

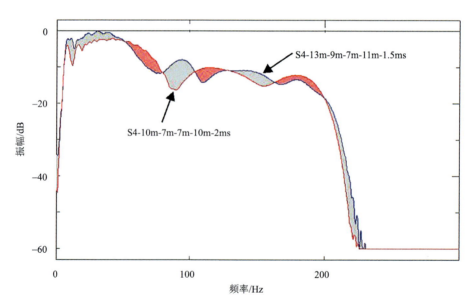

图 3.60　6060 枪阵 S4-13m-9m-7m-11m-1.5ms 组合与 5040 枪阵 S4-10m-7m-7m-10m-2ms 组合远场子波频谱对比图

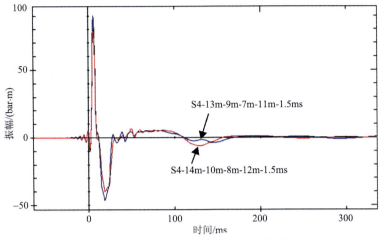

图 3.61　6060 枪阵 S4-13m-9m-7m-11m-1.5ms 组合与 5040 枪阵 S4-14m-10m-8m-12m-1.5ms
组合远场子波波形对比图

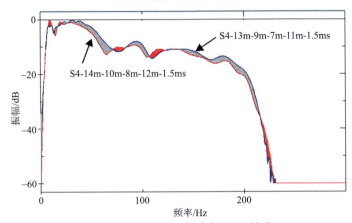

图 3.62　6060 枪阵 S4-13m-9m-7m-11m-1.5ms 组合与 5040 枪阵 S4-14m-10m-8m-12m-1.5ms
组合远场子波频谱对比图

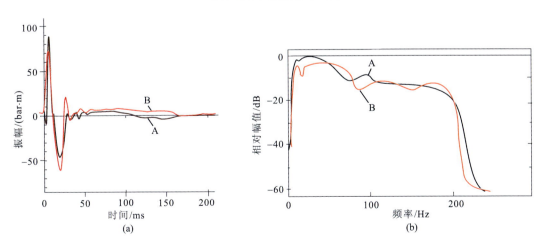

图 3.63　6060 枪阵立体延时组合与 S3-12m-8m-10m-2ms 组合远场子波波形和频谱图
A 线：S4-13m-9m-7m-11m-1.5ms 组合；B 线：S3-12m-8m-10m-2ms 组合

通过对各种型号气枪的性能对比分析，选择可靠性强、触发精度高、输出能量大的G枪，作为南黄海2013年OBS深部地震探测LINE2013线的激发震源。在对不同的立体延时设计方案进行远场子波理论模拟分析的基础上，针对勘探目标需求，以拓展低频、拓宽频带、提高远场子波特性和增加激发地震波穿透能力为目标，确定了6060枪阵D4-13m-9m-7m-11m-1.5ms组合进行地震波激发。

LINE2013线为从渤海起始，跨越山东半岛到南黄海的海陆联测测线，在渤海海域部署气枪震源激发炮线。考虑到渤海的水深条件，经模拟对比分析决定采用对称立体延时激发组合方式，子阵沉放深度分别为11m、8m、8m、11m，其远场子波波形模拟图和频谱如图3.64、图3.65所示，两种枪阵组合方式的主要性能对比见表3.4。

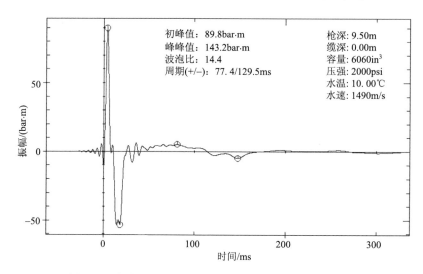

图 3.64 渤海 OBS 探测采用的 G 枪枪阵组合远场子波图

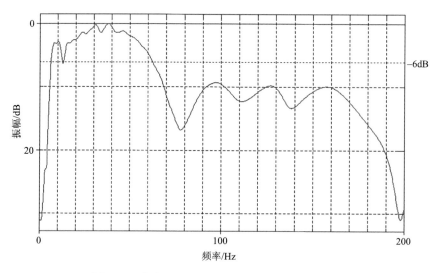

图 3.65 渤海 OBS 探测气枪枪阵远场子波频谱图

表 3.4 枪阵组合主要性能对比表

对比项目	南黄海	渤海
组合方式	不对称立体延时	对称立体延时
子阵沉放深度	13m-9m-7m-11m	11m-8m-8m-11m
初峰值	90.2bar·m	89.8bar·m
峰峰值	136.6bar·m	143.2bar·m
波泡比	15.3	14.4
频带宽度(-6dB 线)	4.5～75Hz	5～62Hz
低频能量	强，频谱曲线较光滑	较高，频谱曲线较粗糙
陷波频率	有效频带以外	有效频带以外
主要优势	低频能量强、频带宽	低频能量较强、频带较宽

图 3.66 为 2013 年采用 6060 枪阵对称立体延时获得的台站记录与相同区域的 OBS2011 测线台站记录对比结果。从中可以看出，与采用大容量枪阵常规组合震源获得的台站记录相比，采用对称立体延时组合获得的 OBS 台站记录震相丰富、特征突出、信噪比高、延续长度大，气枪信号有效传播距离达 150km。

2016 年在进行东西向横跨南黄海 OBS 深部地震探测工作中，基于渤海-山东半岛-南黄海深部地震海陆联测立体延时震源应用的成功经验，根据"发现号"气枪震源的装备情况，经过对不同组合模式枪阵的远场子波理论模拟分析，设计了由最大容量 380in^3、最小容量 40in^3 单枪组成的四个子阵列总容量 6640in^3 的枪阵(震源组合平面图如图 3.67 所示)，采用"M"形不对称立体延时震源组合方式，四个子阵沉放深度分别为 14m、8m、11m、5m，激发时间延迟 2ms。

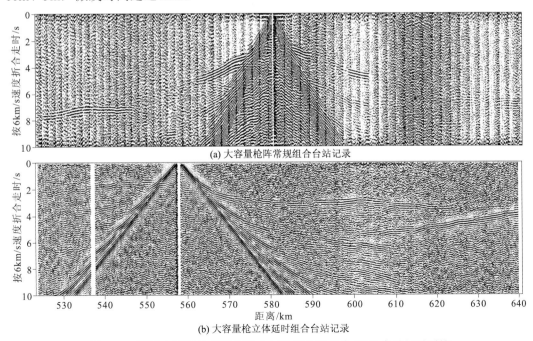

图 3.66 采用大容量枪阵常规组合与立体延时组合 OBS 台站记录对比

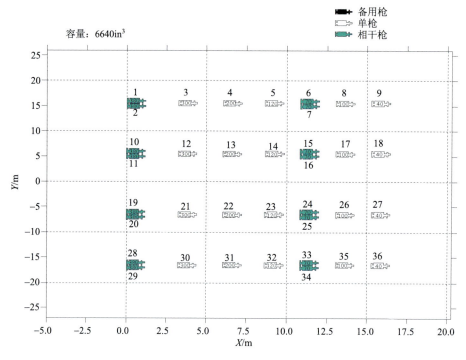

图 3.67　6640 枪阵平面组合排列示意图

图 3.68、图 3.69 分别为 6640 枪阵远场子波波形图和频谱图。从中可以看出，该枪阵激发的地震子波具有低频能量强、频谱能量分布较均匀、陷波效应弱的优势。其中，枪阵的初峰值达到 86.8bar·m，峰峰值为 127.4 bar·m，波泡比为 17.5，以–6dB 线计算的有效频带为 5~65Hz，性能远高于由 4~6 条容量 1500in^3 的单枪为主组成的大容量枪阵。

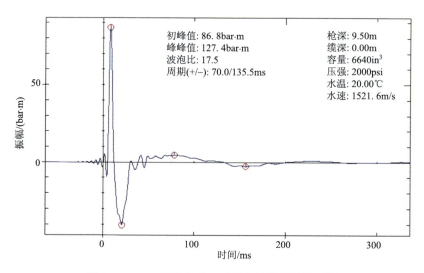

图 3.68　6640 枪阵立体延时组合远场子波波形图

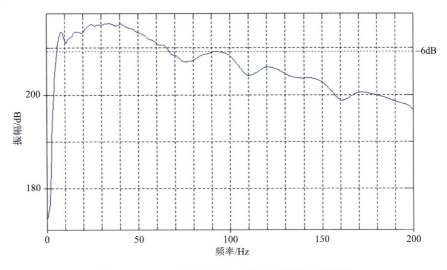

图 3.69 6640 枪阵立体延时组合远场子波频谱图

图 3.70 为获得的台站原始地震记录剖面,显示采用立体延时震源激发方式,获得了震相丰富、信噪比较高的原始地震记录,有效震相(图中黄框处)的最大偏移距达到 100km 左右。

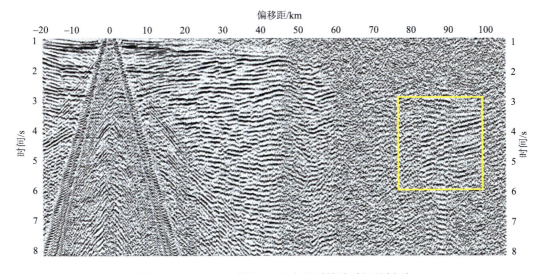

图 3.70 OBS2016 测线 OBS 台站原始地震记录剖面

折合显示,折合速度 V=6000m/s

2015 年在实施东海陆架盆地-冲绳海槽深部地震探测测线 OBS 2015 线过程中,根据震源船——"发现 2 号"地震调查船的枪阵装备状况,设计了由 32 条中、小容量的 Sleeve 和 Bolt 气枪组成的四个子阵列总容量为 6420in³ 的枪阵(平面排列组合模式如图 3.71 所示)。该枪阵的单枪最大容量为 600in³,最小容量为 40in³。采用"M"形不对称立体延时震源组合方式(参见图3.41),四个子阵沉放深度分别为14m、8m、11m、5m,激发时间延迟2ms。为了有效地拓展枪阵激发地震子波的低频频带和最大程度地改善低频能量分布特征,进行了不同的立体枪阵组合震源远场子波计算模拟,以分析不同组合模式的远场子波特征,从中优选出低频能量分布均匀、子波主峰值高、初泡比大的枪阵组合。

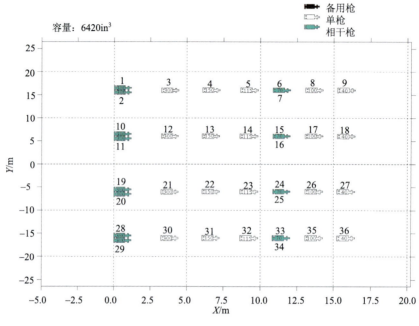

图3.71 6420枪阵平面组合排列示意图

图3.72为模拟计算的立体枪阵远场子波波形和频谱图。从中可以看出,由于将子阵列沉放在不同的深度,并采用非同步差异化触发不同深度的子阵列(延迟激发),上行波的波前能量不能同时叠合,降低了上行波虚反射鬼波导致的陷波作用,地震频带向低频拓展,频率能量分布更加均匀,震源子波的穿透能力得到提升。主要表现在远场子波波形较光滑,主峰值高,达到85.5bar·m,第二峰值较低,为39.2bar·m,旁瓣振幅低且延续时间短[图3.72(a)],表明其具有较低的震源虚反射效应;由此能有效地改善低频段输出能量分布特征,频谱曲线较光滑,说明低频段振幅分布更加均匀,并有效提高低频输出能量[图3.72(b)]。

利用立体枪阵延迟触发震源,在东海陆架区和冲绳海槽区获得了沉积层折射震相Ps、地壳内折射震相Pg、具备洋壳特征的上地幔折射震相Pn及莫霍面反射震相PmP(详见第六章)。该项技术的成功应用证明,在水深大于1000m的海区内进行OBS深部地震探测中,在没有大容量单枪加入、只有中-小容量气枪组成的枪阵情况下,只要进行针对性的立体枪阵组合和延迟激发时间设计,就能够满足获得深部震相信号的需求。

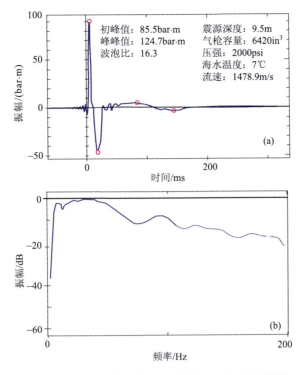

图 3.72 立体枪阵延迟触发震源远场子波波形(a)和频谱(b)图

第四章 数据处理技术

一、处理流程简介

由于 OBS 深部地震探测特殊的观测方式，OBS 数据处理与常规多道地震数据处理存在较大差异。目前 OBS 数据处理的目的是获得地壳结构的宏观速度成像，其处理流程如图 4.1 所示。

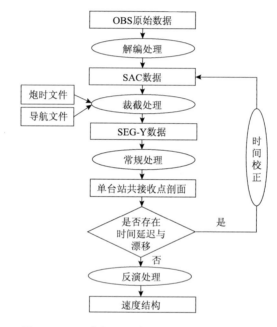

图 4.1　OBS 数据处理流程(据刘丽华等，2012)

1. 数据解编处理

数据解编处理的目的是将以时间顺序记录的不同分量的原始台站记录数据转换成按分量属性的 SAC(seismic analysis code) 文件格式的数据。

2. 数据裁截处理

根据震源船记录的导航文件和由 GPS 授时的炮时文件，以每个激发时间为起始时间，以地震波在最深探测目标层、最大接收距离产生的最长旅行时间为最低标准，设置单道(单炮)记录长度，将连续记录的 SAC 格式的 OBS 台站地震数据裁截为单道(单炮)记录，存储为标准 SEG-Y 格式的共接收点道集的数据体(统称：台站记录)，并在道头中存储激发点、接收点位置坐标等信息。

3. 频谱与环境噪声分析

采用快速傅里叶变换(FFT)或频带扫描的方法，对截取形成的 SEG-Y 格式的 OBS 台站记录数据进行频谱分析，了解记录的频谱和环境噪声台站，确定有效震相信号的频带宽度。

4. 常规处理

根据频谱分析、环境噪声分析和枪阵模拟情况，选择合适的带通滤波器的频率，对台站记录数据进行速度折合、自动增益控制、滤波、反褶积等处理，形成单台站共接收点地震剖面。

5. 时间校正

消除放炮延迟、OBS 数据文件内部时间漂移(张浩宇等，2019)，以及 OBS 控制时钟因温度、压力的改变而产生的时间漂移对震相走时产生的误差影响。

6. OBS 重定位

OBS 投放后以自由落体的方式缓慢下落至海底，在潮流、海浪等因素影响下，落到海底的实际位置会偏离设计站位位置，在深水区或潮流流速大、海况复杂的海域，这种情况更为明显。OBS 位置的偏离会带来震相走时的改变，影响到震相的识别、拾取与速度模拟的精度。因此，在震相拾取、走时模拟前需要对 OBS 进行精确的重定位。利用直达水波走时信息，综合最小二乘法反演原理(敖威等，2010)，采用蒙特卡罗法(张莉等，2013)计算 OBS 的落底位置，并设计位置对其旅行时间进行校正。

7. 数据净化

经过常规处理和重定位处理后，台站记录数据中还存在各种噪声和多次波干扰，严重影响震相的识别和拾取。采用噪声组合压制、子波整形、多次波压制等技术方法，对数据进行净化处理，以提高数据的信噪比，突出有效震相特征，增加震相延续长度。

8. 重定向

理论上，转换横波都是在源-检(in-line)方向偏振的，如果在各向同性且水平层状介质中，垂直于源-检方向的 cross-line 方向能量应该为 0。由于 OBS 投放之后是自由落底，仪器会随水流而发生旋转，方位发生随机改变，难以保证仪器着床海底之后两个水平分量分别平行和垂直于测线。方位不正会影响两个水平分量信号的强度，不利于转换横波的分析和识别拾取。因此，需利用水平分量的方位角，把两个水平分量旋转为沿测线的 in-line 分量(H_1)和垂直测线的 cross-line 分量(H_2)，以期得到最强转换横波信号。

9. 信号增强

OBS 记录偏移距达 100km 以上的地震信号，经长距离传播后能量衰减严重，信噪比较低，可利用超虚拟折射干涉法等技术方法，增强有效信号的振幅强度，提高信噪比和震相延续长度。

10. 震相分析拾取

在经过上述处理流程的单台站共接收点地震剖面上分析识别各震相，拾取各震相的双程走时及坐标。

11. 射线追踪与反演处理

利用 Zelt 和 Smith(1992)提出的一种同时获得二维速度结构与速度不连续面深度的地震波走时反演方法，经过建立初始参数模型、正演射线追踪和阻尼最小二乘反演三个步骤获得最终深部速度结构。

二、数据净化处理

常规的数据净化处理在自动增益控制处理的基础上，利用多道地震处理中的滤波、反褶积等技术进行(刘丽华等，2012)，这些技术方法均是通用的、成熟的技术方法，不再赘述。本节以 OBS2016 线的台站数据为例，介绍重点针对 OBS 原始地震资料特征数据净化处理新技术。

(一)特征分析

以垂直 Z 分量与水听器 H 分量两类剖面为例，系统评价台站数据品质，发现具有以下特征。

1. 时差问题

在折合剖面上，两个方向激发得到的数据存在同相轴"断阶"、相邻道震相不连续问题。例如，南黄海 OBS2016 线的台站记录时间不连续现象主要有两类：①相邻道时差近 400ms(整条测线中个别站位，剖面中整体出现)(图 4.2)；②相邻道时差 10~80ms(整条测线中几乎所有站位，剖面中整体或局部出现)(图 4.3)。

对时差的主导因素，首先分析是否是涌浪起伏差异与潮差。由于地震船双向激发，台站记录中的相邻地震道的记录时间间隔较大，不排除因不同时段的涌浪起伏与潮流产生高差造成的相邻道系统时差。在不同时间、不同放炮方向情况下可按式(4.1)计算涌浪与潮差造成的单程时差 Δt，即

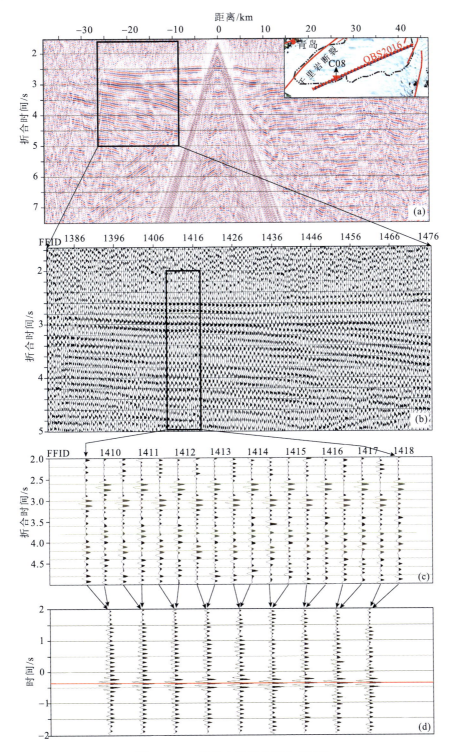

图 4.2 C08 站位水听器共接收点记录

(a)折合记录剖面(含相邻道时差),横坐标"距离"指炮检距,OBS 站位以西为负、以东为正,折合速度为 6km/s;(b)部分数据放大特征;(c)相邻道时差特征;(d)相邻道互相关特征

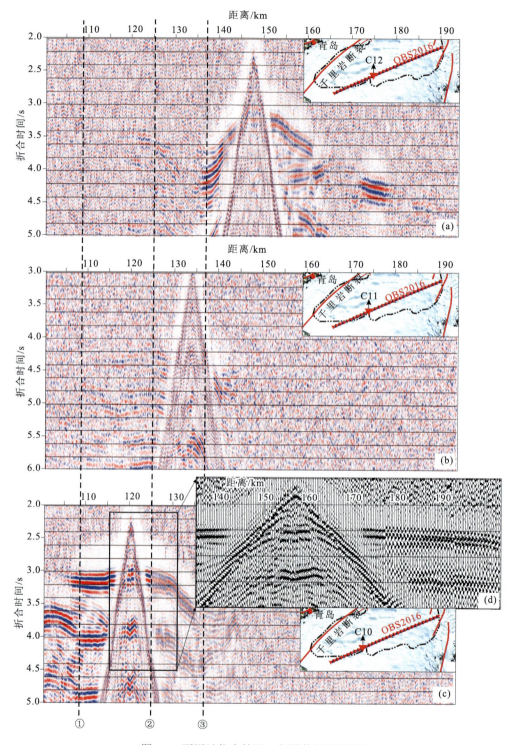

图 4.3 不同站位中的同一位置数据时差特征

(a)C12 水听器；(b)C11Z 分量；(c)C10 水听器；(d)C10 黑色框位置放大图

横坐标代表在速度模型中的位置，①②③分别代表地下同一点在各剖面上的对应位置，折合速度：6km/s

$$\Delta t = \frac{\Delta h}{v} \tag{4.1}$$

式中，Δh 为涌浪产生的激发点高差；v 为水中地震波传播速度，1500m/s。

如果时差达到 10ms，浪高或潮差需达 15m。显然，10～80ms 时差，需要 15～120m 的浪高与潮差，这在实际的海况中是不可能出现的。根据施工现场班报记录，在整个震源激发、数据接收过程中，相邻炮点位置处的水深差不超过 2m。因此，两类时差不应为涌浪或潮流主导引发。另外，通过相邻站位对比，发现时差出现范围与数据所处位置并无明显相关性[图 4.2(a)]。进一步分析后认为：①台站数据中存在的个别性整体时差(400ms)是由时钟系统误差引起的，这是水下接收系统与震源船之间计时系统误差。此条测线中部分 OBS 的双向时间偏差(近400ms)远大于传统意义及由采样偏差引发的时钟漂移，在道集上表现为由东向西的数据呈现整体滞后，各个滞后时间在整个台站剖面中保持稳定。②台站数据中存在的普遍性时差(10～80ms)是由数据文件内部时间漂移主导引起的。在 OBS 数据采集过程中，如果其实际采样间隔与预设采样间隔出现偏差时，即表现为 OBS 连续记录中出现内部时间漂移。而对此相邻数据文件在 SAC 中进行拼接时，会自动引入一些新数据点，以维持相邻文件的起始时间不变；SAC2Y 程序在寻址、裁截的过程中，跨越两个相邻文件时，这一引入会使剖面中相关震相的同相轴发生相对位置的突变，相邻道中表现出时差。统计表明，预设频率为 250Hz 时，国产 A、B 型 OBS 内部时间漂移量在 40ms 以内；预设频率为 100Hz 时，L、S 型 OBS 内部时间漂移量在 90ms 以内(张浩宇等，2019)。

2. 单台站记录中的能量差异

OBS 未折合单台站截取记录长度为 60s，最大炮检距约为 300km，记录的地震波振幅随传播路程的增大而衰减。对原始资料进行折合后，剖面显示浅层振幅强、深层振幅弱的特征，深浅层能量差异较大。如图 4.4 中所示，白色箭头指示浅层地震信号能量较强；黑色箭头指示深部地震信号能量较弱。

3. 远近道的子波差异

地震波的能量随传播距离增加而衰减，同一传播路径，频率越高，衰减越快，地震波在地下介质中传播的过程可看作是一种大地滤波过程。对于地面某一特定位置而言，滤波作用是一定的，但在 OBS 探测中，震源与接收点之间的炮检距距离可以超过 100km，甚至达到 300km，因此，近道和远道波的传播路程相差可能达到 10 倍以上。受大地滤波等作用的影响，远炮检距和近炮检距地震道在振幅和频率属性上均存在较大差异，呈现在地震记录中是在频率和波形上的差异(图 4.5)。

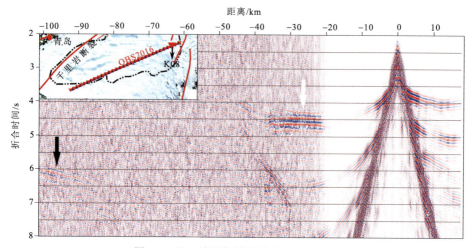

图 4.4 深、浅层能量差异（K08 水听器）

横坐标：炮检距，OBS 站位以西为负值、以东为正值；折合显示，折合速度 V=6km/s

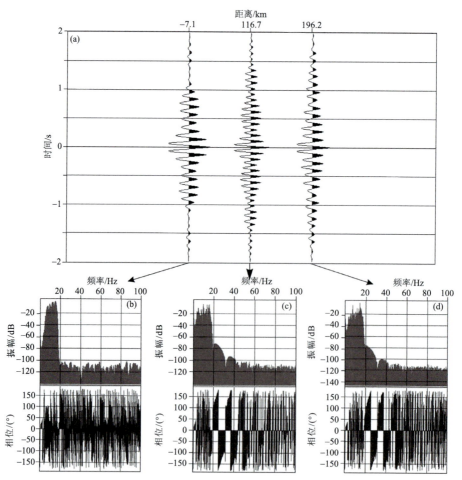

图 4.5 近、中、远偏移距子波差异与地震记录频谱图

(a)子波波形；(b)近偏移距记录频谱（上：振幅谱；下：相位谱）；(c)中偏移距记录频谱（上：振幅谱；下：相位谱）；
(d)远偏移距记录频谱（上：振幅谱；下：相位谱）

4. 海底多次波

海底多次波是地震波在海底与海平面之间来回多次震荡的结果。浅海区 OBS 数据海底多次波存在以下两个特征：①OBS 数据海底多次波主要为水体多次波，②不同偏移距的多次波，其时间周期性是变化的。浅水海域的海底多次波周期相对较短，会直接与有效波叠合在一起，使得相关波组的特征复杂化。有效波在海底多次波的叠合影响下，深部目标层位的地震反射或折射波组经常出现 3~4 个强能量的波峰/波谷，且它们之间的能量相当，这给震相识别和解释反演带来很大困难。在原始资料去掉低频干扰后，在剖面上可以明显观测到相关多次波[图 4.6(a)]，在频谱上形成明显的陷波点[图 4.6(b)]，陷波频率点为 $750 \times n$/水深($n=1$，2，3，…)，呈周期性出现。

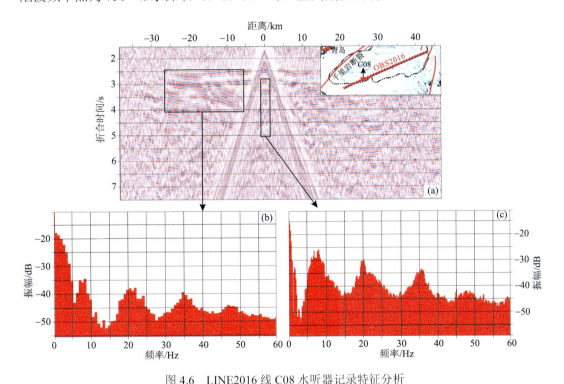

图 4.6　LINE2016 线 C08 水听器记录特征分析

(a)原始记录，横坐标"距离"指炮检距，OBS 站位以西为负、以东为正，折合速度为 6km/s；
(b)、(c)原始数据陷波的频谱特征

(二)组合净化

根据上述数据特征分析，经过多期次试验，在原有常规处理基础上形成一套有效的组合净化数据处理流程(图 4.7)。

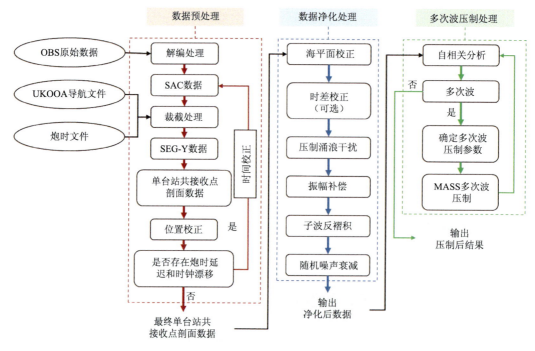

图 4.7 OBS 净化处理基本处理流程框图

1. 不同类型时差的校正

在 OBS 数据文件拼接前,将 SAC 文件头段中的理论采样间隔更改为实际采样间隔,避免时间间隙的出现,以此校正采样率变化引起的微量时差。对于剖面整体延迟及相邻道近 400ms 等稳定的时差类型[图 4.8(a)],进行该部分数据的大时差整体校正(夏少红等,2011;刘晨光等,2014),校正后若存在小时差[图 4.8(b),方框],则继续进行上述采样率更改校正[图 4.8(c)]。经过校正,两种类型的震相异常情况被消除,同相轴表现得光滑、连续。

2. 振幅补偿

消除地震波振幅随旅行路程不同带来的强弱差异,有利于深层反射/折射震相的拾取,采用指数增益补偿方法,对其进行能量一致性补偿。指数增益补偿的基本原理为

$$A_0(t) = A_i(t) t^x \tag{4.2}$$

式中,$A_0(t)$ 为输出道在时间 t 采样点的振幅值,$A_i(t)$ 为输入道在时间 t 采样点的振幅,x 为指数增益值(数值可选)。

处理中首先对指数增益值 x 进行测试,取 x 值为 1.0、1.1、1.2、1.3 等做测试处理。由图 4.9(a) 至 (e) 可见,随着补偿增益值的增大,中深层振幅能量逐渐变强,补偿增益值为 1.0 时,能量相对均匀。实际处理中,取 $x=10$,振幅补偿前、后的折合显示记录,补偿后的数据振幅能量均匀变好[图 4.9(f) 至 (g)]。

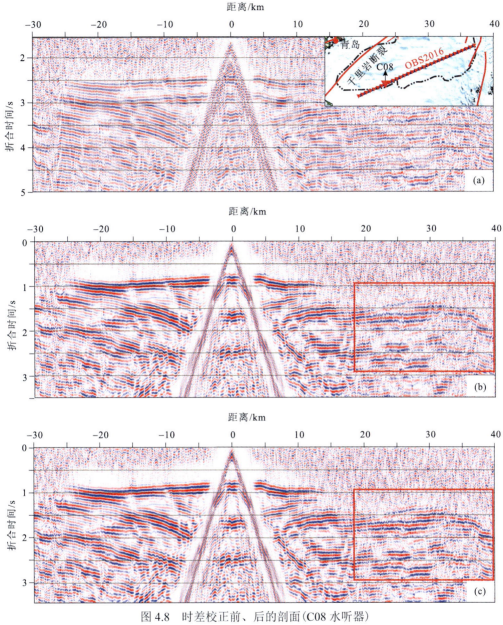

图 4.8 时差校正前、后的剖面(C08 水听器)

(a)校正前；(b)大时差整体校正；(c)小时差整体校正；
横坐标"距离"指炮检距，OBS 站位以西为负、以东为正，折合速度为 6km/s

在压制强干扰的基础上进行振幅分析，采用指数振幅补偿技术使传播路径差异在 100km 以上的信号振幅趋于一致，为有效识别深层震相、扩大震相可识别范围奠定基础。

3. 子波一致性处理

消除子波的差异是 OBS 数据处理的一个必要步骤。为此，对于共接收点记录数据可求一个统一的反算子，分别与各道数据褶积，以消除大地滤波作用，实现子波一致性。

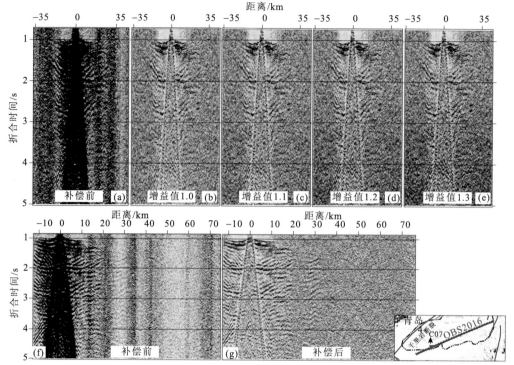

图 4.9 LINE2016 线 C07 水听器记录指数增益补偿测试[(a)至(e)]与最终补偿[(f)至(g)]对比
横坐标"距离"指炮检距，OBS 站位以西为负、以东为正；折合显示，折合速度为 6km/s

通常，将地震道数据表达为反射系数序列与子波的褶积，即

$$s(t) = r(t) \times b(t) \tag{4.3}$$

式中，$s(t)$ 为地震反射道数据，$r(t)$ 为反射系数序列，$b(t)$ 为子波。

在频率域中，式(4.3)表示为

$$S(f) = R(f) \cdot B(f) \tag{4.4}$$

式中，$S(f)$、$R(f)$ 和 $B(f)$ 分别为 $s(t)$、$r(t)$ 和 $b(t)$ 的傅里叶变换。

用 $B_W(f)$ 替换原来的子波 $B(f)$，即得到子波处理之后的地震道数据 $S_W(f)$，即

$$S_W(f) = R(f) \cdot B(f) \cdot B^{-1}(f) \cdot B_W(f) \tag{4.5}$$

即

$$S_W(f) = S(f) \cdot B^{-1}(f) \cdot B_W(f) \tag{4.6}$$

式中，$B(f)$ 可以是实际观测到的远场子波 $b_S(t)$ 的谱，也可以是从 OBS 数据中统计得到的子波 $b_W(t)$ 的谱。

为了对比两种子波谱的差异，进行了对枪阵计算模拟的远场子波与 OBS 数据统计得到的子波的对比试验。

1) 远场子波反褶积

图 4.10 为模拟的远场子波及其振幅谱，采样率为 1ms，振幅谱的频率范围为 0～500Hz。图 4.11 为经过滤波处理之后的远场子波及其频谱。从用滤波之后的远场子波对 OBS 数据反褶积之后的剖面可以看到，有效波的振幅得到部分增强[图 4.12(b)]。

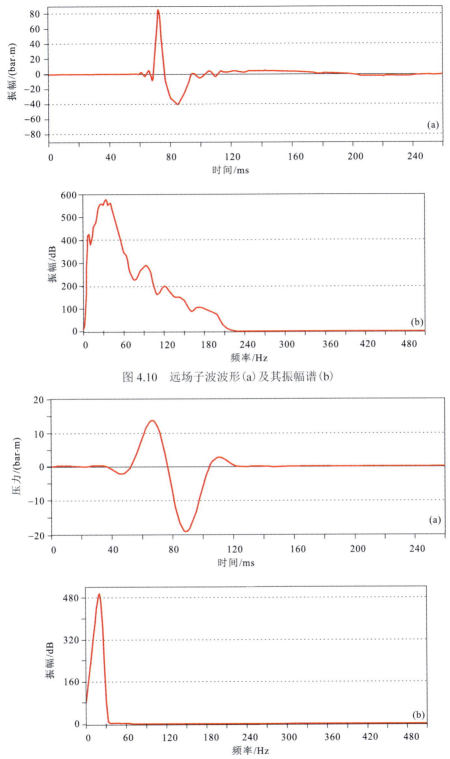

图 4.10 远场子波波形(a)及其振幅谱(b)

图 4.11 滤波后的远场子波波形(a)及其振幅谱(b)

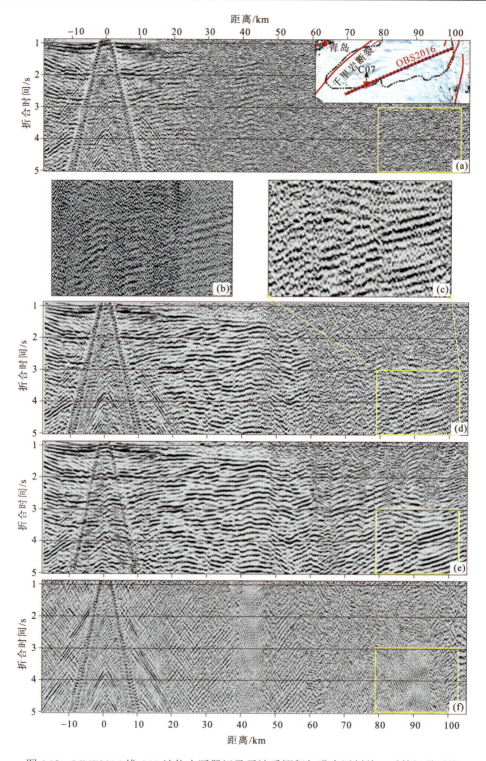

图 4.12 LINE2016 线 C07 站位水听器记录子波反褶积与噪声压制前、后的记录对比

(a)原始记录;(b)远场子波反褶积结果;(c)、(d)统计子波反褶积结果;(e)噪声压制后结果;(f)噪声压制前、后差异剖面;
横坐标"距离"指炮检距,OBS 站位以西为负、以东为正,折合速度为 6km/s

2)统计子波反褶积

采用统计子波进行反褶积的具体步骤如下:①对接收点道集数据进行谱分析;②选取来提取反褶积算子的时窗长度;③提取反褶积算子;④进行反褶积运算。经过统计子波反褶积后,剖面信噪比明显提高[图 4.12(d)],大炮检距的波组突出;自相关函数一致性(图 4.13)改善,表明子波一致性得到改善。从振幅谱(图 4.14)可以看出,采用统计子波反褶积能有效地消除大地传播路径差异造成的 OBS 数据的子波变化,反褶积前高频成分强,反褶积后高频变弱,与剖面结合分析,高频部分主要是噪声,高频成分被压制后,噪声明显减弱,信噪比提高,为正确识别震相提供了可靠数据。

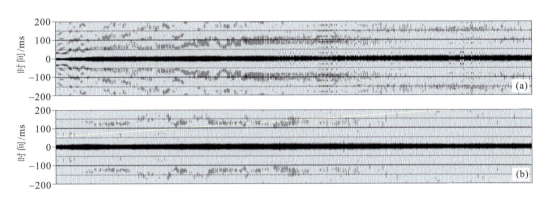

图 4.13 统计子波反褶积前(a)、后(b)的自相关剖面

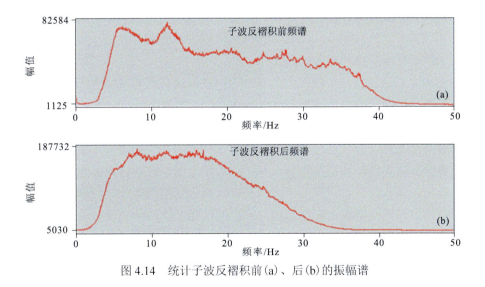

图 4.14 统计子波反褶积前(a)、后(b)的振幅谱

4. 随机与规则噪声压制

OBS 地震记录在子波反褶积之后,信噪比有所提高,但仍然存在一些噪声[图 4.12(d)],采用随机噪声衰减压制(RNA)方法、t-x 域压制线性干扰压制等方法进一步压制噪声和干扰。OBS 台站记录的道间距较大,属于稀疏采集的范畴,为避免假频干扰,

在 t-x 域压制前,先将数据做多项式插值,以提高数据密度,对插值后数据做压制处理,最后变换为与原数据一致。图 4.12(d)至(f)是噪声压制前、后的折合记录,以及二者之差的折合记录。可以看出,经此步骤的压制之后,剖面信噪比得到进一步的提高,振幅和子波趋于一致,其中所压制的噪声以线性干扰为主。

5. 多次波压制

现有成熟的多次波压制方法,多是建立在短排列、密样采集和多次覆盖的数据基础之上,其理论基础是在 CDP 道集内多次波和一次波之间存在速度差异。OBS 台站记录是超长排列的单道观测、单次覆盖,因此,现有的多次波压制技术在 OBS 数据海底多次波压制的应用中存在局限性。例如,预测反褶积技术,其应用条件有二:一是多次波的周期较短;二是在用于压制多次波的同一数据集(如同一条测线)中,预测间隔是相同而不能变化的。上述两个应用条件要求产生海底多次波的海底深度变化不大,且海水的速度固定不变。然而,OBS 台站记录中的炮检距在 100km 以上,海水深度的变化、传播路径的不同造成海底多次波的周期变化规律存在差异,不适用于常规商业软件中预测间隔不变的应用条件。另外,基于速度差异的多次叠加、速度滤波、f-k 滤波、K-L 变换、Radon 变换和 τ-p 变换等技术,均需要足够的覆盖次数。而 OBS 数据属于单次覆盖观测,这些技术特点和要求均不能满足 OBS 数据的海底多次波压制处理。

OBS 数据海底多次波多为水体多次波,其周期与海底深度、海水速度和偏移距有关,具有明显的周期多变特征。根据以上特征分析,采用的压制海底多次波的技术路线是,先采用自动搜索多次波周期方法,使用预测反褶积压制海底多次波。为此,研发了海底多次波自动搜索和压制(MASS)处理技术。

海底多次波自动搜索和压制技术的基础是海底多次波的基本特性——周期性,可以同时根据多个预测间隔搜索不同周期的海底多次波,并将其同时压制。该技术的主要优点在于进行反褶积运算所需要的原始数据仅仅是地震道本身,除海水层旅行时间——"深度"必须事前已知外,对包括海水层在内的层状构造的有关参数并无更多要求,因而大大便于运算的具体实现,特别是在复杂海底的条件下可以自动识别多次波。

采用自相关函数法可以识别多次波,并自动确定预测间隔(即多次波周期);子波为最小相位时,用预测反褶积才能得到较为理想的压制多次波的结果。最后,通过反复求取不同类型多次波的周期,就可以压制地震道数据中多种周期的多次波,最终实现 OBS 数据海底多次波的自动搜索、自动识别和自动压制。

图 4.15 为 LINE2016 线 K03 站位的水听器数据海底多次波压制效果对比。在压制前的记录中[图 4.15(a)],有效波和海底多次波的交互叠合使得一个目标界面的地震反射波组呈现出 3~4 个强能量波峰与波谷,它们之间的能量基本相当,地震波组特征不清晰。对图 4.15(a)进行海底多次波自动搜索识别和压制后,其结果如图 4.15(b)所示,地震波组特征得到突出,多个能量相当的波峰、波谷得到压制,突出了主要同相轴的波组特征。将图 4.15(a)和图 4.15(b)相减得到被压制的海底多次波信号[图 4.15(c)],从中可以看出,

在压制海底多次波信号的同时，保留了有效信号。为了进一步分析压制效果，分别对海底多次波压制前、后及所压制的数据[图 4.15(a)至(c)]做自相关，结果显示海底多次波压制前的地震数据在150~200ms范围内存在反映海底多次波的次极值能量[图 4.16(a)]；而进行了海底多次波压制后，次极值消失，能量集中[图 4.16(b)]，即海底多次波得到了有效压制；被压制的海底多次波的自相关记录[图 4.16(c)]表明，利用自动搜索识别与压制方法去掉的主要是海底多次波。

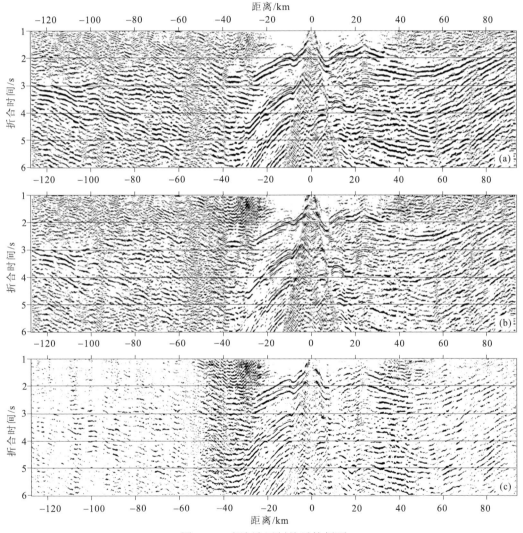

图 4.15 多次波压制前后的剖面
(a)压制前；(b)压制后；(c)压制前后差异剖面；
横坐标"距离"指炮检距，OBS 站位以西为负、以东为正，折合速度为6km/s

分别选取 K03 水听器大炮检距和小炮检距处的部分数据，进一步分析多次波的压制效果。图 4.17 为海底多次波压制前、后大炮检距处的对比剖面，从中可以明显看出，压制前有多个同相轴顺序排列[图 4.17(a)]，这是海底多次波干扰导致的现象，不明显的波组特征给震相解释与拾取带来极大的困难。对其进行海底多次波压制后[图4.17(b)]，箭头所指的波组由多个同相轴变为单同相轴，整个剖面波组特征突出。由此可见，海底多次波自动搜索与压制技术对OBS大炮检距处的数据具有较好的应用效果。

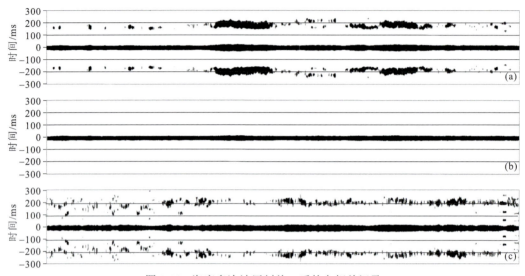

图 4.16　海底多次波压制前、后的自相关记录
(a)压制前；(b)压制后；(c)差异剖面

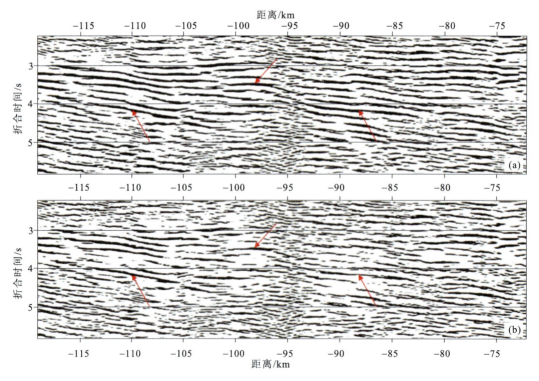

图 4.17　海底多次波压制前(a)、后(b)的大炮检距局部放大记录对比
横坐标"距离"指炮检距，OBS站位以西为负、以东为正，折合速度为6km/s

图 4.18 是小炮检距处数据压制前、后的对比剖面。箭头所指的波组在海底多次波压制前[图 4.18(a)]由 3~4 个同相轴组成，特征模糊；去除海底多次波以后[图 4.18(b)]，同相轴变得较为单一，整个剖面震相特征明显。上述对比结果表明，自动搜索海底多次波压制技术对 OBS 远偏移距数据具有很好的应用效果。

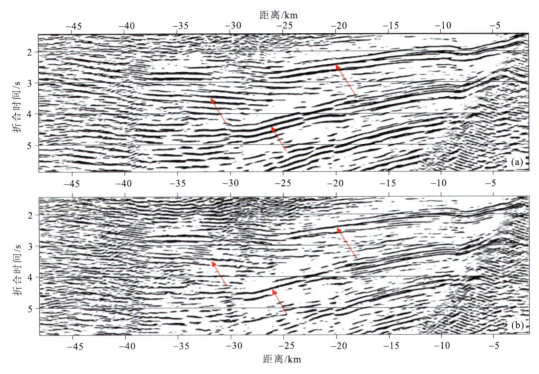

图 4.18 海底多次波压制前(a)、后(b)的小炮检距局部放大记录对比

横坐标"距离"指炮检距，OBS 站位以西为负、以东为正，折合速度为 6km/s

(三)效果分析

为了定量描述此次数据净化处理效果，从剖面反射/折射震相延续范围方面进行了统计与分析。

与常规处理的剖面(Kim et al.，2019)相比，进行 OBS 组合净化处理的剖面反射/折射震相清晰、连续，可有效识别的范围得到大幅度增加。表 4.1 详细列出了数据组合净化后的震相有效识别范围，其中最小范围(偏移距)达到 90km(C08 站位)，最大达到 200km[C07 站位，图 4.19(a)、(b)]，平均范围为 135km。C08 站位水听器数据震相识别距离提升最小，约提升 2%，C19 站位垂直分量数据提升最大，约为 252%，整条测线的震相延续范围平均提升为 69%。

表 4.1 常规方法与本次组合净化处理后 OBS 站位的有效识别震相距离对比

序号	OBS 站位	有效识别的震相距离/km		序号	OBS 站位	有效识别的震相距离/km	
		处理前	处理后			处理前	处理后
1	C01	88	170	16	C17	86	148
2	C02	112	145	17	C18	76	161
3	C03	100	152	18	C19	44	155
4	C04	102	189	19	C20	72	137
5	C06	52	110	20	C21	100	129
6	C07	106	200	21	K02	66	106
7	C08	88	90	22	K03	106	131
8	C09	46	97	23	K04	82	128
9	C10	66	108	24	K05	133	139
10	C11	70	100	25	K06	66	110
11	C12	40	94	26	K07	130	159
12	C13	56	93	27	K08	144	180
13	C14	100	132	28	K09	162	182
14	C15	37	121	29	K10	112	127
15	C16	100	127				

对 OBS 数据进行净化处理后，剖面信噪比得到提高，振幅和子波趋于一致，震相特征清晰度大为提升，为后续正确识别反射/折射震相创造了条件，且净化处理后剖面中可识别的震相范围大幅度增加，为地壳深部结构的研究提供了基础数据。

三、信号增强技术

在采用上述方法净化处理的基础上，为提高折射震相的信噪比和延续长度，采用超虚拟折射干涉法(SVI)对折射震相进行信号增强处理。

超虚拟折射干涉法是一种在形成虚拟折射道的基础上，继续将虚拟折射道与原始记录进行褶积和叠加，从而进一步提高折射波记录信噪比的过程。SVI 的理论基础是基于格林函数的相关型互易方程和褶积型互易方程，该方法可以看做这两个方程的联合应用。如图 4.20 所示，假设 x 是激发点，A、B 是接收点。根据空间定义的亥姆霍兹(Helmholtz)方程，有

$$\begin{aligned}\left(\nabla^2+k^2\right)G(A|x)&=-\delta(A-x)\\\left(\nabla^2+k^2\right)G^*(B|x)&=-\delta(B-x)\end{aligned} \quad (4.7)$$

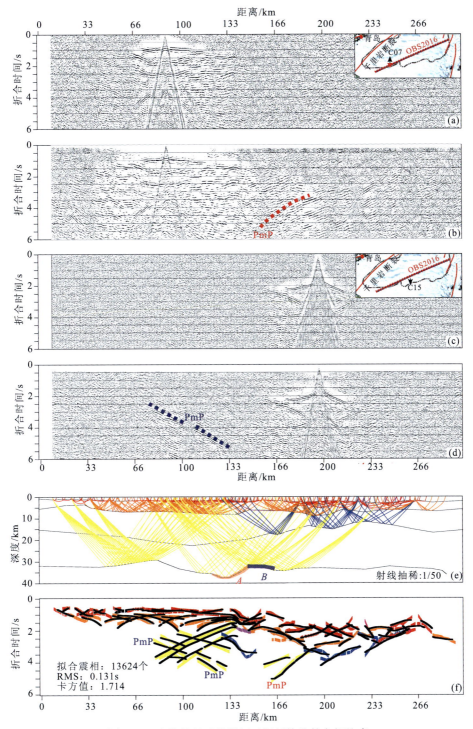

图 4.19 净化处理后的震相对深部构造的良好约束

(a) C07 站位(水听器)数据净化前剖面；(b) C07 站位(水听器)数据净化后剖面；(c) C15 站位(垂直分量)数据净化前剖面；
(d) C15 站位(垂直分量)数据净化后剖面；(e) 射线分布；(f) 震相拟合情况；
横坐标"距离"指在速度模型中的位置。PmP：莫霍面反射震相，净化后清晰的 PmP 震相良好地约束了速度模型中的 A 和
B 位置，C07 中 PmP 控制 A，C15 中 PmP 控制 B

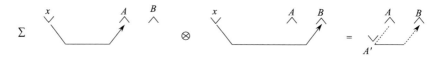

图 4.20 互相关产生虚拟折射道

结合高斯定理，由式(4.7)可推出相关型互易方程，即

$$2\mathrm{i\,Im}\left[G(B|A)\right]=\int_S\left[G^*(B|x)\frac{\partial G(A|x)}{\partial n}-G(A|x)\frac{\partial G^*(B|x)}{\partial n}\right]\mathrm{d}^2x \quad (4.8)$$

式中，$2\mathrm{i\,Im}\left[G(B|A)\right]=G(B|A)-G^*(A|B)$，$G(*|x)$ 表示在 x 点激发、*点接收的地震记录的格林函数形式，S 为整个积分曲面。

为避免记录孔径限制和离散采样所产生的假象对处理结果的影响，对初至折射波进行加窗处理，使参与互相关运算的只有折射波。此种情况下，可用初至折射波 $g(B|A)$ 取代式(4.8)的 $G(B|A)$，用式(4.9)表示远场估计值，即

$$\mathrm{Im}[g(B|A)]\approx k\int_S g^*(A|x)g(B|x)\mathrm{d}^2x \quad (4.9)$$

式中，k 为平均波数，$g(B|A)=G(B|A)^{\text{head}}$ 代表一个具体界面初至折射波的格林函数（上标 head 表示初至折射波）。为满足函数因果性，要求格林函数的实部与其虚部的希尔伯特变换有关。上面这种估计近似相当于重建了一个新基准面，可以理解为 $g^*(A|x)$ 只包括直达波，而 $g(B|x)$ 只包括折射波。

在超临界偏移距且同一折射界面的情况下，相对于激发点 x 的相关道 $F^{-1}[g^*(A|x)g(B|x)]$（F^{-1} 表示傅里叶逆变换）与另一激发点 x' 的相关道 $F^{-1}[g^*(A|x')g(B|x')]$ 有着相同的几何路径关系。同理，将所有对应着不同激发点、相同接收点位置的两道记录互相关后，就得到一个共接收对道集(common receiver pair gather, CPG)。这样，类似于面波干涉法，把这些共接收对道叠加起来，即形成一个改善了信噪比的虚拟折射道。在超临界偏移距范围选择不同距离的接收对，即可形成虚拟折射道集。理论上信噪比可以提高 $\sqrt{N}$ 倍，N 是参与虚拟折射道计算的激发点个数。

在此基础上，如图 4.21 所示，类似于推导相关型互易方程，可以得到褶积型互易方程，即

$$G(B|A)=\int_S\left[G_0(B|x)\frac{\partial G(A|x)}{\partial n}-G(A|x)\frac{\partial G_0(B|x)}{\partial n}\right]\mathrm{d}^2x \quad (4.10)$$

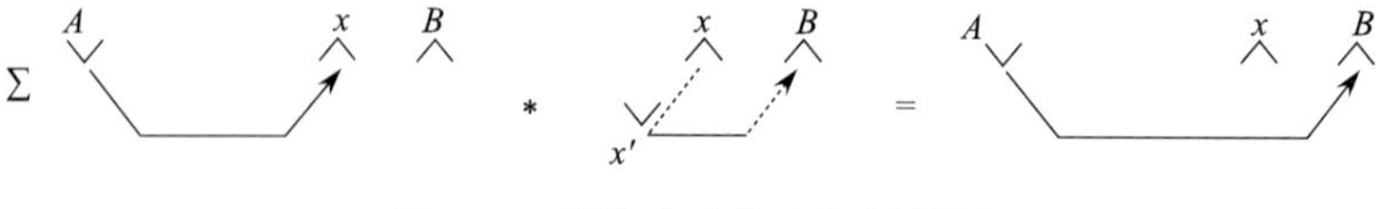

图 4.21 褶积产生超虚拟折射道

同理，用 $g(B|A)^{\text{super}}$ 代替 $G(B|A)$，用远场估计值表示式(4.10)，得

$$g(B|A)^{\text{super}} \approx 2\mathrm{i}k \int_S g(B|x)^{\text{virt}} g(A|x) \mathrm{d}^2 x \tag{4.11}$$

式中，virt 表示虚拟折射道，super 表示超虚拟折射道。

那么，$F^{-1}[g(B|A)^{\text{super}}]$ 即是超虚拟折射道，是通过原始数据 $F^{-1}[g(A|x)]$ 与虚拟折射道集中每一道 $F^{-1}[g(B|x)^{\text{virt}}]$ 褶积后叠加得到的。与只经过相关叠加处理的数据相比，超虚拟折射道理论上信噪比又可以提高 $\sqrt{N}$ 倍，这里 N 是参与超虚拟折射道计算的接收点个数。因此，通过先后使用相关叠加与褶积叠加运算，数据信噪比理论上可以提高 N 倍。

图 4.22 显示的 OBS 数据信噪比相对较低，红色矩形框内折射波掩盖在噪声中。因此，在处理时选择了一个大时窗，粗略估计一下范围，将需要处理的折射波包括在内，然后进行 SVI 处理(图 4.23)。经过 SVI 处理后，折射波旁瓣的能量也得到很大提升，加上选取了较大的时窗，所以处理后时窗内呈现出多个强能量同相轴，而真正的折射波主峰是红色矩形框内箭头所示的同相轴。

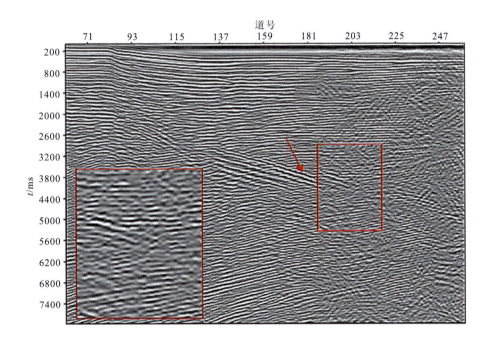

图 4.22　OBS 原始剖面(红色箭头指示所要处理和追踪的折射波，左下角是局部放大)

通过对 OBS 数据进行信号增强处理，信噪比得到明显提高，振幅和子波趋于一致，震相特征清晰度大为提升(图 4.24)，为正确识别震相创造了条件，使 OBS 数据净化处理剖面可识别震相范围大幅度增加。

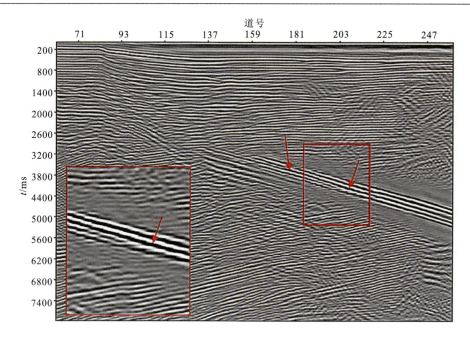

图 4.23 SVI 处理后 OBS 剖面(红色箭头指示经处理的折射波,左下角是局部放大)

表 4.2 列出了在 OBS2016 线台站记录净化处理基础上,经 SVI 信号增强处理前、后的效果对比。经 SVI 处理的折射震相清晰,可有效识别的范围大大增加。最小范围(偏移距)达到 90km(C08 站位水听器分量),最大达到 200km(C07 水听器分量站位),平均

表 4.2 常规方法与本次净化处理后 OBS 站位的有效识别震相距离对比

序号	OBS 站位	震相范围/km		序号	OBS 站位	震相范围/km	
		处理前	处理后			处理前	处理后
1	C01 水听器分量	88	170	16	C17 水听器分量	86	148
2	C02 水听器分量	112	145	17	C18 水听器分量	76	161
3	C03 水听器分量	100	152	18	C19 垂直分量	44	155
4	C04 垂直分量	102	189	19	C20 垂直分量	72	137
5	C06 垂直分量	52	110	20	C21 垂直分量	100	129
6	C07 水听器分量	106	200	21	K02 垂直分量	66	106
7	C08 水听器分量	88	90	22	K03 水听器分量	106	131
8	C09 垂直分量	46	97	23	K04 水听器分量	82	128
9	C10 水听器分量	66	108	24	K05 水听器分量	133	139
10	C11 垂直分量	70	100	25	K06 垂直分量	66	110
11	C12 垂直分量	40	94	26	K07 水听器分量	130	159
12	C13 垂直分量	56	93	27	K08 水听器分量	144	180
13	C14 水听器分量	100	132	28	K09 水听器分量	162	182
14	C15 垂直分量	37	121	29	K10 水听器分量	112	127
15	C16 垂直分量	100	127				

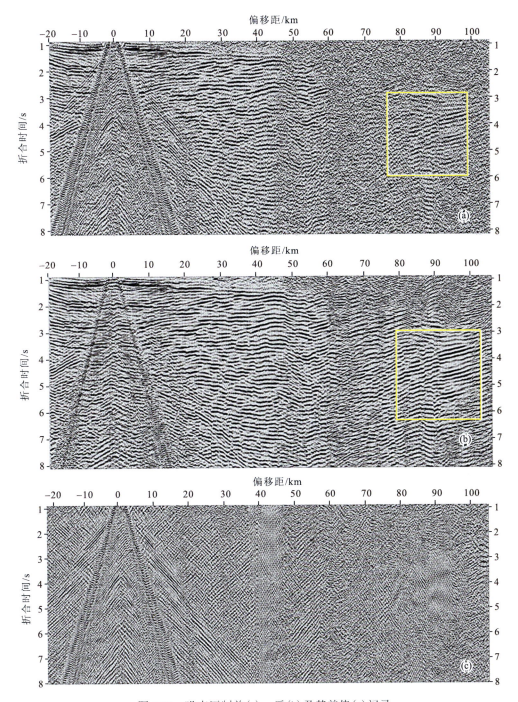

图 4.24 噪声压制前(a)、后(b)及其差值(c)记录

范围为135km；C08水听器分量站位震相识别距离提升幅度最小，约提升2%，C19垂直分量站位提升最大，约为252%，平均提升约为69%。震相有效识别范围扩大，为研究深部结构构造创造了有利条件。

四、P、Z分量合并与波场分离处理

(一)压力(P)和垂直(Z)分量接收机理

P 分量是响应来自波场传播产生的压缩和膨胀；Z 分量是响应来自波场传播引起的质点运动。这里涉及压缩波场和膨胀波场，纵波的传播方向和质点运动方向及压缩、膨胀之间存在一定的关系(图4.25)。假设地震波的传播方向是从左往右，当从左往右对弹簧施加挤压力时，弹簧会产生从左往右的压缩波场，此时质点的运动方向同样为从左向右；当对弹簧施加一个从右向左的拉伸力时，弹簧就会产生一个从左往右的传播的膨胀波场，这时质点运动方向变成从右向左；说明纵波的传播方向能够与质点运动方向相反。当纵波传播方向和质点运动方向相反时会产生一个膨胀波场，反之，传播方向一样时就会产生一个压缩波场。上述即为纵波传播方向和质点运动方向以及压缩、膨胀之间的关系，是实现P、Z分量合并的根本。

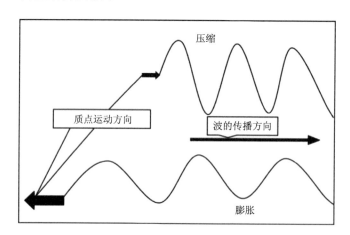

图4.25 纵波传播方向和质点运动与压缩、膨胀的关系(贺兆全等，2011)

针对压缩波场和膨胀波场，P 分量记录和 Z 分量记录具有不同的响应。如图4.26所示，P 分量响应的水中压力随着压缩和膨胀作用的改变而发生极性变化，当 P 分量检波器(又称压力检波器、水听器)受到压缩时产生负脉冲，受到膨胀时产生正脉冲；Z 分量检波器(速度检波器)是响应质点运动方向的，随着质点运动方向的变化而发生极性转换，当质点运动方向向上时，Z 分量检波器表现出负极性，当质点运动方向向下时，Z 分量检波器表现出正极性(图4.27)。

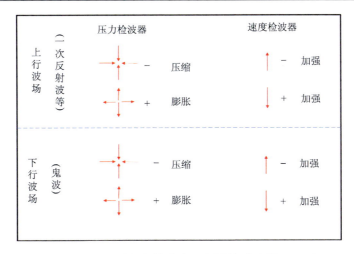

图 4.26　P、Z 分量极性响应示意图（贺兆全等，2011）

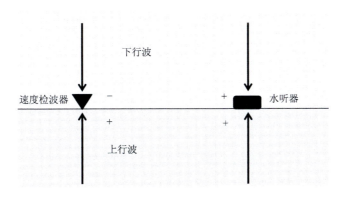

图 4.27　水听器和速度检波器接收的上、下行波场

图 4.28 表示检波点端的水层多次波，图中黑色长箭头为地震波的传播方向，红色短箭头为质点的运动方向。在图中的海底处用汉字标注了检波点压缩和膨胀状态情况。当一次向上的反射波到达到检波点以后，仍继续在海水中向上往海面传播，传播到海面以

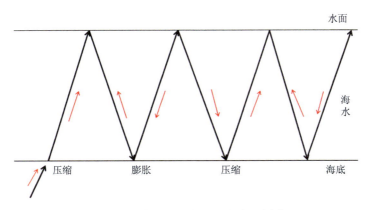

图 4.28　检波点端水层多次波示意图

后又发生向下反射,这样多次重复往返传播,形成的就是自由表面多次波;图4.28中下行的多次波为鬼波,上行的多次波称为微屈多次波,Z分量检波器和P分量检波器对鬼波具有相反响应,而对微屈多次波的响应则是相同的。

对水听器和垂直方向速度检波器进行信号波形和频谱分析结果表明,水听器(压力分量P)与压力检波器(垂直分量Z)信号的初至波极性相反,其他时窗的信号存在极性相同或相反的波形特征(图4.29),同时窗内极性相反的信号为海底鸣震信号。两个分量的频谱有较大差异,与垂直分量相比,压力分量的主频高(图4.30),压力分量主频约为15Hz,垂直分量主频约为10Hz。由此认为两个分量的数据叠合处理可以压制海底鸣震,提高有效信号的信噪比,并拓展其频带。

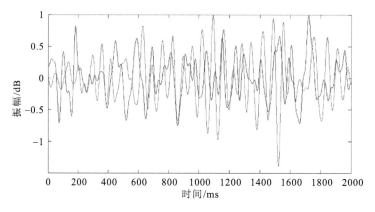

图4.29 P分量与Z分量信号波形对比图

红线:压力分量;黑线:垂直分量

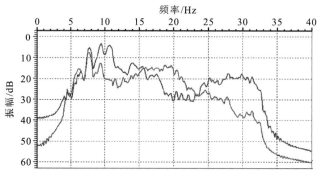

图4.30 P分量与Z分量信号频谱对比图

蓝线:P分量;紫线:Z分量

(二)P分量和Z分量合并方法

P分量接收到的是地震波和海浪引起的海水压力的变化,是一个标量;而Z分量接收到的是OBS所在海底位置地震波的传播速度,是一个矢量,其上行波为正值,而下行波是一个负值，P 分量和 Z 分量接收的虚反射极性相反，P 分量记录的波峰对应 Z 分量记录的波谷，其波谷又对应于 Z 分量记录的波峰，通过双分量记录数据合并，可以使一个分量记录的波峰去填补另一分量记录的波谷，从而得到一个压制虚反射并提高有效波信噪比的地震道。

由图 4.29、图 4.30 可见，P 分量、Z 分量在以下几个方面存在较大的区别：①P 分量数据的信噪比明显高于 Z 分量，经过数据净化处理后，Z 分量数据的信噪比较低，P 分量数据的信噪比较高；②从频率上看，Z 分量的频率比 P 分量稍低，频带比 P 分量略窄，但两者的主频和频宽仍比较接近；③从能量上看，P 分量、Z 分量地震记录的振幅能量虽然大体上处同一级别，但仍存在一定的差异；④从噪声上看，P 分量、Z 分量记录的干扰噪声也有不同，P 分量主要是直达波区域内的水波干扰，而 Z 分量则主要是直达波区域内的面波。因此，在进行双分量合并之前要做好 P 分量与 Z 分量的匹配工作。

一般认为，如果海底反射系数已知，那么可以求得双检合成的匹配系数。但是在实际生产工作中，海底反射系数很难精确求取。针对 OBS 数据的 P、Z 分量的信号特征，可以采用一种均衡伪多道自适应匹配滤波的双检合成方法(童思友等，2012)。该方法直接对垂直速度检波器(Z 分量)和压电检波器(P 分量)采集到的数据做数学处理，对它们做波形、相位等匹配，用已经采集到的数据运用数学方法来得到匹配因子，再用匹配因子做双检的求和，不依赖于由海底反射系数求取匹配系数，而是完全由数据驱动。

伪多道匹配滤波的双检合成方法的基本原理：先将陆检记录的极性进行反转，并求取每个记录道所对应的希尔伯特变换道、导数道及希尔伯特变换导数道；然后将这些道和原始的陆检记录道合在一起，由原来的一道变成四道，匹配的时候用合成的四道与伪多道自适应滤波器进行褶积；最后，用水检记录与匹配后的陆检记录求差得到去噪后的结果。该过程可以用式(4.12)表达，即

$$c = c_S - \left(b_1 \times c_L + b_2 \times c_L' + b_3 \times c_L^H + b_4 \times c_L^{H'}\right) \tag{4.12}$$

式中，c 为双检合成后的记录，c_S 为原始水检记录，c_L 为原始陆检记录，c_L' 为 c_L 的导数，c_L^H 为对 c_L 作希尔伯特变换的结果，$c_L^{H'}$ 为 c_L^H 的导数，b_1、b_2、b_3、b_4 分别为相对应四道的自适应匹配滤波器。

构建 Toeplitz 矩阵 $\boldsymbol{C}_L$，有

$$\boldsymbol{C}_L = \begin{bmatrix} c_{L,1} & 0 & \cdots & 0 \\ c_{L,2} & \ddots & & \vdots \\ & & \ddots & 0 \\ \vdots & & & c_{L,1} \\ & & & \vdots \\ c_{L,n} & c_{L,n-1} & \cdots & c_{L,n-l+1} \end{bmatrix} \tag{4.13}$$

用矩阵相乘来表示褶积，将式(4.12)转化为

$$c = c_S - B \tag{4.14}$$

式中，$B=b_1$、b_2、b_3、b_4，是滤波器。

伪多道自适应滤波器用于海底电缆双检匹配是根据双检记录匹配后的残差来设计的，要求残差的能量最小，即求残差的 L2 范数最小，可表示为

$$B = \min \left\| c_S - \begin{bmatrix} c_L \\ c'_L \\ c_L^H \\ c_L^{H'} \end{bmatrix} B \right\|_2 \tag{4.15}$$

式(4.15)对 B 求偏导，并令其等于零，则对它的最小二乘求解可得到式(4.16)，即

$$\begin{bmatrix} c_L^T c_L & c_L^T c'_L & c_L^T c_L^H & c_L^T c_L^{H'} \\ c_L'^T c_L & c_L'^T c'_L & c_L'^T c_L^H & c_L'^T c_L^{H'} \\ c_L^{H^T} c_L & c_L^{H^T} c'_L & c_L^{H^T} c_L^H & c_L^{H^T} c_L^{H'} \\ c_L^{H'^T} c_L & c_L^{H'^T} c'_L & c_L^{H'^T} c_L^H & c_L^{H'^T} c_L^{H'} \end{bmatrix} B = \begin{bmatrix} c_L^T c_S \\ c_L'^T c_S \\ c_L^{H^T} c_S \\ c_L^{H'^T} c_S \end{bmatrix} \tag{4.16}$$

求取最佳匹配滤波器 B 就是解式(4.16)的线性方程组。这种方法通过伪多道的生成，对原始陆检数据分别做$-90°$、$0°$ 和 $90°$ 的不同的相位旋转，并将这些道按照一定比例组合起来，使之更容易满足与水检上行波场数据的正交关系，因而该方法求取到的最佳匹配滤波器 B 的精度更高。伪多道匹配滤波方法可以改善输入数据对正交性的要求，进一步提高匹配精度。

均衡伪多道自适应匹配方法通过空间上的均衡来改善输入数据的正交性问题，是在伪多道的基础上增加了横向相邻道的约束。根据式(4.15)，多道均衡伪多道自适应滤波器 B_0 可表示为

$$B_0 = \min \sum_{i=1}^{k} \left\| c_{Si} - \begin{bmatrix} c_{Li} \\ c'_{Li} \\ c_{Li}^H \\ c_{Li}^{H'} \end{bmatrix} B_0 \right\|_2 \tag{4.17}$$

式中，k 为参与匹配的水、陆检记录的道数，c_{Si} 为水检记录，c_{Li} 为陆检记录。式(4.17)对 B_0 求偏导，并将其等于 0，可得到如下线性方程组，即

$$\sum_{i=1}^{k} \begin{bmatrix} c_{Li}^T c_{Li} & c_{Li}^T c'_{Li} & c_{Li}^T c_{Li}^H & c_{Li}^T c_{Li}^{H'} \\ c_{Li}'^T c_{Li} & c_{Li}'^T c'_{Li} & c_{Li}'^T c_{Li}^H & c_{Li}'^T c_{Li}^{H'} \\ c_{Li}^{H^T} c_{Li} & c_{Li}^{H^T} c'_{Li} & c_{Li}^{H^T} c_{Li}^H & c_{Li}^{H^T} c_{Li}^{H'} \\ c_{Li}^{H'^T} c_{Li} & c_{Li}^{H'^T} c'_{Li} & c_{Li}^{H'^T} c_{Li}^H & c_{Li}^{H'^T} c_{Li}^{H'} \end{bmatrix} B_0 = \begin{bmatrix} c_{Li}^T c_{Si} \\ c_{Li}'^T c_{Si} \\ c_{Li}^{H^T} c_{Si} \\ c_{Li}^{H'^T} c_{Si} \end{bmatrix} \tag{4.18}$$

对比式(4.16)和式(4.17)，可以看到后者更复杂，但是它们的 Teoplitz 矩阵是同阶的，所以计算量相差不大。可以用超松弛迭代法求解线性方程组，选择合适的松弛因子，反复迭代求解，直到前后两次的解的误差满足所要求的求解精度为止。

伪多道自适应滤波法考虑了相位旋转的问题,所得到的匹配结果在相位、振幅等特征上与水听器记录都保持一致,达不到求和后消除多次波的目的。对此,为了让匹配前后水陆检记录间对应的相位关系不变,在陆检资料上加一个时空变的固定因子。那么,为了适用于双检合成的伪多道自适应匹配滤波,对式(4.17)加以修改,得

$$B_0 = \min \sum_{i=1}^{k} \left\| c_{Si} - \varphi \begin{bmatrix} c_{Li} \\ c'_{Li} \\ c^{H}_{Li} \\ c^{H'}_{Li} \end{bmatrix} B_0 \right\|_2 \tag{4.19}$$

利用 L2 范数最小求解的自适应匹配滤波方法都存在着要满足数据正交性的问题,比起普通的单道自适应匹配滤波和伪多道自适应匹配滤波,均衡伪多道自适应滤波能更好地改善对数据正交性的要求,在不伤害有效信号的前提下更彻底地压制检波点端的多次波。均衡伪多道匹配滤波器和地震子波有关,在实际情况中,地震子波会随空间、时间的变化而变化,因而均衡的范围不是越大越好,时窗长度的选取也要考虑子波长度的因素。

为了验证均衡伪多道方法 P、Z 分量合成压制鬼波的效果,我们建立了深水环境的一个三层水平介质的模型进行正演模拟。如图 4.31 所示,模型大小为 5000m×3000m,共两炮,61 道接收。第一层为海水层,厚度为 800m,介质速度 1500m/s,密度为 1000kg/m³;第二层介质厚度为 900m,介质速度 2000m/s,密度为 2010kg/m³;第三层介质厚度为 500m,介质速度为 3500m/s,密度为 2350kg/m³。

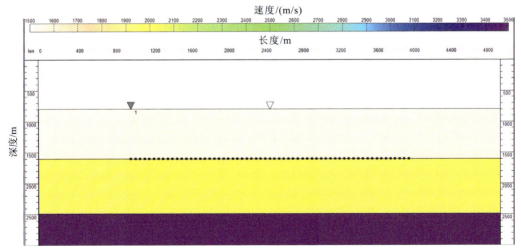

图 4.31 深水水平层状模型

图 4.32 为合成的 2 炮 Z 分量地震记录,对该记录中的同相轴类型进行了标注。其中,3、6 为全程多次波,5、7 为短程多次波,4 为微屈多次波,3、5、6、7 为自由表面多次波,4 为层间多次波。在这些多次波中,3、5、6、7 为下行波,2、4 为上行波。

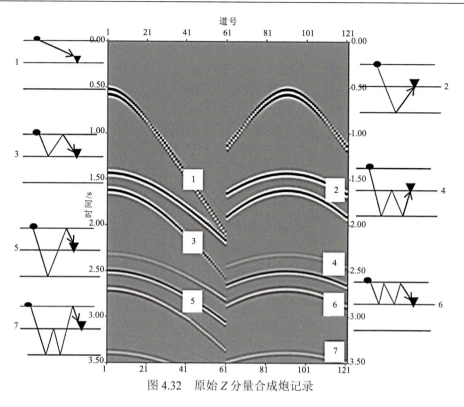

图 4.32 原始 Z 分量合成炮记录

图 4.33 为合成的第 2 炮的 P 分量和 Z 分量地震记录。对于上行波场，P 分量记录和 Z 分量记录同相轴极性相同，对于下行波场，P 分量记录和 Z 分量记录同相轴极性相反。

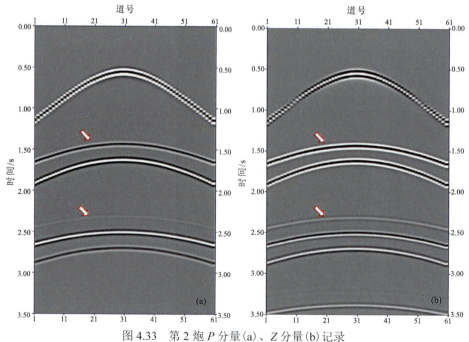

图 4.33 第 2 炮 P 分量(a)、Z 分量(b)记录

箭头表示的是上行波场，极性相同，其余均为下行波场，极性相反

图 4.34 为采用均衡伪多道的方法分离出的上、下行波场。箭头指向的是上行波场，其余的均为下行波场。可以看出，上、下行波场得到很好的分离。在分离出的上行波场中，下行波场得到很好的压制，能看到明显的压制痕迹；而在分离出的下行波场中，几乎看不到上行波场，说明均衡伪多道分离方法对下行波的分离具有良好的效果，可以有效地压制检波点端虚反射。

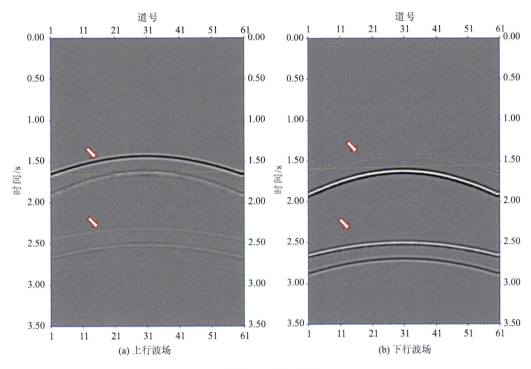

图 4.34 波场分离

分别抽取经过直达波切除的 P 分量记录和 Z 分量记录，取其第 2 炮第 31 道地震记录的一段时窗长度进行波形分析，这里时窗长度取 1000～2000ms 内的 501 个样点，绘制波形面积图。再从经过上下行波场分离后的对应记录道选取对应部分时窗长度内的 501 个采样点，将四段记录放在一起对比。如图 4.35 所示，原始记录中 P 分量和 Z 分量接收的一次反射波记录极性相同，都为正，两者接收到的虚反射记录极性相反，P 分量记录表现为负极性，Z 分量记录表现为正极性。经过上下行波场分离后，上行波场 U 记录中下行波得到有效压制，只有上行波，同样地，在下行波场 D 记录中，上行波被压制，只有下行波。

图 4.36 为浅水环境下的四层水平介质模型，模型大小为 5000m×1500m，设计一炮激发、321 道接收，道间隔 12.5m，排列长度 4000m。第一层为海水层，厚度为 50m，介质速度 1500m/s，密度为 1000kg/m³；第二层介质厚度为 200m，介质速度 2000m/s，密度为 2010kg/m³；第三层介质厚度为 500m，介质速度为 2500m/s，密度为 2200kg/m³；

第四层介质厚度为750m，介质速度为3500m/s，密度为2350kg/m³。

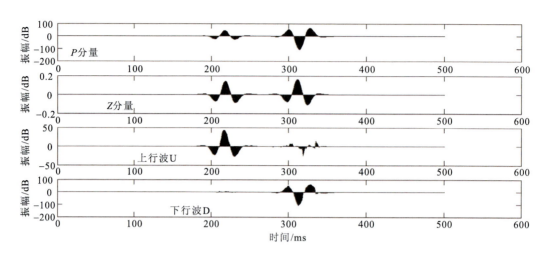

图 4.35　波场分离前后各分量波形对比

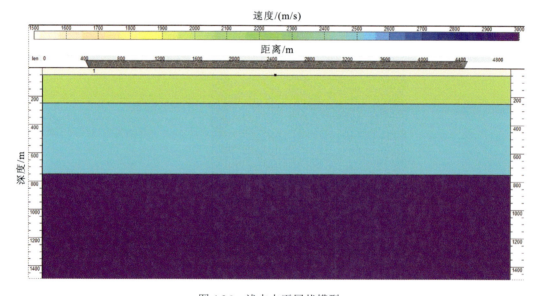

图 4.36　浅水水平层状模型

图 4.37 为切除直达波后的 P 分量和 Z 分量地震记录。对于上行波场，P 分量记录和 Z 分量记录同相轴极性相同，对于下行波场，P 分量记录和 Z 分量记录同相轴极性相反。图中箭头表示的是上行波场，极性相同，其余均为下行波场，极性相反。

图 4.38 为采用均衡伪多道的方法分离出的上、下行波场。箭头指向的是上行波场，其余的均为下行波场，可以看出，上、下行波场得到了很好的分离。在分离出的上行波场中，下行波场得到很好的压制，而在分离出的下行波场中，几乎看不到上行波场，说明均衡伪多道分离方法对下行波的分离具有良好的效果，可以有效地压制检波点端虚反射。

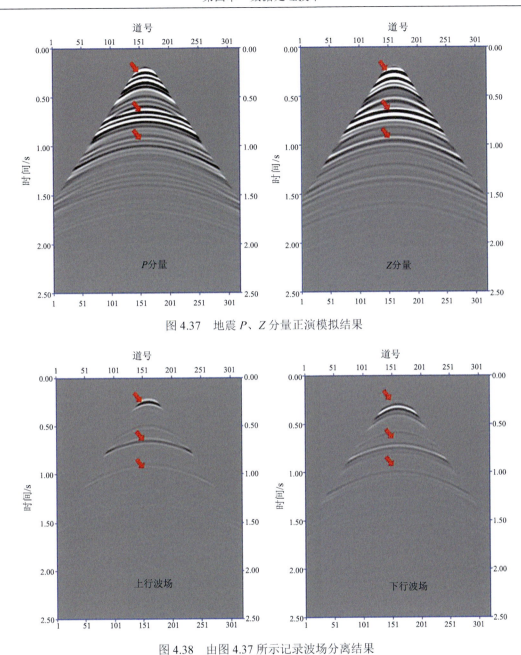

图 4.37 地震 P、Z 分量正演模拟结果

图 4.38 由图 4.37 所示记录波场分离结果

图 4.39 为 OBS2016 线 C07 站位波场分离之前的 P 分量记录,图 4.40 为分离之后的上行波场记录。对比红色椭圆标注的地方,可以发现,经过均衡伪多道的波场上下行波分离之后,有效震相同相轴变得更清晰。原来的 P 波分量由于上行波和下行波的相互干扰,同相轴变得模糊,而分离之后的上行波则不存在这个问题,说明可以有效地压制检波点端虚反射。

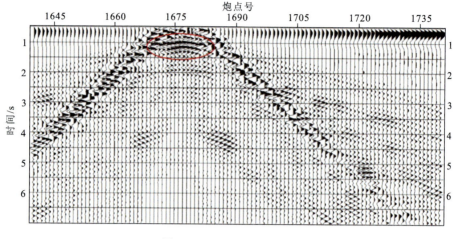

图 4.39　C07 站位 P 分量

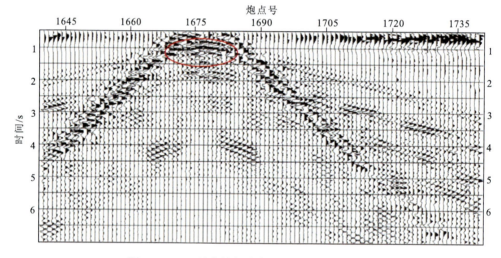

图 4.40　C07 站位波场分离之后的上行波场记录

五、射线追踪与走时计算

地震射线追踪及走时计算是地震学的基本问题之一，被应用于层析成像、地震定位、偏移及地震数据采集设计等领域。传统的射线追踪方法主要针对两点射线追踪问题，可分为试射法和弯曲法。这两种方法都存在一定局限性，前者需要不断试验射线入射角，计算效率较低，后者易于陷入局部最优解。20 世纪 80 年代后，出现了基于地震波前走时的射线追踪方法，如程函方程的有限差分法、最短路径法和线性插值算法等。与传统方法相比，该类方法具有较高计算精度和效率，被广泛研究和应用。

Asakawa 和 Kawanaka(1993)提出一种基于线性走时插值(linear traveltime interpolation，LTI)的射线追踪方法，并证明该方法比程函方程有限差分法具有更高的计算精度和效率；

黄月琴和张建中(2008)将二维 LTI 算法推广至三维情形。但是，LTI 算法从震源开始逐步向外围推进的过程中，考虑的波传播方向有限，计算的节点处走时不一定是最小走时，也不能正确追踪逆向传播的射线。为了克服这些问题，李同宇和张建中(2018)结合 LTI 与最短路径算法，提出动态网络射线追踪方法，并结合双线性走时插值和波前扩展法，提出基于规则单元的三维射线追踪方法(Zhang et al., 2011)，随后 Huang 等(2011)将该方法推广至适用于不规则六面体单元。

LTI 方法假设地震走时沿单元边界线性变化，单元边界上任意一点的走时可由该边界上已知点走时的线性插值函数表示。但实际上，单元边界上的走时呈非线性变化，因而当离散单元较大时，LTI 方法的线性假设会导致较大的走时计算和射线追踪误差。针对这一问题，Zhang 等(2015)提出基于规则单元的线性走时扰动插值(LTPI)方法，提高了波前走时的计算精度。李同宇和张建中(2018)将该方法推广至不规则单元，并结合波前扩展算法，提出一种基于线性走时扰动插值的射线追踪方法。

(一) 模型离散

为更好地模拟地形与地层界面的起伏，复杂模型被离散成如图 4.41 所示的一系列不规则四边形单元。

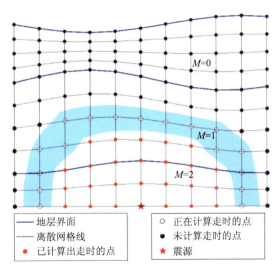

图 4.41 二维离散模型示意图

首先，在 x 方向等间距剖分模型。记模型在 x 方向的起始坐标为 x_{c0}，剖分间距为 Δx，剖分网格数目为 x_n。离散模型的横坐标可表示为

$$x(i) = x_{c0} + i \times \Delta x, (i = 0,1,2,\cdots,x_n) \tag{4.20}$$

然后，由浅至深分别将每个地层划分成多个薄层。在同一地层中，薄层数目相等，并且在同一 x 坐标处，各薄层在 z 方向上的厚度相等。不同地层的薄层数目可以不同。假设第 k 个地层中划分的薄层数目为 d_k，则第 k 个地层中的第 m 个薄层在 $x=x(i)$ 处的底

面深度值可表示为

$$z(i) = l_k(i) + m \times \frac{l_{k+1}(i) - l_k(i)}{d_k} \tag{4.21}$$

式中，$l_k(i)$ 和 $l_{k+1}(i)$ 分别表示第 k 个地层的顶面和底面在 $x = x(i)$ 处的深度值。

这种离散方式可以很好地拟合起伏的地形和地层界面，不仅考虑到了每个地层内速度的纵向和横向变化及地层速度与界面的耦合问题，而且易于自动实现。

（二）走时计算

在波前走时计算过程中，需要计算与各级震源点相邻的网格节点处的波传播时间，即在一个单元内由已知节点走时计算未知节点的走时。在单元较大时，LTI 方法的线性走时假设会导致较大的计算误差，因此，本书采用适用于不规则单元的线性走时扰动插值（LTPI）方法计算波前走时。

以图 4.42 为例，假设射线穿过不规则单元的上顶边界。S 点表示震源点，P_1 和 P_2 为单元上顶边界上的两个走时已知节点，坐标分别为 (x_i, z_i) $(i=1, 2)$，其波前走时分别记为 t_1 和 t_2。需要计算射线从震源点 S 穿过单元上顶边界传至该单元边界节点 E 的走时。

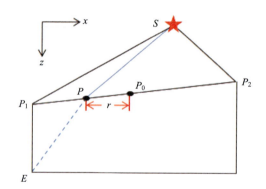

图 4.42　由不规则单元边界已知点走时计算未知点走时的几何关系图

设从震源传至 E 点的射线与单元上顶边界的交点为 P 点，设上顶边界的中点为 $P_0(x_0, z_0)$，P 点坐标可表示为

$$\begin{cases} x_P = x_0 + r \\ z_P = z_0 + a_0 r \end{cases} \tag{4.22}$$

式中，r 为 P 点与 P_0 点的横坐标之差，当 P 点在 P_0 点右侧时，r 大于零，否则 r 小于零；a_0 为常数，可表示为

$$a_0 = \frac{z_2 - z_1}{x_2 - x_1} \tag{4.23}$$

若 P 点走时为 t_P，则 E 点走时 t_E 可表示为

$$t_E = t_P + sl_{PE} \tag{4.24}$$

式中，l_{PE} 表示 P 点至 E 点的射线长度；s 表示该单元内的平均慢度。

现在采用 LTPI 方法计算 P 点走时和坐标。将图 4.42 中震源点 S 至单元上顶边界之间的介质等效成匀速介质。在等效匀速介质中，从 S 点至单元上顶边界的射线路径为直线。若 S 点至点 P_1、P_2 的直线长度分别为 l_1、l_2，则等效匀速介质的平均慢度 s_{eq} 可表示为

$$s_{eq} = \frac{1}{2}\left(\frac{t_1}{l_1} + \frac{t_2}{l_2}\right) \tag{4.25}$$

由此可求得等效匀速介质中从震源点 S 至点 P_i(i=1, 2)的射线走时为

$$t_i' = s_{eq} l_i, \quad i = 1, 2 \tag{4.26}$$

将等效匀速介质中的走时记为参考走时，定义 P_i 处的实际走时 t_i 与参考走时 t_i' 之差为走时扰动，记为

$$\Delta t_i = t_i - s_{eq} l_i, \quad i = 1, 2 \tag{4.27}$$

对于均匀模型，等效介质射线与实际射线重合，走时扰动为零。对于非均匀模型，等效匀速介质中的直射线与实际射线不同，走时扰动一般为非零值，且远小于参考走时。

根据式(4.25)至式(4.27)，P 点处的走时扰动可表示为

$$\Delta t_P = t_P - s_{eq} l_{SP} \tag{4.28}$$

式中，l_{SP} 为等效匀速介质中 S 至 P 点的射线长度。将式(4.8)代入式(4.24)，S 点至 E 点的走时可表示为

$$t_E = \Delta t_P + s_{eq} l_{SP} + s l_{PE} \tag{4.29}$$

式中，P 点处的波前走时被分解为参考走时 $s_{eq} l_{SP}$ 和走时扰动 Δt_P。其中，参考走时由定义求得，而 Δt_P 可由单元边界上已知点的走时扰动表示。

假定走时扰动沿单元边界线性变化，P 点的走时扰动 Δt_P 可用线性方程表示为

$$\Delta t_P = ar + b \tag{4.30}$$

式中，a 和 b 为常系数，可由 P_1 和 P_2 点处的已知走时扰动 Δt_1 和 Δt_2 表示，即

$$\begin{cases} a = \dfrac{\Delta t_2 - \Delta t_1}{x_2 - x_1} \\ b = \Delta t_1 + \dfrac{(x_0 - x_1) \times (\Delta t_2 - \Delta t_1)}{x_2 - x_1} \end{cases} \tag{4.31}$$

下面求解 P 点与边界中心点的横坐标之差 r。设炮点 S 坐标为 (x_S, z_S)，E 点坐标为 (x_E, z_E)，据式(4.22)有

$$\begin{aligned} l_{SP} &= \sqrt{(x_0 + r - x_S)^2 + (z_0 + a_0 r - z_S)^2} \\ l_{PE} &= \sqrt{(x_0 + r - x_E)^2 + (z_0 + a_0 r - z_E)^2} \end{aligned} \tag{4.32}$$

为简化计算，将 $l_{SP}=f_1(r)$ 和 $l_{PE}=f_2(r)$ 在 $r=0$ 处分别进行泰勒级数展开，保留至二次方项，并把 $f_1(0)$ 和 $f_2(0)$ 简化记为 f_1 和 f_2，则有

$$l_{SP} = f_1 + r\frac{\partial f_1}{\partial r} + \frac{1}{2}r^2\frac{\partial^2 f_1}{\partial r^2}$$
$$l_{PE} = f_2 + r\frac{\partial f_2}{\partial r} + \frac{1}{2}r^2\frac{\partial^2 f_2}{\partial r^2} \qquad (4.33)$$

其中

$$f_1 = [(x_0 - x_S)^2 + (z_0 - z_S)^2]^{1/2}$$
$$f_2 = [(x_0 - x_E)^2 + (z_0 - z_E)^2]^{1/2}$$

将式(4.25)、式(4.30)、式(4.33)代入式(4.29)中，由费马原理可知，E点的波前走时满足公式

$$\frac{\partial t_E}{\partial r} = 0 \qquad (4.34)$$

求解式(4.34)可得

$$r = \frac{-a - s_{eq}\frac{\partial f_1}{\partial r} - s\frac{\partial f_2}{\partial r}}{s_{eq}\frac{\partial^2 f_1}{\partial r^2} + s\frac{\partial^2 f_2}{\partial r^2}} \qquad (4.35)$$

其中

$$\frac{\partial f_1}{\partial r} = \frac{x_0 - x_S + a_0(z_0 - z_S)}{f_1}$$
$$\frac{\partial f_2}{\partial r} = \frac{x_0 - x_E + a_0(z_0 - z_E)}{f_2}$$
$$\frac{\partial^2 f_1}{\partial r^2} = \frac{1 + a_0^2}{f_1} - \frac{[(x_0 - x_S) + a_0(z_0 - z_S)]^2}{f_1^3}$$
$$\frac{\partial^2 f_2}{\partial r^2} = \frac{1 + a_0^2}{f_2} - \frac{[(x_0 - x_E) + a_0(z_0 - z_E)]^2}{f_2^3}$$

由式(4.35)求得 r 值后，根据式(4.22)可知射线与单元上顶边界的交点 P 的坐标，将 r 代入式(4.29)即可求得射线经过单元上顶边界到达 E 点的走时。射线穿过单元其他边界时的走时计算方法与此类似。

若不规则单元的其他边界节点的走时也已知，同样也可用上述方法求出射线穿过其他边界到达 E 点的走时，然后将各个走时中的最小者作为所求 E 点处的波前走时。

(三)波前扩展

复杂介质离散后，每一个单元都被认为是均匀的，射线在单元内沿直线传播。采用群波前扩展算法(GMM)扩展波前，可获得介质中全部网格节点处的波前走时。波前扩展的二维情形如图4.41所示，从震源点开始，利用LTPI计算出与其相邻的各个网格节点上的波传播时间，这些节点组成波前窄带。在波前窄带中按照一定规则找出次级震源点，

再从次级震源点处开始计算与其相邻的网格节点处的波传播时间,这些网格节点便组成新的波前窄带。波前窄带需要不断向外推进,直至获得介质中全部网格节点处的波前走时。

记当前波前窄带为 N,令

$$\delta t_N = \frac{S_{N,\min}}{\sqrt{3}} \min(\Delta x, \Delta z) \tag{4.36}$$

式中,$S_{N,\min}$ 表示波前窄带各个网格节点中波传播的最小慢度(单位:s/m),即最大波传播速度;Δx 和 Δz 为波前窄带各网格在 x 和 z 方向上的离散网格距(单位:m)。

由 GMM 算法可知若波前窄带中两个相邻网格节点的波传播时间之差小于 δt_N,则这两点处的波传播能量不会互相影响。次级震源集合 G 的选择需遵循如下规则,即

$$G = \{(i,j) \in N, t_{i,j} \leqslant t_{N,\min} + \delta t_N\} \tag{4.37}$$

式中,$t_{N,\min}$ 表示波前窄带 N 中的最小波传播时间。

波前走时计算步骤如下。

(1)将震源点的波前走时记为 0,并且记 $M=2$,表示该处已获得波前走时。其余网格节点的波前时间均记为无穷大,并令其 $M=0$,表示该网格节点未计算波前走时。

(2)计算与震源相邻的网格节点处波的传播时间后,将时间保存到波前窄带 N 中,并令 $M=1$,表示该处网格节点已计算出波传播时间,但还未确定波前时间。

(3)波前窄带中满足式(4.37)的网格节点处的波传播能量不会相互干扰,因此将其作为次级震源,将满足条件的网格节点从波前窄带 N 中移至次级震源集合 G 中,并令 $M=2$。

(4)对次级震源集合 G 中的网格节点,更新与其相邻的网格节点处波的传播时间,要注意相邻网格节点需满足 $M \neq 2$,若节点处 $M=0$,则将该节点移至波前窄带 N 中,并令 $M=1$。

(5)若集合 N 非空,则跳转至步骤(3);若集合 N 为空,则波前扩展结束。

(四)射线追踪

在计算出复杂介质全部网格节点处的波前走时后,根据费马原理和互换原理,可从接收点出发反向逐步确定出射线与相应单元边界的交点,直至追踪至炮点;然后顺次连接该对炮点和接收点之间确定的所有交点,便得到具有最小走时的直达波射线路径。具体射线追踪步骤如下。

(1)在接收点 R 所在单元内,利用 LTPI 方法计算射线路径与该单元各边界的交点 P(图 4.43)。若接收点位于单元节点或单元边界上,则需要在接收点所在的所有单元中进行计算。

(2)将具有最小走时的交点 P 作为新的接收点,判断接收点是否位于炮点所在单元,若是,执行步骤(3);否则跳至步骤(1)。

(3)顺次连接炮点、射线与相应单元边界的各个交点和接收点,就可得到该对炮点和

接收点对应的直达波射线路径。

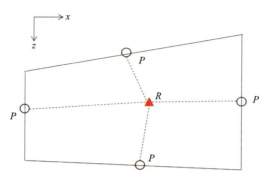

图 4.43　一个单元内射线路径追踪示意图

六、层析成像速度建模技术

地震层析成像就是用地震数据来反演地下结构的物质属性，并逐层剖析绘制其图像的技术，其主要目的是确定地球内部的精细结构和局部不均匀性（杨文采，1993）。按射线追踪时所用的地震波类型的不同，地震层析成像可分为体波（直达波、透射波、反射波、折射波）层析成像和面波层析等。针对主动源 OBS 数据层析成像，主要采用对初至波、广角反射波等层析成像方法，获得相对准确的深度速度模型（成谷等，2002；雷栋和胡祥云，2006；李庆春和叶佩，2013）。

对于 OBS 资料而言，初至波除了在很小偏移距范围内为直达波之外，其余多为折射波，且偏移距越大，来自深部高速层的折射波就越先到达。当炮检距足够大时，接收到的折射波射线能够覆盖地壳区域。因此，用初至波层析成像方法对覆盖莫霍面之上区域界面的地震射线进行速度成像，在理论上是可行的。根据 OBS 数据的初至波波场特点，利用初至波层析成像的旅行时线性插值-同时迭代重建法（linear traveltime interpolation-simultaneous iterative reconstruction technique，LTI-SIRT），反演建立地层速度模型（罗文歆等，2012）。

层析成像的本质是 Radon 变换与反变换。分析 Radon 反变换原理可知，若要唯一地重建图像函数，必须知道所有观测角度上的投影数据，而初至波存在有限观测角问题，单纯利用初至波层析成像无法获得完整的观测数据和射线分布。将初至波与反射波进行联合层析成像，能够扩大观测范围和角度，提高成像精度。

但是，反射走时层析成像处理需要在进行层位解释并拾取连续同相轴走时的基础上进行，而在实际地震资料中往往难以拾取到连续的反射同相轴走时。针对这一问题，Billette 和 Lambaré（1998）提出基于 CDR（controlled directional reception）方法的二维斜率层析成像方法（stereotomography），该方法分别在共炮点道集和共检波点道集中拾取局部相关同相轴的走时和斜率，并与炮点和检波点坐标一起纳入反演的数据空间，使用地下反射点坐标、射线出射方向及射线单程走时构建模型空间,将实际数据与基于射线追踪的正演结果进行匹配,反演求取宏观速度模型。与传统反射走时层析方法相比,斜率层析方法能够更好地适应复杂构造地区。Le Bégat 等(2000)将斜率层析方法应用于二维海洋反射地震记录,取得了良好效果。Chalard 等(2000)将二维斜率层析方法扩展到三维,并成功应用于三维海上实际地震资料。

(一)OBS 资料的地震斜率数据拾取

在 OBS 广角地震勘探中,炮点在海面激发,检波点则分布在海底接收地震信号。为获得准确的 OBS 台站记录中检波点处的走时斜率信息,需首先采用波场延拓方法将炮点延拓至检波点所在基准面。

1. 波场延拓

波场延拓可根据表层速度模型(或给定的常速度),将波场数据向下(或向上)延拓至目标基准面(卢回忆等,2010)。针对海水层速度没有横向变化且速度已知这一特点,采用频率-波数域中的相移法(Gazdag,1978)进行波场延拓。在海水层中进行波场延拓时,首先使用二维傅里叶变换将地震记录由时间-空间域变换到频率-波数域,然后依据准确的速度场及单程波传播原理(李道善,2012),结合"逐步-累加"(Reshef,1991)及"逐步-停放"(Yang et al.,2007)方法对地震记录进行正向或反向延拓。

单程波传播的基本原理是,在波场延拓方法中,通过对已知波场进行外推,可以求取传播路径范围内任意深度处的波场信息。一般采用求解波动方程法进行波场延拓,但在实际情况下,需要通过降阶方法规避波动方程存在的不适定性问题,即采用将波动方程降阶成单程波的方式进行波场延拓。

设深度方向向下为 z 方向的正向,根据地震波的传播方向可将单程波分为上行波和下行波,其中上行波即为反射波,下行波即为入射波。上行波和下行波都可以进行外推延拓,其中沿波的传播方向对波场进行预测即为正向外推延拓,沿波传播的反方向重建原来的波场即为反向外推延拓。

二维标量声波方程可用式(4.38)表示,即

$$\frac{\partial^2 p}{\partial x^2} + \frac{\partial^2 p}{\partial z^2} = \frac{1}{v^2}\frac{\partial^2 p}{\partial t^2} \tag{4.38}$$

式中,$p=p(x,z)$ 为波场,$v=v(x,z)$ 为地震波传播速度,t 表示时间。对 x 和 t 进行二维傅里叶变换,并分解算子,得

$$\frac{\partial^2 \bar{p}}{\partial z^2} + \left(\frac{\omega^2}{v^2} - k_x^2\right)\bar{p} = \left(\frac{\partial}{\partial z} - \mathrm{i}k_z\right)\left(\frac{\partial}{\partial z} + \mathrm{i}k_z\right)\bar{p} = 0 \tag{4.39}$$

式中，ω 表示圆频率，$\bar{p}(k_x, z, \omega)$ 为波场 $p(x, z, t)$ 关于 x 和 t 的二维傅里叶变换，k_x 和 k_z 分别表示水平波数和垂直波数，并且满足频散关系，即

$$k_z^2 = \sqrt{\frac{\omega^2}{v^2} - k_x^2} \tag{4.40}$$

整理式(4.40)可得

$$\frac{\partial \bar{p}}{\partial z} = \pm i \sqrt{\frac{\omega^2}{v^2} - k_x^2} \, \bar{p} \tag{4.41}$$

式中，取正号与负号分别表示下行波与上行波波动方程。

上行波波场外推公式与下行波波场外推公式分别由式(4.42)和式(4.43)表示，即

$$\bar{p}(z_1) = \bar{p}(z_2) e^{-i\sqrt{\frac{\omega^2}{v^2} - k_x^2}(z_1 - z_2)} \tag{4.42}$$

$$\bar{p}(z_1) = \bar{p}(z_2) e^{i\sqrt{\frac{\omega^2}{v^2} - k_x^2}(z_1 - z_2)} \tag{4.43}$$

Gazdag(1978)提出的相移法的基本原理是，在横向速度不变的前提下，通过傅里叶变换可以按照不同频率分解时间-空间域中的原始数据，并且可以独立处理每个频率成分。这种处理方式降低了传播问题的维数，提高了计算效率。

通过二维傅里叶变换将时间-空间域的地震数据变换到频率-波数域，根据单程波波场外推公式，可将数据由一个深度延拓至另一深度。上行波波场延拓公式可由式(4.44)表示，即

$$P(k_x, z + \Delta z, \omega) = P(k_x, z, \omega) e^{-ik_z \Delta z} \tag{4.44}$$

式中，$P(k_x, z, \omega)$ 为与水平波数 k_x、深度 z、圆频率 ω 有关的频率-波数域波场，Δz 为 z 方向延拓步长，k_z 为相移算子，满足式(4.45)，即

$$k_z = \sqrt{\frac{\omega^2}{v^2} - k_x^2} \tag{4.45}$$

式中，v 为介质速度。

"逐步-累加"与"逐步-停放"波场延拓由以色列学者 Reshef 于 1991 年提出，该方法在波场数据的延拓过程中，将延拓深度步长内记录的波场值逐一加入正在延拓的波场数据中，直至延拓至新基准面。但"逐步-累加"波场延拓方法只能适用于新基准面为水平面的情况，为将波场延拓至起伏新基准面，Yang 等(2007)结合"逐步-累加"与"逐步-停放"方法，提出一种能够在起伏新旧基准面之间进行波动方程基准面校正的方法。

"逐步-累加"与"逐步-停放"波场延拓的具体步骤如图 4.44 所示，首先使用规则网格离散起伏旧基准面及速度模型，将旧基准面的最高点所在平面作为延拓的起始面，将新基准面的最低点所在平面作为延拓终止面；然后在共炮点道集中，由起始面开始进行延拓波场，在延拓过程中，逐步扫描延拓步长范围内的波场值，若为非零值，则进行求和计算，若为零值，则继续延拓；逐步判断延拓是否到达新的基准面，若到达延拓终

止面，则停止延拓。

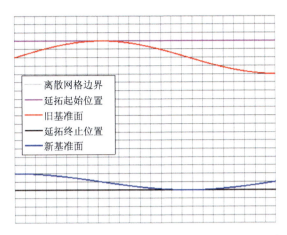

图 4.44 "逐步-累加"与"逐步-停放"波场延拓示意图

2. 炮检点互换原理斜率拾取

在斜率层析成像方法中，炮点与检波点处的走时斜率需要分别在共检波点道集和共炮点道集中拾取。海底地震仪探测具有炮点分布密集而检波点间隔较大的特点，因而难以在共炮点道集中分辨和拾取检波点处同相轴的走时和斜率（图 4.45）。因此，使用斜率层析方法处理 OBS 数据面临着如何在检波点十分稀疏的情况下获得检波点处的走时斜率信息的问题。

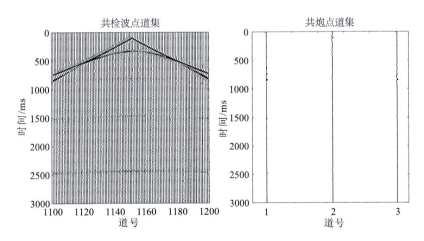

图 4.45 OBS 共检波点道集与共炮点道集地震记录示意图

Alerini（2006）年针对海洋地震节点（OBN）分布较为稀疏，无法在共炮点道集拾取同相轴走时和斜率的情况，提出一种适用于 PP 波地震数据的斜率拾取方法。该方法结合波场延拓重建基准面和炮检点互换原理，将检波点附近密集分布的炮点视作共炮点道集，因而得以获得共炮点道集中局部同相轴的走时和斜率信息。其具体实施步骤如下。

（1）采用波场延拓方法，将炮点由海面延拓至检波点所在海底，如图 4.46 所示。

（2）对于检波点位于 A 处，炮点位于 B 处的地震记录 T1，在共检波点道集中拾取点 B 处的走时斜率 p_1，如图 4.47(a) 所示。

（3）寻找检波点位于 B 处而炮点位于 A 处的地震记录 T2，在共检波点道集中拾取点 A 处的走时斜率 p_2，并将 A 处的走时斜率信息视作在 B 处共炮点道集中的拾取结果，如图 4.47(b) 所示。

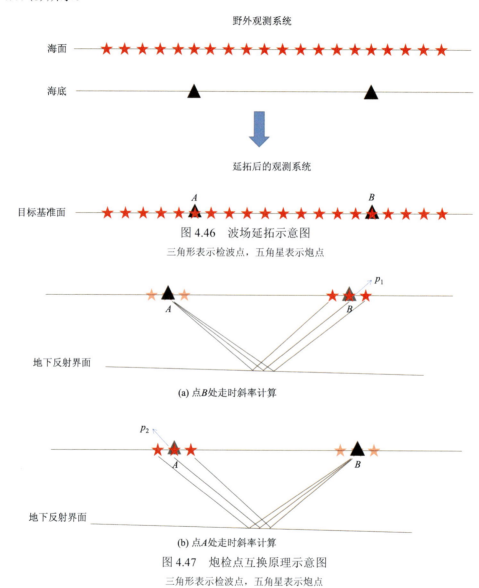

图 4.46　波场延拓示意图

三角形表示检波点，五角星表示炮点

(a) 点 B 处走时斜率计算

(b) 点 A 处走时斜率计算

图 4.47　炮检点互换原理示意图

三角形表示检波点，五角星表示炮点

根据上述方法可以求得射线的端点（炮点和检波点）与 OBS 重合情况下，射线在炮点和检波点处的走时斜率信息。需要注意的是，假设共有 N 个与炮点重合的检波点，理论

上共能拾取 N^2 条射线的端点处走时斜率，但是由于本方法基于互换原理，因而非重复数据有 $N^2/2$ 组，考虑到自激自收情况下的射线无法提供能用于斜率层析的信息，因而有效数据个数为 $N^2/2-N$。该方法的最大有效偏移距受地震记录中检波点能够记录到的最大偏移距以及检波点之间的最大距离控制。

(二)反射波斜率层析成像

1. 速度模型建立

合理地表示速度模型是层析成像中非常重要的一个环节。目前速度模型主要为平滑速度模型与块状速度模型。块状速度模型有多种建立方式，其中反射界面之间的速度可用常速度、线性函数、B 样条函数等方式表示，界面速度的建立又可分为三角形网格、B 样条函数、多项式函数等方式，并且反射界面可以与速度分布相互独立。块状速度模型更符合真实地质构造情况，是走时层析成像方法的常用速度表示方式。相比块状速度模型，平滑速度模型更适用于振幅计算及射线深度偏移等领域。考虑到斜率层析方法无需建立连续的反射界面，并且斜率层析成像方法中使用的傍轴射线理论以速度二阶导数连续为前提，本节主要讨论平滑速度模型的建立。

B 样条插值是一种常见的用于建立平滑速度模型的方法，它通过 B 样条函数计算参数在各节点处的权重，并进行加权求和操作。当相邻节点的间距为定值时，称作标准 B 样条函数。使用 B 样条函数建立的曲线或曲面曲线阶次较低，逼近控制点，并且易于进行局部修改，适用于建立平滑速度模型。

首先建立速度分布于离散网格节点处的速度模型，本书采用三次 B 样条插值函数对这些离散速度进行插值，由此便可获得平滑速度场。一维情况下，三次 B 样条基函数表达式为

$$G(x) = \begin{cases} (x+2)^3/6, & x \in [-2,-1] \\ (-3x^3-6x^2+4)/6, & x \in [-1,0] \\ (3x^3-6x^2+4)/6, & x \in [0,1] \\ (-x+2)^3/6, & x \in [1,2] \\ 0, & 其他 \end{cases} \tag{4.46}$$

B 样条基函数在不同区间中有不同的表达形式，最终在整个区间连续并且呈一阶、二阶导数连续。设相对坐标 $u=(x-x_{m-1})/(x_m-x_{m-1})$，$x \in [x_{m-1}, x_m]$，则权函数可表示为

$$\begin{cases} G_1(u) = (-u^3+3u^2-3u+1)/6, \\ G_2(u) = (3u^3-6u^2+4)/6, \\ G_3(u) = (-3u^3+3u^2+3u+1)/6, \\ G_4(u) = u^3/6, \end{cases} u \in [0,1] \tag{4.47}$$

插值结果 $V(u)$ 与 B 样条基函数和插值区间的控制顶点有关, 可由式(4.48)表示, 即

$$V(u) = \boldsymbol{u}^{\mathrm{T}} \boldsymbol{G} \boldsymbol{v} = \frac{1}{6} \begin{bmatrix} u^3 & u^2 & u & 1 \end{bmatrix} \begin{bmatrix} -1 & 3 & -3 & 1 \\ 3 & -6 & 3 & 0 \\ -3 & 0 & 3 & 0 \\ 1 & 4 & 1 & 0 \end{bmatrix} \begin{bmatrix} v_{m-2} \\ v_{m-1} \\ v_m \\ v_{m+1} \end{bmatrix}, \quad (4.48)$$

式中, $\boldsymbol{u}^{\mathrm{T}} = \begin{bmatrix} u^3 & u^2 & u & 1 \end{bmatrix}$, $\boldsymbol{G} = \frac{1}{6} \begin{bmatrix} -1 & 3 & -3 & 1 \\ 3 & -6 & 3 & 0 \\ -3 & 0 & 3 & 0 \\ 1 & 4 & 1 & 0 \end{bmatrix}$, $\boldsymbol{v} = \begin{bmatrix} v_{m-2} & v_{m-1} & v_m & v_{m+1} \end{bmatrix}^{\mathrm{T}}$。设节点间距为 d, 则插值点处的一阶导数与二阶导数可根据式(4.48)求得, 即

$$\frac{\partial V}{\partial x} = \frac{\partial V}{\partial u} \frac{\partial u}{\partial x} = \frac{1}{d} \boldsymbol{u}^{\mathrm{T}} \boldsymbol{G}_1 \boldsymbol{v} \quad (4.49)$$

$$\frac{\partial^2 V}{\partial x^2} = \frac{\partial^2 V}{\partial u^2} \left(\frac{\partial u}{\partial x} \right)^2 = \frac{1}{d^2} \boldsymbol{u}^{\mathrm{T}} \boldsymbol{G}_2 \boldsymbol{v} \quad (4.50)$$

式中, $\boldsymbol{G}_1 = \frac{1}{6} \begin{bmatrix} 0 & 0 & 0 & 0 \\ -3 & 9 & -9 & 3 \\ 6 & -12 & 6 & 0 \\ -3 & 0 & 3 & 0 \end{bmatrix}$, $\boldsymbol{G}_2 = \frac{1}{6} \begin{bmatrix} 0 & 0 & 0 & 0 \\ 0 & 0 & 0 & 0 \\ -6 & 18 & -18 & 6 \\ 6 & -12 & 6 & 0 \end{bmatrix}$。

二维情况下, B 样条插值中共有 4×4 个控制点(图 4.48), 设横向插值区间为 $[x_{m-1}, x_m]$, 纵向插值区间为 $[y_{n-1}, y_n]$, 相对坐标 $u_1 = (x-x_{m-1})/(x_m-x_{m-1})$, $x \in [x_{m-1}, x_m]$, $u_2 = (y-y_{n-1})/(y_n-y_{n-1})$, $y \in [y_{n-1}, y_n]$, 二维速度的三次 B 样条插值公式为

$$V(u_1, u_2) = \boldsymbol{u}_1^{\mathrm{T}} \boldsymbol{G} \boldsymbol{v} \boldsymbol{G}^{\mathrm{T}} \boldsymbol{u}_2 = \boldsymbol{V}_{u_1} \boldsymbol{G}^{\mathrm{T}} \boldsymbol{u}_2 \quad (4.51)$$

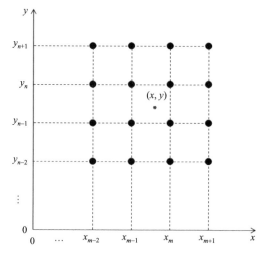

图 4.48 二维情况下三次 B 样条插值示意图

式中，$\boldsymbol{u}_1^\mathrm{T}=\begin{bmatrix} u_1^3 & u_1^2 & u & 1 \end{bmatrix}$，$\boldsymbol{u}_2^\mathrm{T}=\begin{bmatrix} u_2^3 & u_2^2 & u & 1 \end{bmatrix}$，$\boldsymbol{G}=\dfrac{1}{6}\begin{bmatrix} -1 & 3 & -3 & 1 \\ 3 & -6 & 3 & 0 \\ -3 & 0 & 3 & 0 \\ 1 & 4 & 1 & 0 \end{bmatrix}$，

$$\boldsymbol{v}=\begin{bmatrix} v_{m-2,n-2} & v_{m-2,n-1} & v_{m-2,n} & v_{m-2,n+1} \\ v_{m-1,n-2} & v_{m-1,n-1} & v_{m-1,n} & v_{m-1,n+1} \\ v_{m,n-2} & v_{m,n-1} & v_{m,n} & v_{m,n+1} \\ v_{m+1,n-2} & v_{m+1,n-1} & v_{m+1,n} & v_{m+1,n+1} \end{bmatrix},\quad V_{u_1}=\boldsymbol{u}_1^\mathrm{T}\boldsymbol{G}\boldsymbol{v}。$$

插值点处的一阶及二阶导数可表示为

$$\frac{\partial^{(i+j)}V}{\partial x^i \partial y^j}=\left(\frac{\partial u_1}{\partial x}\right)^i\left(\frac{\partial u_2}{\partial y}\right)^j\frac{\partial^{(i+j)}V}{\partial u_1^i \partial u_2^j}=\frac{1}{d_1^i d_2^j}\boldsymbol{u}_1^\mathrm{T}\boldsymbol{G}_i\boldsymbol{v}\boldsymbol{G}_j^\mathrm{T}\boldsymbol{u}_2 \tag{4.52}$$

式中，d_1 和 d_2 分别为节点在 x 和 y 方向的间距，i 和 j 的值为 0、1 或 2。

由上述原理可知，模型中某一点处的三次 B 样条插值函数涉及周围 4×4 个节点，因而建立的速度模型的尺寸要大于反演范围。除此之外，在速度模型的参数化过程中需要注意过参数化以及欠参数化的问题[①]。过参数化即为建立模型时使用的参数个数多于实际情况，这会增加反演的欠定性，可通过增加对模型的先验认识减轻模型的欠定性。欠参数化即为所用参数过少，无法模拟实际情况，这会导致反演模型与真实模型之间存在较大偏差。对于欠参数化问题，本书采用多尺度反演策略，首先建立大网格初始速度模型，然后对反演结果不断进行剖分，不断进行迭代便可逐步精确反演的速度模型的细节。该方法能够有效降低反演的多解性，获得更加稳定的反演速度模型。

2. 数据空间与模型空间

在走时层析方法中，数据空间由炮点、检波点坐标及双程旅行时组成。相比走时层析方法，斜率层析方法的数据空间中增加了炮点与检波点处的走时斜率信息。记炮点 S 坐标为 (x_S, z_S)，检波点 R 坐标为 (x_R, z_R)，炮点与检波点处的走时斜率分别为 p_{x_S} 和 p_{x_R}，双程旅行时为 t_{SR}，数据空间 D 可由式(4.53)表示，即

$$D=\left[\left(x_S, z_S, p_{x_S}, x_R, z_R, p_{x_R}, t_{SR}\right)_n\right]_{n=1}^N \tag{4.53}$$

式中，N 表示数据总数。

地震波在传播过程中，首先由炮点出发向地下传播，在波阻抗界面处，反射波向上传播并由检波点接收。由于斜率层析所使用的速度模型为平滑速度模型，为模拟地震波的反射过程，反演中的模型参数部分需要包含反射点(或绕射点)坐标、射线在反射点(或绕射点)处的出射角度及射线的单程旅行时。模型空间 $\boldsymbol{M}$ 可分为射线段参数 $M_{\text{ray\_ref}}$ 与速

[①] Stunff Y L, Grenier D. 1998. Taking into account a priori information in 3D tomography. SEG Expanded Abstracts, 1875-1878.

度模型 M_{vel} 两部分。其中射线段参数可表示为

$$\boldsymbol{M}_{ray\_ref} = \left[(x_G, z_G, \theta_S, \theta_R, t_S, t_R)_n \right]_{n=1}^N \tag{4.54}$$

式中，x_G 与 z_G 分别为反射点（或绕射点）G 的横坐标与纵坐标，θ_S 与 θ_R 分别表示 G 点处射线至炮点 S 和检波点 R 的出射角度，t_S 和 t_R 则分别为射线由点 G 至点 S 与点 R 的旅行时。

3. 走时斜率的含义与拾取

斜率层析成像与传统走时层析成像的一大区别在于，斜率层析成像利用走时斜率信息对射线的传播方向进行约束。走时斜率是指地震记录中的局部相关同相轴在中心道处的切线斜率，其物理意义为该中心道所在局部相关同相轴左右两端的走时差 Δt 与其水平间距 Δx 之比（图 4.49）。

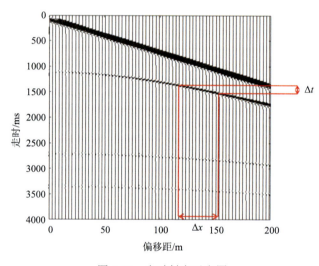

图 4.49　走时斜率示意图

采用倾斜叠加原理拾取走时斜率，对当前道中的各个时间采样点进行局部倾斜叠加并对结果进行处理，根据一定条件选取具有最大相似函数值的斜率值，并将其作为走时斜率数据。为减少噪声对斜率拾取的影响，本书对数据经过变换后的包络值进行局部倾斜叠加，以获取斜率信息，该过程相当于对数据进行低通滤波处理。记第 k 道地震记录为 $d_k(t)$，与其对应的复数道可表示为

$$f_k(t) = d_k(t) + \mathrm{i} H[d_k(t)] \tag{4.55}$$

式中，H 表示希尔伯特（Hilbert）变换，有 $H[d_k(t)] = d_k(t)/(\pi t)$，式（4.55）的包络形式为

$$B_k(t) = |f_k(t)| = |d_k(t) + \mathrm{i} H[d_k(t)]| \tag{4.56}$$

在倾斜叠加过程中，本书采用如下所示的汉宁（Hanning）窗加权函数对地震道进行加权叠加，即

$$h(k)=\frac{1}{2}\bigl[1+\cos(\pi k/K)\bigr], k\in[-K,K] \tag{4.57}$$

式中，k 为叠加窗口内的道序号，共有 $2K+1$ 道地震记录进行加权叠加。由式(4.57)可知，随着当前地震道距中心道的距离增加，该道的能量在叠加过程中所占权重下降，而中心道在叠加过程中保留了全部能量。结合上述公式，复道包络叠加能量的归一化相似函数可由式(4.58)表示，即

$$\chi(t_\mathrm{c})=\frac{\left[\sum_{k=-K}^{K}h(k)B_k(t_\mathrm{c}+\Delta t_k)\right]^2}{(2K+1)\sum_{k=-K}^{K}h(k)\bigl[B_k(t_\mathrm{c}+\Delta t_k)\bigr]^2} \tag{4.58}$$

式中，$\chi(t_\mathrm{c})\in[0,1]$，$t_\mathrm{c}$ 表示中心道地震记录上的样点时间，Δt_k 为第 k 道地震记录上的样点与中心道样点的时间之差，在沿直线进行倾斜叠加时，有

$$\Delta t_k = p_\mathrm{c} k \Delta d \tag{4.59}$$

式中，p_c 表示所沿直线的斜率，Δd 表示道间距。

常规斜率拾取过程需要分别在共炮点道集及共检波点道集中拾取具有局部相干性的同相轴斜率，在拾取结束后对斜率数据进行质量控制，包括地震道在共检波点道集与共炮点道集中的相似度、走时值、炮点处与检波点处的走时斜率、拾取样点处的能量大小等。OBS广角地震勘探中检波点分布间隔过大，同相轴在共炮点道集中难以分辨，因而结合炮检点互换原理，拾取炮点与检波点处具有局部相干性的同相轴走时和斜率信息。

4. 地震斜率的计算

程函方程是一个描述波前面传播过程的一阶非线性偏微分方程，采用将程函方程等价于哈密顿(Hamiltonian)系统的特征线法可以计算射线路径及其传播方向。基于程函方程的哈密顿函数具有多种表示形式，本节采用的形式为

$$H(\boldsymbol{x},\boldsymbol{p})=\bigl[\boldsymbol{p}^2 v^2(\boldsymbol{x})-1\bigr]/2 \tag{4.60}$$

式中，$\boldsymbol{x}=(x,z)$ 表示位置向量，$\boldsymbol{p}=(p_x,p_z)$ 表示慢度向量，$v(\boldsymbol{x})$ 表示模型速度。将射线轨迹由位形空间变换至相空间，即可得到哈密顿正则公式，即

$$\begin{cases}\dfrac{\mathrm{d}\boldsymbol{x}}{\mathrm{d}t}=\dfrac{\partial H}{\partial \boldsymbol{p}}=\boldsymbol{p}v^2(\boldsymbol{x})\\[6pt]\dfrac{\mathrm{d}\boldsymbol{p}}{\mathrm{d}t}=-\dfrac{\partial H}{\partial \boldsymbol{x}}=-\dfrac{\nabla_x v(\boldsymbol{x})}{v(\boldsymbol{x})}\end{cases} \tag{4.61}$$

式中，t 表示波前时间，且满足程函方程 $H[x(t),p(t)]=0$，方程组中的两个公式分别表示慢度方向与波前方向。式(4.61)可进一步表示为

$$\begin{cases} \dfrac{\mathrm{d}x}{\mathrm{d}t} = v^2(x,z)p_x \\ \dfrac{\mathrm{d}z}{\mathrm{d}t} = v^2(x,z)p_z \\ \dfrac{\mathrm{d}p_x}{\mathrm{d}t} = -\dfrac{1}{v(x,z)}\dfrac{v(x,z)}{\partial x} \\ \dfrac{\mathrm{d}p_z}{\mathrm{d}t} = -\dfrac{1}{v(x,z)}\dfrac{v(x,z)}{\partial z} \end{cases} \quad (4.62)$$

上述方法是一个求解偏微分方程的初值问题。该方法可根据给定的射线出射点坐标和出射方向，采用二阶龙格-库塔(Runge-Kutta)法求解式(4.62)，以得到射线传播的空间位置及走时和斜率。

5. 反射波斜率层析成像目标函数

在斜率层析成像的反演过程中，首先在现有速度模型 M_{vel} 中依据现有的射线参数 $M_{\mathrm{ray\_ref}}$ 进行射线追踪得到正演结果 D_{cal}，然后根据正演结果与实际拾取数据 D_{obs} 之间的残差调整射线段参数 $M_{\mathrm{ray\_ref}}$ 及速度模型 M_{vel}，不断迭代这一过程，直至目标函数 $H(M_{\mathrm{vel}}, M_{\mathrm{ray\_ref}})$ 为最小，由此便可获得地下介质的速度分布以及反射点的位置信息。

记模型空间 $\boldsymbol{M} = \begin{pmatrix} \boldsymbol{M}_{\mathrm{ray\_ref}} \\ \boldsymbol{M}_{\mathrm{vel}} \end{pmatrix}$，模型空间的标准化结果 $\boldsymbol{N} = \begin{pmatrix} \boldsymbol{N}_{\mathrm{ray\_ref}} \\ \boldsymbol{N}_{\mathrm{vel}} \end{pmatrix}$，$\boldsymbol{M}$ 和 $\boldsymbol{N}$ 满足如下关系，即

$$\boldsymbol{M} = \boldsymbol{C}_M \boldsymbol{N} \quad (4.63)$$

式中，$\boldsymbol{C}_M$ 为对角矩阵，表示模型协方差矩阵，可以在反演过程中平衡灵敏度矩阵中各参数系数的权重，并降低射线的非均匀分布对速度参数产生的影响。

计算正演结果 $\boldsymbol{D}_{\mathrm{cal}}$ 以及观测数据 $\boldsymbol{D}_{\mathrm{obs}}$ 之间的残差，并进行正则化处理，可建立如下所示的目标函数，即

$$\begin{aligned} H(\boldsymbol{N}_{\mathrm{ray\_ref}}, \boldsymbol{N}_{\mathrm{vel}}) = & \frac{1}{2}(\boldsymbol{D}_{\mathrm{cal}}(\boldsymbol{N}_{\mathrm{ray\_ref}}, \boldsymbol{N}_{\mathrm{vel}}) - \boldsymbol{D}_{\mathrm{obs}})^{\mathrm{T}} \boldsymbol{C}_D (\boldsymbol{D}_{\mathrm{cal}}(\boldsymbol{N}_{\mathrm{ray\_ref}}, \boldsymbol{N}_{\mathrm{vel}}) - \boldsymbol{D}_{\mathrm{obs}}) \\ & + \frac{1}{2}\lambda (\boldsymbol{N}_{\mathrm{vel}} - \boldsymbol{N}_{\mathrm{vel\_prior}})^{\mathrm{T}} \boldsymbol{R}^{\mathrm{T}} \boldsymbol{L}^{\mathrm{T}} \boldsymbol{L} \boldsymbol{R} (\boldsymbol{N}_{\mathrm{vel}} - \boldsymbol{N}_{\mathrm{vel\_prior}}) \end{aligned} \quad (4.64)$$

式中，第一项表示正演结果与实际观测数据的残差的平方和，为数据目标函数；第二项表示平滑速度模型约束，为模型约束目标函数，用于降低反演的多解性，上标 T 为矩阵转置符号，$\boldsymbol{C}_D$ 表示数据协方差矩阵，有 $\boldsymbol{C}_D = \mathrm{diag}^{-1}\{\sigma_{x_S}^2, \sigma_{z_S}^2, \sigma_{p\_x_S}^2, \sigma_{x_R}^2, \sigma_{z_R}^2, \sigma_{p\_x_R}^2, \sigma_{t\_SR}^2\}$，为由实际观测值中各类数据的标准偏差组成的对角矩阵，λ 为平衡两项权重的阻尼系数，$\boldsymbol{N}_{\mathrm{vel\_prior}}$ 表示先验速度模型，$\boldsymbol{R}$ 表示速度扰动限制运算符，$\boldsymbol{L}$ 表示速度扰动的拉普拉斯运算符。

模型协方差矩阵 $\boldsymbol{C}_M$ 中的对角元素 C_{ll} 可由式(4.65)表示，即

$$C_{ll} = \left[\sum_{i=1}^{N}\sum_{j=1}^{7}\left(\frac{1}{\sigma_j}\frac{\partial D_{ij}}{\partial M_l}\right)^2\right]^{\frac{1}{2}} \tag{4.65}$$

式中，N 表示数据个数，σ_j 表示第 j 项标准偏差因子，D_{ij} 表示第 i 个数据的第 j 项。

在目标函数式(4.64)中，假设 $\boldsymbol{D}_{cal}$ 在 $\boldsymbol{M}$ 存在局部变化时近似呈线性变化，则有

$$\boldsymbol{J}_N = \frac{\partial \boldsymbol{D}_{cal}}{\partial \boldsymbol{N}} = \frac{\partial \boldsymbol{D}_{cal}}{\partial(\boldsymbol{C}_M^{-1}\boldsymbol{M})} = \frac{\partial \boldsymbol{D}_{cal}}{\partial \boldsymbol{M}}\boldsymbol{C}_M = \boldsymbol{J}_M \boldsymbol{C}_M \tag{4.66}$$

式中，$\boldsymbol{D}_{cal}$ 为正演结果，$\boldsymbol{J}_N$ 与 $\boldsymbol{J}_M$ 分别表示对应于 $\boldsymbol{N}$ 和 $\boldsymbol{M}$ 的灵敏度矩阵，属于雅克比矩阵。

式(4.66)属于非线性问题，可根据局部优化算法对其进行线性化，假设 $\boldsymbol{N}_{\text{vel\_prior}}$ 为上一次的迭代结果，则目标函数的第 k 次迭代可由式(4.67)表示，即

$$H(\Delta \boldsymbol{N}) = \frac{1}{2}\left(\boldsymbol{J}_N^{(k)}\Delta \boldsymbol{N}^{(k)} - \Delta \boldsymbol{D}^{(k)}\right)^{\mathrm{T}}\boldsymbol{C}_D\left(\boldsymbol{J}_N^{(k)}\Delta \boldsymbol{N}^{(k)} - \Delta \boldsymbol{D}^{(k)}\right) + \frac{1}{2}\lambda(\Delta \boldsymbol{N}^{(k)})^{\mathrm{T}}\boldsymbol{R}^{\mathrm{T}}\boldsymbol{L}^{\mathrm{T}}\boldsymbol{F}^{\mathrm{T}}\boldsymbol{FLR}(\Delta \boldsymbol{N}^{(k)})$$
$$\tag{4.67}$$

式中，$\Delta \boldsymbol{N}^{(k)}$ 表示待计算的模型更新量，$\boldsymbol{J}_N^{(k)}$ 表示参数 $\boldsymbol{N}$ 对应的灵敏度矩阵，$\Delta \boldsymbol{D}^{(k)}$ 表示正演数据与实际观测数据之差，$\boldsymbol{F}$ 为由 0 或 1 组成的对角矩阵，表示速度参数。根据阻尼最小二乘法，假设 $\dfrac{\partial H(\Delta \boldsymbol{N})}{\partial(\Delta \boldsymbol{N})} = 0$，则可解得

$$\Delta \boldsymbol{N}^{(k)} = \left[(\boldsymbol{J}_N^{(k)})^{\mathrm{T}}\boldsymbol{C}_D\boldsymbol{J}_N^{(k)} + \lambda \boldsymbol{R}^{\mathrm{T}}\boldsymbol{L}^{\mathrm{T}}\boldsymbol{F}^{\mathrm{T}}\boldsymbol{FLR}\right]^{-1}(\boldsymbol{J}_N^{(k)})^{\mathrm{T}}\boldsymbol{C}_D\Delta \boldsymbol{D}^{(k)} \tag{4.68}$$

根据式(4.68)结果，采用公式 $\Delta \boldsymbol{M} = \boldsymbol{C}_M\Delta \boldsymbol{N}$ 即可计算模型更新量 $\Delta \boldsymbol{M}$。在实际情况下，常采用更为稳定的 LSQR 算法计算模型更新量 $\Delta \boldsymbol{N}$，分别记 $\boldsymbol{J}_{N\_\text{ray\_ref}}^{(k)}$ 与 $\boldsymbol{J}_{N\_\text{vel}}^{(k)}$ 为射线段参数和速度参数的雅克比矩阵，上述方程组可被改写为如下形式，即

$$\begin{pmatrix} \sqrt{\boldsymbol{C}_D}\boldsymbol{J}_{N\_\text{ray\_ref}}^{(k)} & \sqrt{\boldsymbol{C}_D}\boldsymbol{J}_{N\_\text{vel}}^{(k)} \\ 0 & \sqrt{\lambda}\boldsymbol{LR} \end{pmatrix}\begin{pmatrix} \Delta \boldsymbol{N}_{\text{ray\_ref}}^{(k)} \\ \Delta \boldsymbol{N}_{\text{vel}}^{(k)} \end{pmatrix} = \begin{pmatrix} \sqrt{\boldsymbol{C}_D}\Delta \boldsymbol{D}^{(k)} \\ 0 \end{pmatrix} \tag{4.69}$$

6. 反演方法

本节采用阻尼最小二乘法(Levenberg-Marquardt algorithm，LMA)求解非线性问题的极值，该方法相比高斯-牛顿法具有更强的适应性，可以看作高斯-牛顿法的改进方法。在反演之初会根据初始速度模型建立初始反射点坐标及射线初始出射角等射线参数，这时射线参数与真实情况之间会存在较大差异，因此，在初始速度模型不变的情况下，采用奇异值分解法(singular value decomposition，SVD)对射线参数进行线性反演，为非线性联合反演提供更为合理的初始反射点坐标及出射角信息。对于反演迭代过程中出现的线性方程组，采用 LSQR 算法进行求解。下面将具体介绍这三种反演方法。

1) 阻尼最小二乘法

反射波斜率层析成像的目标函数属于非线性问题，常用的非线性问题的求解方法可分为全局优化算法和局部优化算法。全局优化算法具有不依赖初始模型并且不易陷入局部极小值的特点，但是由于该方法计算量庞大，在参数较多的情况下会花费大量时间，计算效率低。考虑到反射波斜率层析成像所用参数较多，因此采用阻尼最小二乘法对非线性问题进行求解。阻尼最小二乘法是一种经典的求解非线性最小二乘问题的局部优化算法，通过增加阻尼项，降低求解非线性方程的参数过程中的病态情况。阻尼最小二乘方法集高斯-牛顿法及梯度法的优点于一体，在阻尼因子为零的情况下，该方法便成为高斯-牛顿法；当阻尼因子趋近于无穷大时，该方法接近梯度法。

假设目标函数如下所示，即

$$E(\boldsymbol{M}) = \frac{1}{2}\sum_{i=1}^{N}\left[D_i - F_i(\boldsymbol{M})\right]^2 \tag{4.70}$$

记 $F_i(\boldsymbol{M})$ 的第 $j+1$ 次迭代为 $F_i(\boldsymbol{M}^{(j+1)})$，$F_i(\boldsymbol{M}^{(j)})$ 对 $\boldsymbol{M}^{(j)}$ 的梯度 $\boldsymbol{J}_i = \dfrac{\partial F_i(\boldsymbol{M}^{(j)})}{\partial \boldsymbol{M}^{(j)}}$，则有

$$F_i(\boldsymbol{M}^{(j+1)}) = F_i(\boldsymbol{M}^{(j)} + \Delta \boldsymbol{M}) = F_i(\boldsymbol{M}^{(j)}) + \boldsymbol{J}_i(\Delta \boldsymbol{M}) \tag{4.71}$$

将式(4.71)代入式(4.70)可得

$$E(\boldsymbol{M}^{(j+1)}) = \frac{1}{2}\sum_{i=1}^{N}\left[\Delta D_i^{(k)} - \boldsymbol{J}_i \Delta \boldsymbol{M}\right]^2 \tag{4.72}$$

式中，$\Delta D_i^{(k)} = D_i - F_i(\boldsymbol{M}^{(j)})$。对式(4.72)增加阻尼项，根据最小二乘原理可得

$$(\boldsymbol{J}^{\mathrm{T}}\boldsymbol{J} + \lambda \boldsymbol{I})\Delta \boldsymbol{M} = \boldsymbol{J}^{\mathrm{T}}\Delta \boldsymbol{D}^{(j)} \tag{4.73}$$

式中，$\boldsymbol{J}$ 为雅克比矩阵，λ 表示阻尼因子，$\boldsymbol{I}$ 表示单位矩阵。雅克比矩阵可以通过傍轴射线追踪公式计算得到。

2) SVD 算法

SVD 算法是反演中常用的求解线性问题的方法之一，该方法适用于方程组为中小型稠密矩阵的情况。假设 $\boldsymbol{L}$ 为 $m \times n$ 维矩阵，并且有矩阵方程 $\boldsymbol{L}_x = \boldsymbol{W}$，由奇异值分解原理可得

$$\boldsymbol{L} = \boldsymbol{P}\boldsymbol{S}\boldsymbol{Q}^{\mathrm{T}} = \boldsymbol{P}_{m \times m}\begin{pmatrix} \boldsymbol{\Sigma}_l & 0 \\ 0 & 0 \end{pmatrix}\boldsymbol{Q}_{n \times n}^{\mathrm{T}} \tag{4.74}$$

式中，$\boldsymbol{P}$ 和 $\boldsymbol{Q}$ 分别表示由左、右奇异值列向量组成的正交矩阵，其中 $\boldsymbol{P}^{\mathrm{T}} = \boldsymbol{P}^{-1}$，$\boldsymbol{Q}^{\mathrm{T}} = \boldsymbol{Q}^{-1}$，$\boldsymbol{\Sigma}_l = \mathrm{diag}(\sigma_1, \sigma_2, \cdots, \sigma_l)$ 为对角元素是 $\boldsymbol{L}$ 的奇异值的对角矩阵，l 的值等于 $\boldsymbol{L}$ 的秩，并且有 $\sigma_1 \geqslant \sigma_2 \geqslant \cdots \geqslant \sigma_l > 0$。矩阵 $\boldsymbol{L}$ 由此可由式(4.75)表示，即

$$\boldsymbol{L} = \boldsymbol{P}_l \boldsymbol{\Sigma}_l \boldsymbol{Q}_l^{\mathrm{T}} \tag{4.75}$$

式中，P_l 表示 L^TL 的 $m×l$ 维特征向量矩阵，Q_l 表示 LL^T 的 $n×l$ 维特征向量矩阵。P_l 与 Q_l 均为半正交矩阵，有

$$P_l^T P_l = I, P_l P_l^T \neq I, Q_l^T Q_l = I, Q_l Q_l^T \neq I \quad (4.76)$$

根据式(4.75)与式(4.76)可得 L 的逆 $L^{-1} = Q_l \Sigma_l^{-1} P_l^T$，其中 $\Sigma_l^{-1} = \text{diag}(\sigma_1^{-1}, \cdots, \sigma_l^{-1})$。根据上述原理可将矩阵方程 $Lx=W$ 的解表示为

$$x = Q_l \Sigma_l^{-1} P_l^T W = \sum_{i=1}^{l} \frac{q_i p_i^T W}{\sigma_i} \quad (4.77)$$

式中，p_i 与 q_i 分别表示左、右奇异值向量。

由式(4.77)可知，当奇异值 σ_i 趋近零值时，σ_i 的微小变化将会对矩阵方程的解造成较大影响，针对这一问题，可采用 Tikhonov 正则化方法解决。该方法在 SVD 算法基础上增加了滤波因子 $g_i = \dfrac{\sigma_i^2}{\sigma_i^2 + \lambda^2}$ $(0 < g_i < 1)$，矩阵方程的解可由式(4.78)表示，即

$$x = \sum_{i=1}^{l} \frac{g_i}{\sigma_i} q_i p_i^T W = \sum_{i=1}^{l} \frac{\sigma_i}{\sigma_i^2 + \lambda^2} q_i p_i^T W \quad (4.78)$$

3) LSQR 算法

在线性反演问题中，当系数矩阵具有大型稀疏的特点时，常采用 LSQR 算法进行求解。假设线性方程组 $Lx=W$ 的阻尼最小二乘问题如式(4.79)所示，即

$$E = \min \left\| \begin{pmatrix} L \\ \lambda I \end{pmatrix} x - \begin{pmatrix} W \\ 0 \end{pmatrix} \right\|^2 \quad (4.79)$$

式中，λ 表示阻尼系数。

求解式(4.79)，其解满足如下所示关系，即

$$\begin{pmatrix} I & L \\ L^T & -\lambda^2 I \end{pmatrix} \begin{pmatrix} c \\ x \end{pmatrix} = \begin{pmatrix} W \\ 0 \end{pmatrix} \quad (4.80)$$

式中，c 表示向量残差，有 $c=W-Lx$。采用 Golub-Kahan-Lanczos 双对角化算法(Golub and Kahan，1965)对 L 循环化简 k 次，有 $L \approx P_{k+1} b_k Q_k^T$，其中 b_k 表示 $(k+1)×k$ 阶下双对角线矩阵，有

$$b_k = \begin{pmatrix} \alpha_1 & & & & \\ \beta_2 & \alpha_2 & & \mathbf{0} & \\ & \cdot & \cdot & & \\ & & \cdot & \cdot & \\ & \mathbf{0} & & \cdot & \cdot \\ & & & \beta_k & \alpha_k \\ & & & & \beta_{k+1} \end{pmatrix}$$

由式(4.80)可得

$$\begin{pmatrix} I & b_k \\ b_k^T & -\lambda^2 I \end{pmatrix} \begin{pmatrix} T_{k+1} \\ O_k \end{pmatrix} = \begin{pmatrix} \beta_1 e \\ 0 \end{pmatrix}$$
$$\begin{pmatrix} P_{k+1} & 0 \\ 0 & V_k \end{pmatrix} \begin{pmatrix} T_{k+1} \\ O_k \end{pmatrix} = \begin{pmatrix} c_k \\ x_k \end{pmatrix} \tag{4.81}$$

式中，$T_{k+1} = P_{k+1}^T c_k$，$O_k = Q_k^T x_k$，$e = (1, 0, \cdots, 0)^T$。O_k 对应的目标函数有：
$E = \min \left\| \begin{pmatrix} b_k \\ \lambda I \end{pmatrix} O_k - \begin{pmatrix} \beta_1 e \\ 0 \end{pmatrix} \right\|^2$。$O_k$ 可以通过正交变换稳定求得，根据 O_k 可以进一步计算出原目标函数中的解 x_k。

下面主要介绍阻尼系数 λ 为 0 情况下的 LSQR 算法。根据基于旋转变换的 QR 分解法计算 b_k 与 $\beta_1 e$，以去除矩阵 b_k 中的全部 β，计算过程中所用到的迭代公式如下所示，即

$$\begin{pmatrix} s_k & r_k \\ r_k & -s_k \end{pmatrix} \begin{pmatrix} \bar{\eta}_k & 0 & \bar{\varepsilon}_k \\ \beta_{k+1} & \theta_{k+1} & 0 \end{pmatrix} = \begin{pmatrix} \eta_k & \alpha_{k+1} & \varepsilon_{k+1} \\ 0 & \bar{\eta}_{k+1} & \bar{\varepsilon}_{k+1} \end{pmatrix} \tag{4.82}$$

式中，$\bar{\eta}_1 = \theta_1$，$\bar{\varepsilon}_1 = \beta_1$，$s_k$ 和 r_k 为正交矩阵元素，$\bar{\eta}_k$ 与 $\bar{\varepsilon}_k$ 为最终会被 η_k 与 ε_k 取代的中间变量。

式(4.82)的最终迭代结果为

$$A_k \begin{pmatrix} b_k & \beta_1 e \end{pmatrix} = \begin{pmatrix} g_k & h_k \\ & \bar{\varepsilon}_{k+1} \end{pmatrix} \tag{4.83}$$

式中，A_k 表示正交变换矩阵的乘积，$g_k = \begin{pmatrix} \eta_1 & \alpha_2 & & & \\ & \eta_2 & \alpha_3 & & \\ & & \ddots & \ddots & \\ & & & \eta_{k-1} & \alpha_{k-1} \\ & & & & \eta_k \end{pmatrix}$，

$h_k = \begin{pmatrix} \varepsilon_1 & \varepsilon_2 & \cdots & \varepsilon_{k-1} & \varepsilon_k \end{pmatrix}^T$。该式满足如下所示关系，即

$$\begin{cases} h_k = g_k O_k \\ T_{k+1} = A_k^T \begin{pmatrix} 0 \\ \bar{\varepsilon}_{k+1} \end{pmatrix} \end{cases} \tag{4.84}$$

由式(4.84)可推导出

$$x_k = Q_k g_k^{-1} h_k = U_k h_k \tag{4.85}$$

式中，$U_k = (u_1, u_2, \cdots, u_k)$，设 $u_0 = x_0 = 0$，根据式(4.85)可得

$$u_k = \frac{1}{\eta_k}(q_k - \alpha_k u_{k-1}) \tag{4.86}$$
$$x_k = x_{k-1} + \varepsilon_k u_k$$

根据上述公式即可迭代计算近似解。

7. 敏感度矩阵与射线扰动理论

敏感度矩阵作为反演方程组的核心，描述了模型空间与数据空间的扰动量之间的线性关系。在斜率层析方法中，可以通过傍轴射线近似理论（图4.50）获得敏感度矩阵。

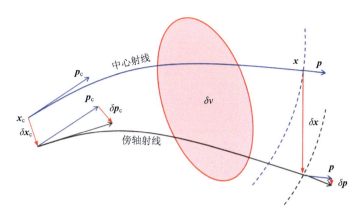

图 4.50 傍轴射线示意图

射线的一阶扰动因素可主要分为四种：射线的起始坐标，射线的起始出射方向，模型介质中的速度扰动及射线的走时扰动。假设有中心射线 $z_c(t)=[x_c(t)\ p_c(t)]^T$，其中 t 表示时间，$x_c(t)$ 与 $p_c(t)$ 分别表示与时间 t 相关的位置向量与慢度向量，记傍轴射线相对于中心射线的一阶扰动量为 $\delta z(t)=[\delta x(t)\ \delta p(t)]^T$，傍轴射线可表示为 $z(t)=z_c(t)+\delta z(t)=[x_c(t)+\delta x(t)\ p_c(t)+\delta p(t)]^T$。采用傍轴射线近似可以计算射线的一阶扰动为

$$\delta z(t) = P(t,t_0)\delta z(t_0) + \int_{t_0}^{t} P(t,t')G(\delta v(x(t')))dt' + \begin{pmatrix} \nabla_p H \\ -\nabla_x H \end{pmatrix}\delta t \tag{4.87}$$

式中，第一项为射线初始扰动，包括射线的起始坐标与起始出射方向，第二项为射线传播过程中的速度扰动，第三项为傍轴射线的走时扰动，G 表示射线传播过程中的速度扰动对射线产生的作用，$P(t,t_0)$ 表示传播矩阵，该矩阵属于雅克比矩阵，有

$$P(t,t_0) = \frac{\partial z(t)}{\partial z(t_0)} \tag{4.88}$$

式(4.88)可以通过对式(4.89)进行积分求得

$$\begin{cases} P(t_0,t_0) = I \\ \dfrac{dP(t,t_0)}{dt} = \begin{pmatrix} \nabla_x \nabla_p H & \nabla_p \nabla_p H \\ -\nabla_x \nabla_x H & -\nabla_p \nabla_x H \end{pmatrix} P(t,t_0) \end{cases} \tag{4.89}$$

反演系数矩阵 $J=(J_{\text{ray\_ref}}\ J_{\text{vel}})$ 作为雅克比矩阵，可由式(4.90)表示，即

$$J = \frac{\partial(x_S, z_S, p_{x_S}, x_R, z_R, p_{x_R}, t_{SR})}{\partial(x_G, z_G, \theta_S, \theta_R, t_S, t_R, v)} = \begin{pmatrix} J_x^S & J_\theta^S & 0 & J_t^S & 0 & J_v^S \\ J_x^R & 0 & J_\theta^R & 0 & J_t^R & J_v^R \\ 0 & 0 & 0 & 1 & 1 & 0 \end{pmatrix} \quad (4.90)$$

式(4.90)中，有

$$J_{\text{ray\_ref}} = \frac{\partial(x_S, z_S, p_{x_S}, x_R, z_R, p_{x_R}, t_{SR})}{\partial(x_G, z_G, \theta_S, \theta_R, t_S, t_R)} = \begin{pmatrix} J_x^S & J_\theta^S & 0 & J_t^S & 0 \\ J_x^R & 0 & J_\theta^R & 0 & J_t^R \\ 0 & 0 & 0 & 1 & 1 \end{pmatrix} \quad (4.91)$$

$$J_{\text{vel}} = \frac{\partial(x_S, z_S, p_{x_S}, x_R, z_R, p_{x_R}, t_{SR})}{\partial v} = \begin{pmatrix} J_v^S \\ J_v^R \\ 0 \end{pmatrix} \quad (4.92)$$

式中，J_x，J_θ，J_t，J_v 分别为炮检点处对应的相关参数的雅克比矩阵，有

$$J_x = \frac{\partial(x, z, p_x)}{\partial(x_G, z_G)} = IP(t, t_0) \begin{pmatrix} I_2 \\ -\dfrac{p(\nabla_x v(x))^{\text{T}}}{v(x)} \end{pmatrix} \quad (4.93)$$

$$J_\theta = \frac{\partial(x, z, p_x)}{\partial \theta} = IP(t, t_0) \begin{pmatrix} 0 \\ 0 \\ -p_z \\ p_x \end{pmatrix} \quad (4.94)$$

$$J_t = \frac{\partial(x, z, p_x)}{\partial t} = I \begin{pmatrix} \nabla_p H \\ -\nabla_x H \end{pmatrix} \quad (4.95)$$

$$J_v = \frac{\partial(x, z, p_x)}{\partial v} = I \left(P(t, t_0) \delta z_c(\delta v) + \int_{t_0}^{t} P(t, t') G(\delta v(x(t'))) dt' \right) \quad (4.96)$$

式中，$\delta z_c(\delta v) = \begin{pmatrix} 0 \\ -\dfrac{p_c(\nabla_x v(x_c))^{\text{T}}}{v(x_c)} \end{pmatrix}$，$G = \begin{pmatrix} \nabla_p \delta H \\ -\nabla_x \delta H \end{pmatrix}$，$I$ 是由 4×4 阶单位矩阵中的前三行组成的 3×4 阶矩阵。$\dfrac{\partial t_{SR}}{\partial(x_G, z_G, \theta_S, \theta_R, t_S, t_R, v)}$ 的解为矩阵 J 中的最后一行。

上述敏感度矩阵的计算过程中用到的傍轴射线理论属于射线扰动理论。射线扰动理论可以用于解决复杂的地震波场问题，其中一阶射线走时扰动理论被广泛用于求解地震波运动学反问题。假设在平滑的无扰动速度模型(参考速度模型)M_0 中采用汉密尔顿函数 H_0 描述波的传播特征，并假设在参考速度模型中有一条由炮点 S 传播至检波点 R 的参考射线 L_0，参数 φ 沿射线 L_0 单调增加。射线 L_0 的走时可由式(4.97)表示，即

$$T_0\left(\boldsymbol{x}_0(\varphi_S), \boldsymbol{x}_0(\varphi_R)\right) = \int_{\varphi_S}^{\varphi_R} \boldsymbol{p}_0 \frac{\partial H_0}{\partial \boldsymbol{p}_0} \mathrm{d}\varphi = \int_{\varphi_S}^{\varphi_R} \boldsymbol{p}_0 \frac{\partial \boldsymbol{x}_0}{\partial \varphi} \mathrm{d}\varphi \qquad (4.97)$$

式中，φ_S 和 φ_R 分别表示 φ 在炮点 S 与检波点 R 处的值，$\boldsymbol{x}_0(\varphi)$ 和 $\boldsymbol{p}_0(\varphi)$ 分别为点在射线 L_0 上的位置矢量和慢度矢量。

在有微小扰动的速度模型 $\boldsymbol{M}$ 中，设与该速度模型对应的汉密尔顿函数为 $H=H_0+\Delta H$。在速度模型 $\boldsymbol{M}$ 中传播的射线 L 相比参考射线 L_0 会有一定的偏离，射线 L 的位置矢量与慢度矢量可分别表示为 $\boldsymbol{x}=\boldsymbol{x}_0+\Delta\boldsymbol{x}$ 及 $\boldsymbol{p}=\boldsymbol{p}_0+\Delta\boldsymbol{p}$，射线 L 从炮点 S 传播至检波点 R 的走时由此可表示为

$$T\left(\boldsymbol{x}(\varphi_S), \boldsymbol{x}(\varphi_R)\right) = \int_{\varphi_S}^{\varphi_R} \boldsymbol{p} \frac{\partial H_0}{\partial \boldsymbol{p}} \mathrm{d}\varphi \approx \int_{\varphi_S}^{\varphi_R} \left(\boldsymbol{p}_0 \frac{\mathrm{d}\boldsymbol{x}_0}{\mathrm{d}\varphi} + \boldsymbol{p}_0 \frac{\mathrm{d}\Delta\boldsymbol{x}}{\mathrm{d}\varphi} + \frac{\mathrm{d}\boldsymbol{x}_0}{\mathrm{d}\varphi}\Delta\boldsymbol{p} \right) \mathrm{d}\varphi \qquad (4.98)$$

汉密尔顿函数 H 可以展开为式(4.99)所示形式，即

$$H(\boldsymbol{x},\boldsymbol{p}) = H_0(\boldsymbol{x},\boldsymbol{p}) + \Delta H(\boldsymbol{x},\boldsymbol{p}) \approx H_0(\boldsymbol{x}_0,\boldsymbol{p}_0) - \frac{\mathrm{d}\boldsymbol{p}_0}{\mathrm{d}\varphi}\Delta\boldsymbol{x} + \frac{\mathrm{d}\boldsymbol{x}_0}{\mathrm{d}\varphi}\Delta\boldsymbol{p} + \Delta H(\boldsymbol{x}_0,\boldsymbol{p}_0) \qquad (4.99)$$

式(4.99)只考虑了一阶扰动量，有 $\Delta H(\boldsymbol{x},\boldsymbol{p}) \approx \Delta H(\boldsymbol{x}_0,\boldsymbol{p}_0)$。令 $H(\boldsymbol{x},\boldsymbol{p})=0$，$H_0(\boldsymbol{x}_0,\boldsymbol{p}_0)=0$，可得

$$\begin{cases} \dfrac{\mathrm{d}\boldsymbol{x}_0}{\mathrm{d}\varphi}\Delta\boldsymbol{p} = \dfrac{\mathrm{d}\boldsymbol{p}_0}{\mathrm{d}\varphi}\Delta\boldsymbol{x} - \Delta H(\boldsymbol{x}_0,\boldsymbol{p}_0), \\ \boldsymbol{p}\dfrac{\mathrm{d}\boldsymbol{x}}{\mathrm{d}\varphi} \approx \boldsymbol{p}_0\dfrac{\mathrm{d}\boldsymbol{x}_0}{\mathrm{d}\varphi} + \dfrac{\mathrm{d}(\boldsymbol{p}_0\Delta\boldsymbol{x})}{\mathrm{d}\varphi} - \Delta H(\boldsymbol{x}_0,\boldsymbol{p}_0), \\ T(\boldsymbol{x}(\varphi_S),\boldsymbol{x}(\varphi_R)) \approx \int_{\varphi_S}^{\varphi_R} \left(\boldsymbol{p}_0\dfrac{\mathrm{d}\boldsymbol{x}_0}{\mathrm{d}\varphi} + \dfrac{\mathrm{d}(\boldsymbol{p}_0\Delta\boldsymbol{x})}{\mathrm{d}\varphi} - \Delta H(\boldsymbol{x}_0,\boldsymbol{p}_0) \right)\mathrm{d}\varphi = T_0(\boldsymbol{x}_0(\varphi_S),\boldsymbol{x}_0(\varphi_R)) \\ \qquad\qquad\qquad\qquad - \int_{\varphi_S}^{\varphi_R} \Delta H(\boldsymbol{x}_0,\boldsymbol{p}_0)\mathrm{d}\varphi + \Delta T_\mathrm{e}(\boldsymbol{x}(\varphi_S),\boldsymbol{x}(\varphi_R)) \end{cases}$$

(4.100)

式中，ΔT_e 表示射线终点位置的扰动对走时的影响，有 $\Delta T_\mathrm{e}(\boldsymbol{x}(\varphi_R),\boldsymbol{x}(\varphi_R))=\boldsymbol{p}_0(\varphi_R)\Delta\boldsymbol{x}(\varphi_R)-\boldsymbol{p}_0(\varphi_S)\Delta\boldsymbol{x}(\varphi_S)$。在炮点 S 与检波点 R 位置不变的情况下，有 $\Delta\boldsymbol{x}(\varphi_R)=0$ 及 $\Delta\boldsymbol{x}(\varphi_S)=0$，由此可得 ΔT_e 等于零。根据一阶射线走时扰动理论，走时扰动量 ΔT 可写为如下所示形式，即

$$\Delta T = T(\boldsymbol{x}(\varphi_S),\boldsymbol{x}(\varphi_R)) - T_0(\boldsymbol{x}_0(\varphi_S),\boldsymbol{x}_0(\varphi_R)) = -\int_{\varphi_S}^{\varphi_R} \Delta H(\boldsymbol{x}_0,\boldsymbol{p}_0)\mathrm{d}\varphi \qquad (4.101)$$

式(4.101)的积分路径为在参考速度模型 $\boldsymbol{M}_0$ 中传播的参考射线 L_0，只需知道射线路径上的 ΔH 即可对走时扰动量进行计算。

(三)初至波与反射波联合斜率层析成像

地震层析成像方法以 Radon 变换为数学基础。经典的拉东(Radon)正变换过程可表示为对于二维坐标系内某一函数 $g(x,y)$，将其沿平面中的扫描直线 $L(d,\theta)$ 进行线性积分得到 $R_g(d,\theta)$，其中 d 为坐标原点至直线 L 的距离，θ 为直线 L 的法线与 x 轴正方向的夹

角。拉东正变换可以看作对函数 g 进行投影变换,当根据投影结果 $R_g(d, \theta)$ 反向计算 $g(x, y)$ 时,这一过程称为拉东反变换。在直线 L 的扫描角度由 0 至 π 连续变化,并且有完整精准的观测值 $R_g(d, \theta)$ 情况下,拉东反变换能够唯一确定原函数 $g(x, y)$。但在实际地震勘探过程中,由于观测角度有限,射线的覆盖不均匀,拉东反变换中的假设条件在实际情况中无法存在,并且该假设提高了反演的多解性。

为增加射线的覆盖角度,常用方法为联合接收到的多种地震波走时信息进行层析反演,其中,常见的联合方法为初至波与反射波联合走时层析成像方法。初至波具有易于拾取、连续性强的特点,并且初至波走时中包含长偏移距的折射波走时信息,射线观测角度相对较广;相比之下,反射波的观测角度有限,但反射波中包含大量中深部信息,在反演各深度地质构造及速度分布等方面更具优势。如图 4.51 所示,联合初至波与反射波的走时反演既能增大射线的覆盖角度,又能增加射线的覆盖次数,相较于单纯的初至波或反射波走时反演,联合反演具有更高的精度。

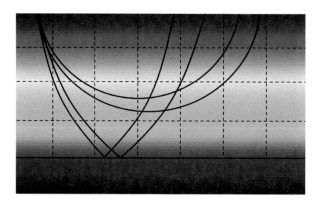

图 4.51 地震波射线角度覆盖示意图

1. 初至波斜率层析成像

初至波主要包括直达波、透射波、回折波与折射波等,是检波点最先接收到的地震波。初至波反演可以主要分为初至波走时反演与初至波波形反演两种。其中,初至波走时反演是近地表速度建模的常用方法之一,它通过在现有速度模型中进行射线追踪正演模拟,计算初至走时与实际资料中的初至信息之间的走时残差,将其反向投影至速度模型,并对速度模型进行更新,不断迭代这一过程,以获得最终速度模型。初至波走时反演利用全偏移距或部分偏移距范围内的初至波走时信息,能够很好地模拟复杂地质构造情况,但该方法在反演时需要初值信息及约束条件。相比之下,初值波波形反演将地震波的运动学和动力学特征纳入了反演范围,因而能够得到高分辨率的反演结果,但该方法的非线性问题十分严重,难以用于实际资料。

为了保证反演的稳定性,采用斜率层析方法反演初至波的走时及斜率信息,其中斜率信息的加入能够对射线传播方向进行约束,提高结果的稳定性。

考虑到平滑速度模型中,速度对空间中任意一点可导,并且射线路径具有连续可微的特点,采用柯西中值定理对射线段参数进行简化。

假设函数 $f(\eta)$、$g(\eta)$ 在实数闭区间 $[\eta_1, \eta_2]$ 内连续,并且在开区间 (η_1, η_2) 内可导,那么在开区间 (η_1, η_2) 间至少存在一点 ε ($\eta_1 < \varepsilon < \eta_2$),使得 $[f(\eta_2)-f(\eta_1)]g'(\varepsilon)=[g(\eta_2)-g(\eta_1)]f'(\varepsilon)$ 成立。

由上述定理可知,当在开区间 (η_1, η_2) 中任意一点 η 处,有 $f'(\eta) \neq 0$ 或 $g'(\eta) \neq 0$,且 $g(\eta_1) \neq g(\eta_2)$ 时,这意味着连续曲线 $[f(\eta), g(\eta)]$ 在开区间 (η_1, η_2) 中至少存在一点,使得该点处切线斜率与连接点 $[f(\eta_1), g(\eta_1)]$ 与点 $[f(\eta_2), g(\eta_2)]$ 的直线斜率相等。

假设平面直角坐标系 x–z 中有曲线参数方程 $x=x(t)$,$z=z(t)$。当曲线方程用于表示平面中的射线路径或某动点的位置时,t 表示时间。假设射线在点 $[x(T_1), z(T_1)]$ 处激发,由位于 $[x(T_2), z(T_2)]$ 处的检波点接收,并且炮点与检波点不在同一位置上,即 $x(T_1) \neq x(T_2)$,那么射线路径上的任意一点 $[x(t), z(t)]$ ($T_1 < t < T_2$) 满足如下公式,即

$$\sqrt{[x'(t)]^2 + [z'(t)]^2} = v > 0 \tag{4.102}$$

式中,v 表示速度。由式(4.102)可知,$x'(t)$ 与 $z'(t)$ 不会同时等于零,因此在区间 (T_1, T_2) 中存在一点 ε,使得 $z'(\varepsilon)[x(T_2)-x(T_1)]=x'(\varepsilon)[z(T_2)-z(T_1)]$。$[x(T_2)-x(T_1), z(T_2)-z(T_1)]$ 表示连接炮点与检波点的向量,其值已知;$[x'(\varepsilon), z'(\varepsilon)]$ 为点 $[x(\varepsilon), z(\varepsilon)]$ 处的切线向量,有 $\dfrac{x'(\varepsilon)}{z'(\varepsilon)} = \dfrac{p_x(\varepsilon)}{p_z(\varepsilon)}$,由此可以计算出点 $[x(\varepsilon), z(\varepsilon)]$ 处慢度向量的方向。

根据上述原理,初至波斜率层析成像的射线段参数可由式(4.103)表示,即

$$\boldsymbol{M}_{\text{ray\_fst}} = \left[(x_C, z_C, t_S, t_R)_n \right]_{n=1}^{N} \tag{4.103}$$

式中,x_C,z_C 分别为点 C 的横坐标与纵坐标,C 点为射线上的某一点,t_S 和 t_R 分为表示射线由 C 点到达炮点 S 与接收点 R 的走时,该点处切线与连接点 S 和点 R 的直线平行。需要注意的是,由 C 点分别至点 S 和点 R 的射线出射角 θ_S 和 θ_R 已知,因而不需要对射线出射角信息进行反演。

2. 数据空间与反演算法

与反射波斜率层析成像类似,初至波斜率层型成像的数据空间可表示成如下形式,即

$$D = \left[(x_S, z_S, p_{x_S}, x_R, z_R, p_{x_R}, t_{SR})_n \right]_{n=1}^{N} \tag{4.104}$$

式中,p_{x_S} 和 p_{x_R} 分别为炮点 S 和检波点 R 处的走时斜率,t_{SR} 表示由炮点 S 激发并由检波点 R 接收的地震波初至走时。

记 $\boldsymbol{M}_{\text{ray\_fst}}$ 为射线段参数,$\boldsymbol{M}_{\text{vel}}$ 为基于三次 B 样条函数的速度模型,有模型空间

$M = \begin{pmatrix} M_{\text{ray\_fst}} \\ M_{\text{vel}} \end{pmatrix}$，对其进行标准化可得 $N = \begin{pmatrix} N_{\text{ray\_fst}} \\ N_{\text{vel}} \end{pmatrix}$。类似于反射波斜率层析成像，初至斜率层析成像的目标函数可由式(4.105)表示，即

$$H(N_{\text{ray\_fst}}, N_{\text{vel}}) = \frac{1}{2}(D_{\text{cal}}(N_{\text{ray\_fst}}, N_{\text{vel}}) - D_{\text{obs}})^{\text{T}} C_D (D_{\text{cal}}(N_{\text{ray\_fst}}, N_{\text{vel}}) - D_{\text{obs}}) \\ + \frac{1}{2}\lambda(N_{\text{vel}} - N_{\text{vel\_prior}})^{\text{T}} R^{\text{T}} L^{\text{T}} L R (N_{\text{vel}} - N_{\text{vel\_prior}}) \tag{4.105}$$

对式(4.105)采用阻尼最小二乘法，则第 k 次迭代的方程组可表示为

$$\begin{pmatrix} \sqrt{C_D} J_{N\_\text{ray\_fst}}^{(k)} & \sqrt{C_D} J_{N\_\text{vel}}^{(k)} \\ 0 & \sqrt{\lambda} L R \end{pmatrix} \begin{pmatrix} \Delta N_{\text{ray\_fst}}^{(k)} \\ \Delta N_{\text{vel}}^{(k)} \end{pmatrix} = \begin{pmatrix} \sqrt{C_D} \Delta D^{(k)} \\ 0 \end{pmatrix} \tag{4.106}$$

式中，C_D 表示数据协方差矩阵，$J_{N\_\text{ray\_fst}}^{(k)}$ 与 $J_{N\_\text{vel}}^{(k)}$ 分别表示射线段参数与速度参数的雅克比矩阵，有

$$J_{N\_\text{ray\_fst}} = \frac{\partial D}{\partial (x_C, z_C, t_S, t_R)} = \begin{pmatrix} J_x^S & J_t^S & 0 \\ J_x^R & 0 & J_t^R \\ 0 & 1 & 1 \end{pmatrix}$$

$$J_{N\_\text{vel}} = \frac{\partial D}{\partial v} = \begin{pmatrix} J_v^S \\ J_v^R \\ 0 \end{pmatrix} \tag{4.107}$$

上述参数的数值与反射斜率层析方法一致，因此不再赘述。对式(4.106)进行求解即可得到模型更新量。

3. 初至波与反射波联合斜率层析成像

在初至波与反射波联合斜率层析成像方法中，模型参数 $M = \begin{pmatrix} M_{\text{ray\_fst}} \\ M_{\text{ray\_ref}} \\ M_{\text{vel}} \end{pmatrix}$，其中 $M_{\text{ray\_fst}}$ 与 $M_{\text{ray\_ref}}$ 分别表示初至波与反射波的射线段参数，M_{vel} 表示速度模型。对 M 进行归一化处理后，有 $N = \begin{pmatrix} N_{\text{ray\_fst}} \\ N_{\text{ray\_ref}} \\ N_{\text{vel}} \end{pmatrix}$，并且 M 和 N 之间有如下关系，即

$$M = C_M N \tag{4.108}$$

式中，C_M 为对角矩阵，用于平衡反演过程中各个参数的系数的权重。

初至波-反射波联合斜率层析成像的目标函数可用式(4.109)表示，即

$$H\left(N_{\text{ray}_{\text{fst}}}, N_{\text{ray}_{\text{ref}}}, N_{\text{vel}}\right) = \frac{1}{2}\lambda(N_{\text{vel}} - N_{\text{vel}_{\text{prior}}})^{\text{T}} R^{\text{T}} L^{\text{T}} LR \left(N_{\text{vel}} - N_{\text{vel}_{\text{prior}}}\right)$$

$$+ \frac{1}{2}\psi\left[D_{\text{cal\_fst}}\left(N_{\text{ray\_fst}}, N_{\text{vel}}\right) - D_{\text{obs\_fst}}\right]^{\text{T}} C_D \left[D_{\text{cal\_fst}}\left(N_{\text{ray\_fst}}, N_{\text{vel}}\right) - D_{\text{obs\_fst}}\right] \quad (4.109)$$

$$+ \frac{1}{2}(1-\psi)\left[D_{\text{cal\_ref}}\left(N_{\text{ray\_ref}}, N_{\text{vel}}\right) - D_{\text{obs\_ref}}\right]^{\text{T}} C_D \left[D_{\text{cal\_ref}}\left(N_{\text{ray\_ref}}, N_{\text{vel}}\right) - D_{\text{obs\_ref}}\right]$$

式(4.109)中的第一项用于对速度进行平滑约束，第二项和第三项分别用于匹配初至波和反射波数据，ψ表示权重，$D_{\text{cal\_fst}}$和$D_{\text{cal\_ref}}$分别为初至波与反射波的正演结果，$D_{\text{obs\_fst}}$与$D_{\text{obs\_ref}}$分别为初至波与反射波的实际观测数据。对式(4.109)进行线性化处理，并假设$N_{\text{vel\_prior}}$为上一次迭代的结果，则目标函数的第k次迭代可表示为

$$H(\Delta N) = \frac{1}{2}\psi(J_{N\_\text{fst}}^{(k)} \Delta N^{(k)} - \Delta D_{\text{fst}}^{(k)})^{\text{T}} C_D \left(J_{N\_\text{fst}}^{(k)} \Delta N^{(k)} - \Delta D_{\text{fst}}^{(k)}\right)$$

$$+ \frac{1}{2}(1-\psi)(J_{N\_\text{ref}}^{(k)} \Delta N^{(k)} - \Delta D_{\text{ref}}^{(k)})^{\text{T}} C_D \left(J_{N\_\text{ref}}^{(k)} \Delta N^{(k)} - \Delta D_{\text{ref}}^{(k)}\right) \quad (4.110)$$

$$+ \frac{1}{2}\lambda(\Delta N^{(k)})^{\text{T}} R^{\text{T}} L^{\text{T}} F^{\text{T}} FLR \left(\Delta N^{(k)}\right)$$

采用阻尼最小二乘法方法，假设有 $\dfrac{\partial H(\Delta N)}{\partial(\Delta N)} = 0$，则可得到第 k 次迭代解的表达公式，即

$$\Delta N^{(k)} = \left[\psi(J_{N\_\text{fst}}^{(k)})^{\text{T}} C_D J_{N\_\text{fst}}^{(k)} + (1-\psi)(J_{N\_\text{ref}}^{(k)})^{\text{T}} C_D J_{N\_\text{ref}}^{(k)} + \lambda R^{\text{T}} L^{\text{T}} F^{\text{T}} FLR\right]^{-1}$$
$$\times \left[\psi(J_{N\_\text{fst}}^{(k)})^{\text{T}} C_D \Delta D_{\text{fst}}^{(k)} + (1-\psi)(J_{N\_\text{ref}}^{(k)})^{\text{T}} C_D \Delta D_{\text{ref}}^{(k)}\right] \quad (4.111)$$

采用 LSQR 算法改写上述方程组，并展开其中的灵敏度矩阵，可得

$$\begin{pmatrix} \sqrt{\psi C_D} J_{N\_\text{ray\_fst}}^{(k)} & 0 & \sqrt{\psi C_D} J_{N\_\text{vel\_fst}}^{(k)} \\ 0 & \sqrt{(1-\psi)C_D} J_{N\_\text{ray\_ref}}^{(k)} & \sqrt{(1-\psi)C_D} J_{N\_\text{vel\_ref}}^{(k)} \\ 0 & 0 & \sqrt{\lambda} LR \end{pmatrix} \begin{pmatrix} \Delta N_{\text{ray\_fst}}^{(k)} \\ \Delta N_{\text{ray\_ref}}^{(k)} \\ \Delta N_{\text{vel}}^{(k)} \end{pmatrix}$$
$$= \begin{pmatrix} \sqrt{\psi C_D} \Delta D_{\text{fst}}^{(k)} \\ \sqrt{(1-\psi)C_D} \Delta D_{\text{ref}}^{(k)} \\ 0 \end{pmatrix} \quad (4.112)$$

对式(4.112)进行求解便可得到模型更新量。

图 4.52 为利用初至波信息采用多尺度策略得到的反演结果，受射线分布范围和覆盖密度影响，利用初至波信息仅能反演得到深度在 10km 以内的速度模型，且横向和纵向的分辨率较低。

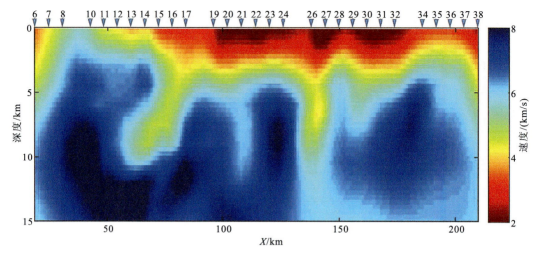

图 4.52　初至波斜率层析成像结果
蓝色三角形表示 OBS 台站位置

结合初至波与反射波走时斜率信息,采用多尺度策略对数据进行联合斜率层析反演,结果如图 4.53 所示,反演过程中初至波权重设为 0.4,反射波权重设为 0.6。从中可以看出,初至波与反射波联合斜率层析成像得到的速度模型,能够反映莫霍面以上的地壳宏观速度结构,OBS14 至 OBS36 之间的区段浅部速度较低,两边速度较高,能够清楚地展现千里岩隆起、北部拗陷和中部隆起之间的界限和速度结构差异;千里岩隆起地区低速的新时代地层直接覆盖在高速变质岩基底之上;在中部隆起地区,低速的新时代地层则直接覆盖在高速的中-古生界碳酸盐岩地层之上,因而在这两个区段浅部存在一个速度突变界面。图 4.53 能够解释出深大断裂的展布,断裂 A 表示千里岩隆起和北部拗陷之间的千里岩断裂,断层 D 表示北部拗陷和中部隆起之间发育的北部拗陷南缘断裂。

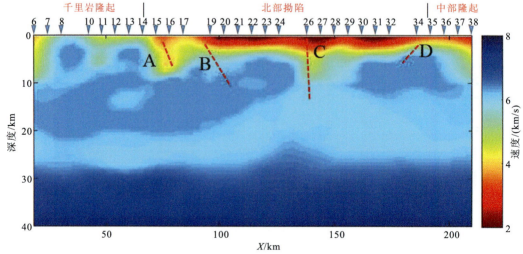

图 4.53　初至波与反射波联合斜率层析成像速度模型
蓝色三角形表示 OBS 台站位置

七、多尺度走时层析成像反演技术

地震走时层析成像已经成为反演地下非均匀速度模型的有效方法。但是，层析成像速度模型仍然有严重的局限性和非唯一性（表4.3）。这些局限性包括影响走时拾取精度的噪声、炮检点定位的误差等。当然，这些问题都可以通过采集更高品质的数据来改善。然而，对于给定的实际观测系统和模型网格尺寸，通常情况下是不可能提高射线覆盖的，较差的射线覆盖必然导致反演结果的分辨率受限，同时解的非唯一性也会增加。

表 4.3　地震走时层析成像局限性和相应解决方案

局限来源	解决方案
走时拾取时的噪声干扰、炮检点定位的误差	采集更高品质的数据
给定观测系统和模型网格尺寸，射线覆盖较差，导致分辨率受限，多解性增加	多尺度走时层析成像

地震走时层析成像的非唯一性主要是由模型参数化方式的不恰当引起的。传统的层析成像是一种单尺度层析（single-scale tomography，SST），它利用不重叠的单元格对模型作参数化，这种方法反演走时过程中会在射线覆盖不足的地方产生不确定的解。只有在射线覆盖充足的情况下，地震层析成像效果才会很好，但实际上，模型网格无法被充足的射线路径覆盖，射线覆盖的不足会造成沿着射线路径方向的涂抹现象（图4.54），并且这个问题是不能通过正则化或者其他数值方法解决的。

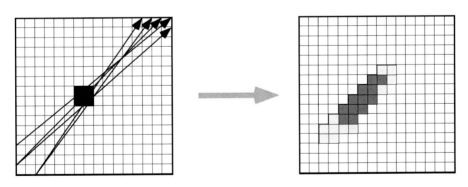

图 4.54　射线覆盖不足情况下层析成像分辨率受限示意图

多尺度层析成像（multi-scale tomography，MST）是为解决射线覆盖不均匀造成的反演结果多解性而提出的一种层析成像方法（Zhou，2003），应用多个互相重叠的不同单元格尺寸的单尺度层析成像同时反演，将速度异常区域分解成不同单元格大小的分量，最终 MST 反演速度模型是所有子模型反演结果的加权叠加。

1. 单尺度层析成像

地震走时层析利用各种地震波至的走时来约束地下被射线穿过部分的速度变化。通常，观测数据 d 是某些特定模型 m 的离散采样函数，即

$$d = f(m) \tag{4.113}$$

对于式(4.113)而言，第 i 个数据点 $d_i = f_i(m)$，$f_i()$ 代表第 i 个炮检对的采样函数。引入参考模型 m^{ref}，则式(4.113)可以线性化为

$$\delta d = C \delta m \tag{4.114}$$

在式(4.114)中，$\delta d = d - f(m^{\text{ref}})$ 为走时残差，$\delta m = m - m^{\text{ref}}$ 为模型扰动量，C 为核矩阵，其第 i 行第 j 列元素是 $c_{ij} = \dfrac{\partial f_i}{\partial m_j}$。线性层析成像是已知某一参考模型的数据残差 δd 和核矩阵 C，反演式(4.114)以求解射线覆盖足够位置处模型扰动改正量 δm。

层析成像的成功与否一定程度上取决于模型参数化方式。传统的 SST 方法将速度模型分成很多不重叠的单元格，然后定义相应的微分核，求解这些单元格的速度值问题。设空间位置 x 处的慢度扰动量为 $\delta s(x)$，则第 i 条射线的走时残差 δt_i 可以表示为整个射线路径慢度扰动的积分，即

$$\delta t_i = \int_{\text{ith\_ray}} \mathrm{d}x \delta s(x) \tag{4.115}$$

模型参数离散化之后，传统的 SST 方法需要反演以下方程，即

$$\delta t_i = \sum_{j}^{J} l_{ij} \delta s_j \tag{4.116}$$

在式(4.116)中，J 为慢度单元格的总数量，δs_j 为第 j 个单元格的慢度扰动，l_{ij} 第 i 条射线在第 j 个单元格内的路径长度。在实际应用中，$\{l_{ij}\}$ 代表的射线覆盖不仅取决于炮检点位置，还取决于参考速度模型的速度梯度。换句话说，即使炮检位置分布很规则，速度非均匀性同样会带来射线覆盖的不均匀。尽管目前单尺度层析成像被广泛应用于地震走时层析成像中，但是其单一的模型单元格尺寸很难适应所有速度异常区域的几何形态。

现以一维速度剖面分解层速度的示例作说明。如图 4.55 所示，图 4.55(a) 是一个真实层速度剖面，假如已知真实层速度剖面的分层情况，那么，仅需要五个层速度变量就可以对这个示例中的速度模型进行参数化。但是，实际上我们通常并不清楚各层的厚度，而是采用 SST 方法定义一个包含 17 个等厚度地层的模型，如图 4.55(c) 所示，这种 SST 模型在某些部分模型变量过多，而在某些部分模型变量又相对不足，造成虚线标识的真实界面和模型界面没有匹配好，这一位置就需要更加精细的模型单元格来描述。

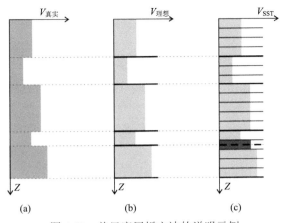

图 4.55 单尺度层析方法的说明示例

(a)真实层速度剖面；(b)最理想的模型参数化；(c)17层单尺度模型

2. 多尺度层析成像

多尺度层析成像的提出是为了解决射线覆盖不均匀造成的反演解的不确定性。该方法的实现主要包括定义一组不同单元格大小的子模型、同时反演求解所有的子模型和将所有子模型反演结果叠加形成的最终模型等三个步骤。

1) 子模型的定义

图 4.56 为多尺度层析成像方法定义子模型的方式，较深阴影区表示负速度值，较浅阴影区表示正速度值。虚线标识出真实速度界面和各子模型界面不匹配的位置，但是，所有五个子模型不同深度速度值的总和能够很好地逼近图 4.56(a)中真实速度值。其中，包含最小尺寸单元格的子模型定义为一阶子模型，如图 4.56(b)。随着单元格尺寸的增大，相应子模型的阶数也增加，如图 4.56(c)至(f)分别代表二、三、四和五阶子模型。一阶子模型对应图 4.56 的 V_{MST1} 模型，五阶子模型只有一个变量，即整个模型的平均值，通过子模型可以将速度异常分解到不同单元格大小的分量。

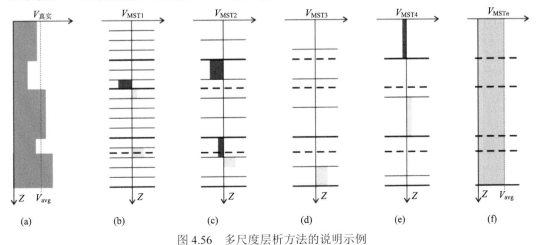

图 4.56 多尺度层析方法的说明示例

(a)真实层速度剖面；(b)～(f)五个子模型的分割方式和数值

关于多尺度层析子模型的划分规则，方便的做法是将 MST 子模型单元格大小设定为 SST 模型的倍数，因此，MST 的微分核函数就可以近似使用 SST 的核函数。MST 子模型划分需要考虑的最重要因素是尽量保证单元格几何形态尽可能接近预测异常体的形态。另外，对于二维和三维情况来说，从 SST 到 MST 模型变量数目的增加是适度的。

2) 子模型的同时反演

同一位置不同射线的视慢度在不同子模型中可能会不一样，小尺寸单元格对射线走时影响较小，但是较易适应局部速度变化；大尺寸单元格对射线走时影响较大，但是很难适应局部速度变化。在每个位置上，所有射线走时残差具有较高一致性的子模型能够在反演中获得更多的信息[图 4.56(b) 至 (f)]。

3) 子模型反演结果叠加

最终的 MST 模型是所有子模型反演结果的叠加，即在空间位置 x 处，最终模型的扰动量 $\delta m(x)$ 为所有子模型在该位置处扰动量的叠加，即

$$\delta m(x) = \sum_{k}^{K} w^{(k)} \delta m^{(k)}(x) \tag{4.117}$$

式中，K 为子模型的总数量，$\delta m^{(k)}(x)$ 代表第 k 阶子模型 x 位置处的数值，$w^{(k)}$ 为控制不同子模型对反演结果贡献度的加权因子。通常情况下，加权因子是归一化的，即

$$\sum_{k}^{K} w^{(k)} = 1 \tag{4.118}$$

式中，$w^{(k)}$ 的默认数值为 $1/k$。

结合式(4.114)和式(4.117)，可以推导出多尺度层析成像的一般方程，即

$$\delta d = \sum_{k}^{K} w^{(k)} \boldsymbol{C}^{(k)} \delta m^{(k)}(x) \tag{4.119}$$

式中，$\boldsymbol{C}^{(k)}$ 为第 k 阶子模型的核矩阵。根据式(4.117)可知，最终慢度扰动 $\delta s(x)$ 被认为是所有子模型慢度 $\delta s^{(k)}(x)$ 的叠加，即

$$\delta s(x) = \sum_{k}^{K} w^{(k)} \delta s^{(k)}(x) \tag{4.120}$$

因此，第 i 条射线的多尺度层析方程可以表示为

$$\delta t_i = \sum_{k}^{K} w^{(k)} \int_{\text{ith\_ray}} \mathrm{d}x \delta s^{(k)}(x) \tag{4.121}$$

式中，δt_i 为第 i 个单元格的走时扰动。

与式(4.115)一样，子模型的离散化使得式(4.121)变化为

$$\delta t_i = \sum_{k}^{K} w^{(k)} \sum_{j}^{J_k} l_{ij}^{(k)} \delta s_j^{(k)} \tag{4.122}$$

式中，J_k 为 k 阶子模型中模型参数的数目，$\delta s_j^{(k)}$ 为 k 阶子模型中第 j 个单元格的慢度扰动量，$l_{ij}^{(k)}$ 为第 i 条射线在 k 阶子模型第 j 个单元格中的射线路径长度。

式(4.122)得到的最终模型就是所有子模型反演结果的叠加，叠加后最终模型的变量个数和单元格大小与一阶子模型相同。与单尺度层析成像相比，多尺度层析成像在每个位置点有多种不同尺寸的单元格，提高了获得最适应射线路径覆盖和异常体几何形态单元格大小的机会。此外，多种不同尺寸单元格意味着多尺度层析成像是宽频带的，或者说是比单尺度层析成像分辨率更高的，反演获得的速度模型更加平滑，从地质学角度来说，这种速度模型更符合实际情况。

第五章 南黄海深部地震探测成果

一、资料采集

(一) LINE2013 线

2013 年 8 月 5~13 日,由中国地质调查局青岛海洋地质研究所、中国科学院地质与地球物理研究所和国家海洋局第一海洋研究所三家单位科研人员联合组成我国东部深部地震海陆联合探测团队,布设了一条横跨渤海-胶东半岛-南黄海的海陆联合深部地震探测测线(LINE2013),测线包括渤海 OBS 测线、南黄海 OBS 测线和山东半岛段陆上地震测线(图 5.1),旨在探明研究区域的深部构造展布、莫霍面形态、扬子与华北块体结构带展布及接触关系。这也是胶东半岛-南黄海地区布设的首条海陆联合深地震测线。

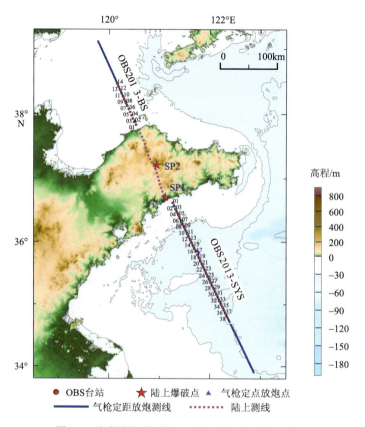

图 5.1 南黄海海陆联合深部地震探测测线位置图

陆上测线段西北起蓬莱市海滩，经栖霞东南至海阳市海边，共布设 110 台流动三分量地震台站，间距 1.0～1.3km 不等，最大观测长度约 130km；OBS2013-SYS 由 39 台 OBS 组成，台站间距 6km，最大观测长度约为 326km；海陆联测总观测长度为 470km 左右。OBS2013-SYS 测线共穿越南黄海盆地北部的千里岩隆起带、北部坳陷和中部隆起三个构造单元，与前人所做 XQ07-9 多道地震测线大致重合(图 5.2)。

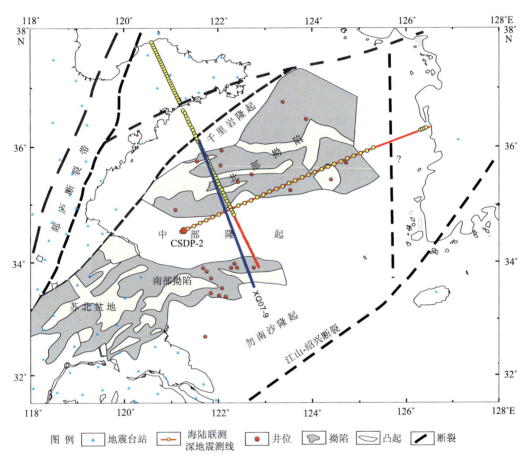

图 5.2 南黄海 OBS 深部地震海陆联测线位置

陆上共布设两个人工炸药爆炸点，间距约为 55km，详细参数见表 5.1；海上激发震源为"发现 2 号"地震调查船装备的四个子阵的枪阵，其组合方式见图 3.57。采用立体气枪阵列延迟激发技术，从浅到深顺序激发，激发深度分别为 7m、9m、11m、13m，激发延迟为 1.5ms。该枪阵远场子波波形图见图 3.64、频谱图见图 3.65；设计震源激发间距 125m，共有效激发炮数 2501 个，形成 312.5km 长的地震波震源激发线(简称炮线)。

表 5.1 陆上炮点信息

炮号	炮点坐标 经度	炮点坐标 纬度	药量/t	组合井数	平均井深/m	高程/m	岩性	炮点地名
Sp1	121°06.5514′E	36°42.4297′N	2.784	5	73.8	72	花岗岩	烟台海阳大闫家斜山村
Sp2	120°56.7298′E	37°12.5562′N	2.592	5	72.4	230	花岗岩	烟台栖霞唐家泊赵家沟村

OBS2013-SYS 布设测线长度为 223km，共投放 17 台中国科学院地质与地球物理研究所研制的短周期 Micro OBS、22 台德国 Geopro 公司生产的短周期 Geopro OBS，两种类型的 OBS 按照 6km 的间隔进行交替投放，HYPACK 导航软件记录投放点坐标和同步的水深数据(表 5.2)。信号接收结束后，进行 OBS 回收，现场回收 36 台，被渔船拖网打捞 3 台，后期自动上浮 1 台，最终获得 30 组有效数据。

表 5.2 南黄海 LINE2013 航次 OBS 投放位置表

OBS 站位	经度/(°E)	纬度/(°N)	水深/m	OBS 类型	底质类型
C1	121.259444	36.616667	9.5259	Geopro OBS	黏土质粉砂
C2	121.288333	36.568333	14.2862	Micro OBS	黏土质粉砂
C3	121.317222	36.520556	19.7103	Geopro OBS	黏土质粉砂
C4	121.346389	36.472222	21.9844	Micro OBS	粉砂质黏土
C5	121.375556	36.423611	26.6511	Geopro OBS	粉砂质黏土
C6	121.404722	36.375278	28.9558	Micro OBS	粉砂质黏土
C7	121.434167	36.326944	30.7298	Geopro OBS	黏土质粉砂
C8	121.463056	36.278333	29.9642	Micro OBS	黏土质粉砂
C9	121.491667	36.230000	31.9187	Geopro OBS	黏土质粉砂
C10	121.521389	36.181667	31.9987	Micro OBS	黏土质粉砂
C11	121.550278	36.132500	31.7491	Geopro OBS	黏土质粉砂
C12	121.580000	36.084444	32.9454	Micro OBS	黏土质粉砂
C13	121.609167	36.035833	32.9261	Geopro OBS	砂质粉砂
C14	121.637778	35.987222	29.9803	Micro OBS	砂质粉砂
C15	121.667222	35.938611	34.9436	Geopro OBS	砂质粉砂
C16	121.695833	35.890000	38.7735	Micro OBS	砂质粉砂
C17	121.724722	35.841667	37.0047	Geopro OBS	砂质粉砂
C18	121.753889	35.791944	37.3255	Micro OBS	粉砂质砂
C19	121.783333	35.743333	39.0466	Geopro OBS	粉砂质砂
C20	121.812500	35.694722	40.9090	Micro OBS	粉砂质砂
C21	121.841944	35.645833	41.0000	Geopro OBS	粉砂质砂
C22	121.870833	35.596944	41.9923	Micro OBS	粉砂质砂
C23	121.899722	35.548056	39.5090	Geopro OBS	粉砂质砂
C24	121.929167	35.499167	39.3041	Micro OBS	黏土质粉砂
C25	121.958056	35.450000	50.2333	Geopro OBS	黏土质粉砂

续表

OBS 站位	经度/(°E)	纬度/(°N)	水深/m	OBS 类型	底质类型
C26	121.986667	35.401389	59.9356	Micro OBS	黏土质粉砂
C27	122.016389	35.352222	59.2481	Geopro OBS	黏土质粉砂
C28	122.045556	35.303333	49.9277	Micro OBS	黏土质粉砂
C29	122.075278	35.254167	45.0000	Geopro OBS	黏土质粉砂
C30	122.103889	35.205278	49.7100	Micro OBS	黏土质粉砂
C31	122.133056	35.156111	61.1657	Geopro OBS	黏土质粉砂
C32	122.162222	35.106944	66.0712	Micro OBS	黏土质粉砂
C33	122.191111	35.057500	62.4280	Geopro OBS	黏土质粉砂
C34	122.220833	35.008056	54.8671	Micro OBS	黏土质粉砂
C35	122.249444	34.959167	47.5328	Geopro OBS	黏土质粉砂
C36	122.278333	34.910278	51.2261	Geopro OBS	黏土质粉砂
C37	122.308056	34.860833	57.2010	Geopro OBS	黏土质粉砂
C38	122.336944	34.811111	63.0100	Geopro OBS	黏土质粉砂
C39	122.360833	34.761667	67.0173	Geopro OBS	黏土质粉砂

(二)LINE2016 线

2016 年,在国家自然科学基金国际(地区)合作交流项目(41210005)和鳌山科技创新计划项目(ASKJ2015-03)的联合支持下,由国土资源部中国地质调查局青岛海洋地质研究所牵头,联合中国科学院地质与地球物理研究所、国家海洋局第一海洋研究所、中国海洋大学、韩国海洋科学技术研究所、韩国釜山国立大学、中石化上海海洋石油局第一海洋地质调查大队等单位组成 OBS 深部地震作业队,完成首条横贯苏北沿岸、南黄海海域和韩国西部陆地的海陆联合深部地震探测测线(LINE2016)资料采集工作,获得包括韩国海域在内的 31 个台站 OBS 深部探测数据和 4 个韩国海岛与陆地地震台站的数据。该测线的完成,填补了东西向跨越黄海海域海底地震探测空白,与 LINE2013 测线数据相融合,形成控制南黄海深部结构宏观格局的深部地震探测数据,为建立南黄海深部地学断面模型、验证前人的地质推测奠定了基础。

LINE2016 线为海陆联合深部地震探测测线,共在海区投放中国科学院地质与地球物理研究所研制的短周期 Micro OBS 31 台,台站间距为 13.5km(图 5.1、图 5.2、表 5.3),HYPACK 导航软件记录了投放点坐标和同步的水深数据;在韩国海岛与陆地布设陆地地震台站 10 个,组成了总长度 560km 的近东西向深部地震探测测线。

表 5.3 LINE2016 线 OBS 站位坐标

台站	经度/(°E)	纬度/(°N)	距首台站距离/m
C01	121.207446	34.532318	0
C02	121.341480	34.582479	13500

续表

台站	经度/(°E)	纬度/(°N)	距首台站距离/m
C03	121.475680	34.632497	27000
C04	121.610045	34.682371	40500
C05	121.744575	34.732100	54000
C06	121.879271	34.781683	67500
C07	122.014130	34.831120	81000
C08	122.149154	34.880409	94500
C09	122.284341	34.929550	108000
C10	122.419692	34.978541	121500
C11	122.555206	35.027383	135000
C12	122.690882	35.076075	148500
C13	122.826720	35.124615	162000
C14	122.962719	35.173002	175500
C15	123.098880	35.221236	189000
C16	123.235201	35.269317	202500
C17	123.371682	35.317242	216000
C18	123.508324	35.365012	229500
C19	123.645124	35.412626	243000
C20	123.782083	35.460082	256500
C21	123.919201	35.507380	270000
K01	124.056476	35.554520	283500
K02	124.193908	35.601500	297000
K03	124.331498	35.648319	310500
K04	124.469243	35.694977	324000
K05	124.607144	35.741473	337500
K06	124.745200	35.787807	351000
K07	124.883411	35.833977	364500
K08	125.021776	35.879982	378000
K09	125.160294	35.925822	391500
K10	125.298966	35.971496	405000

地震震源激发采用"发现号"地震调查船装备的总容量 6640in^3 气枪阵列震源。该枪阵由 36 条气枪组成，单枪容量为 40in^3 至 380in^3 不等，按四个子阵列平面排布（见图 3.67）。在对大容量气枪阵列震源性能和立体气枪震源主要优势分析的基础上，基于渤海-山东半岛-南黄海 OBS 深部探测立体气枪震源设计的成功经验，经对"发现号"枪阵远场子波数值模拟分析，设计了立体枪阵组合延迟激发震源，将四个子阵分别沉放在 14m、8m、11m、5m 深度上，采用从浅到深顺序延迟激发技术，激发延迟为 2ms，其远场子波波形图见图 3.68、频谱图见图 3.69。

由图 3.68 可见，该枪阵初峰值达到 86.8bar·m，峰峰值为 127.4bar·m，波泡比为 17.5，具有初峰值、峰峰值高，第二峰值低的特点，说明立体枪阵有效地压制了震源虚反射效应，使有效频带宽度(–6dB 线)拓宽到 5~65Hz，低频能量强、曲线光滑、陷波弱等优势明显，穿透能力高。

为防止大容量气枪在浅水区对 OBS 产生安全隐患，设计炮线水平偏离 OBS 测线 150m。"发现号"地震调查船沿炮线以 4kn(1kn=1.852km/h)速度由西北向东南向航行，进行激发间距为 180m 的等间距激发地震波，到达测线东端共激发 2250 炮，然后调查船掉头，从最后两个激发点的中间点开始由东向西做 80m 的等间距激发地震波，共激发 2252 炮；由此形成激发炮线，共激发 4502 炮，炮间距为 90m。

二、震相分布

震相是在地震剖面上显示的具有不同性质和不同传播路径的地震波组，震相的特征取决于震源、传播介质和接收仪器的特性。不同震相的波形相互叠加，使地震剖面呈现为一个复杂的图形，震相走时的拾取是射线追踪和走时拟合的关键，错误的拾取会导致正、反演地壳结构的失真。一般来说，由于深度不同，各个层位的初至震相自 0 偏移距开始向两侧由浅至深依次出现：直达水波震相 Pw、沉积层的折射震相 Ps、地壳内的折射波震相 Pg、莫霍面的反射震相 PmP 和上地幔的折射震相 Pn（图 5.3）。实际情况中，受地形因素及地壳非均质性等因素的影响，台站综合地震剖面上表现出的震相特征往往较为

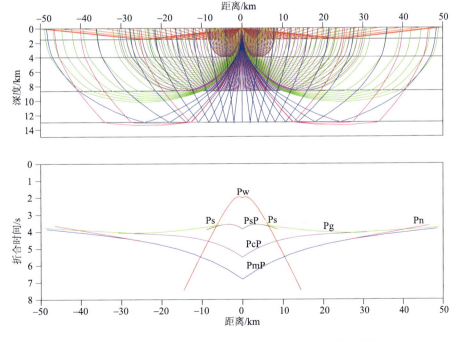

图 5.3 OBS 常见震相射线路径及理论走时曲线示意图(折合速度 6km/s)

复杂，因此，在进行震相识别之前，要了解各震相的走时规律及研究区的区域地质背景，初步拾取的震相还需要在后期的速度结构模拟中进一步得到确认。区分不同震相的特征主要有：震相的视速度(折合剖面上同相轴斜率大小)是否在同一范围内；震相在单台站剖面上出现的时间和偏移距是否在同一范围内；相同路径的震相走时是否相等，即根据互换时间识别不同剖面上的同种震相(刘丽华等，2012)。

（一）LINE2013 线

数据解析及处理获得共炮点/共检波点道集之后，利用相邻道波形的相关性，采用权重混道叠加方法提高信噪比(图 5.4、图 5.5)，而后进行陆上/海上各个震相的识别与拾取。震相走时的准确拾取是进行速度建模的基础，通过分析，海陆联测测线数据共识别出八组震相(表 5.4)，总体来看，震相信息较丰富，Pg 是基底折射波，能量强、连续性好，在陆上地震台站及千里岩隆起区的 OBS 台站数据中可以连续追踪。Ps 为南黄海陆相盆地基底折射波，是在近偏移距上识别出来的波阻；P1、P2 为上地壳内界面反射波，在一些台站中缺失；PcP 为上下地壳界面反射波；PmP 为莫霍面反射波，具有能量强、延续性好的特征；Pn 为上地幔反射波。

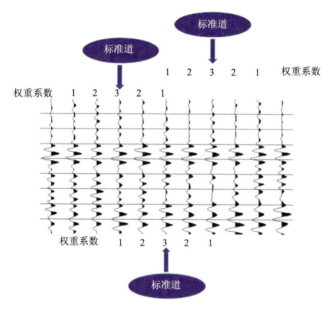

图 5.4 混道示意图

1. 千里岩隆起震相分析

千里岩隆起带是苏鲁造山带在海区的延伸，出露于南黄海北部的千里岩岛，主要由一套强烈韧性构造变形的花岗片麻岩类岩石组成(韩宗珠等，2007)。多数学者认为，千里岩隆起北界为五莲-青岛-荣成断裂，南界为嘉山-响水断裂，一直延伸到海区，构成千

表 5.4 胶东半岛-南黄海海陆联测测线纵波全震相拾取长度

陆地炮点/OBS 台站集	震相名称	震相长度/km	陆地炮点/OBS 台站集	震相名称	震相长度/km
Sp1	Pg	165	C19	Ps	66
	P2	150		PcP	27
	PmP	155		P1	24
	P1	60		PmP	35
	PcP	150	C20	Ps	39
Sp2	Pg	180		P2	33
	P2	170		PmP	57
	PmP	75		P1	9
	P1	60		PcP	12
	PcP	195	C21	Ps	21
	Pn	30		PmP	9
C02	Pg	45		P1	10
	PmP	50		Ps	36
C06	Pg	90	C22	PmP	115
	PmP	9		P1	45
C07	Pg	63		Pn	21
	PmP	21	C23	Ps	18
C08	Pg	72		PmP	24
	PmP	12		P1	15
C10	Pg	90	C24	Ps	39
	PmP	27		PmP	29
	PcP	24		P1	27
C11	Pg	105	C26	Ps	60
C12	Pg	80		P2	12
	PcP	15		P1	24
C13	Pg	90		PmP	110
	PmP	18	C27	Ps	27
	PcP	21		PmP	21
C14	Pg	100	C28	Ps	30
C15	Pg	86		PmP	50
	PcP	17	C29	Ps	42
C16	Pg	90		PmP	87
	PmP	33		P2	31
	PcP	18	C30	Ps	15
C17	Pg	69		PmP	12
C31	Ps	24	C36	Ps	42
	PmP	105		PmP	30
	P1	9		P1	18
C32	Ps	24	C37	Ps	36
	PmP	63		P1s	60
	P1	24		PmP	72
C34	Ps	12		P1	40
C35	Ps	39		P2	15
	P1s	16	C38	Ps	70
	PmP	27		PmP	27
	P1	30		P1	33
	P2	12			

里岩断裂,方向为 NEE 向(见图 2.1),多条地震剖面展示出千里岩隆起为一推覆构造带,表现为前震旦系逆掩推覆于古生界之上,推覆体内部为杂乱反射,推覆方向是由北西向南东推覆,推覆距离达 50km 以上,变质岩推覆体速度可达 6km/s 左右,其上覆盖盆地中—新生界陆相沉积(图 5.6)。

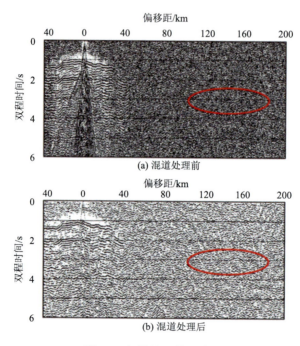

图 5.5 混道处理前后效果

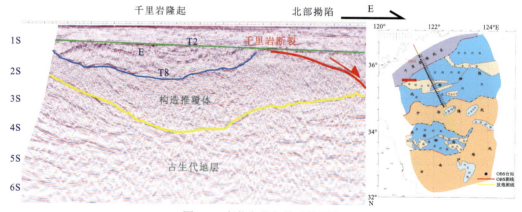

图 5.6 南黄海北部构造推覆体

从平面上来看,LINE2013 测线大体以 C15 台站为界,以北的台站(C01 至 C15)位于千里岩隆起带,以南位于北部拗陷。千里岩隆起带可识别震相为 Pb、PsP、PcP 及 PmP,地层展布特征较为单一,震相特征较为相似。以 C06、C10 及 C13 台站为例进行震相分析,受下部变质岩高速体的影响,本区内所有 OBS 台站自直达水波震相开始后均可识别出一组连续可追踪的折射震相(图 5.7)，视速度高达 6km/s，折合走时约 0.4s，这是该构造区内南黄海陆相盆地下的高速折射波震相，本书将其定义为 Pb 震相，Pb 震相相当于地壳内的折射波震相 Pg，因其发育在海相地层之上的高速推覆体内，为便于后期的走时拟合，故将其单独定义。Pb 震相在距离 LINE2013 测线北端约 30km 处(C06 台站所处位置)出现明显的走时增加的现象，折合走时从 0.4s 突变到 0.8～1s(图 5.7)，表明此处低速的沉积层明显变厚，结合前人所做的多道地震资料(侯方辉等，2012)，推测此处为山东半岛胶莱盆地在海区的延伸边界，走时突变处可能为盆地的控盆断裂。

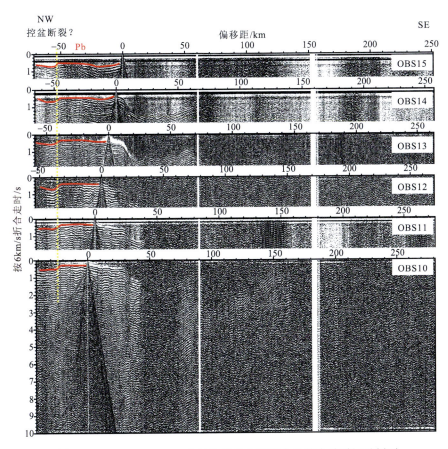

图 5.7　C06、C10、C13 台站位置及水听器分量综合地震记录剖面

Pb 震相在千里岩隆起带南缘(测线 90km 处)同样出现走时增加的情况。多道地震剖面显示，千里岩变质推覆带在此处发生重力垮塌作用，并逐渐尖灭，走时突变处为千里岩断裂；在千里岩隆起带南缘附近，OBS 台站记录到清晰的沉积层内反射震相 PsP(图 5.7)。例如，PsP 震相出现在 C13 台站右支 40～70km 偏移距处，视速度大于 6km/s，折合走时为 0.8～1.5s；地壳内反射波震相 PcP 在 C10、C12、C13、C15 台站均可识别，大约在台站右支 50km 偏移距时开始出现，可连续追踪 10～20km，折合走时为 1.2～2s，受千里岩高速体的影响，相对其他地区走时较快；莫霍面反射震相 PmP 在 C02、C06、

C07、C08、C10 及 C13 台站均可识别，一般出现在台站右支偏移距 110～150km 处，视速度一般大于 8km/s。

2. 北部拗陷震相分析

北部拗陷位于南黄海北部地区，北以千里岩断裂为界与千里岩隆起相接，南以断续存在的断层为界和中部隆起相接，拗陷总体走向为 NEE，是印支期以来南黄海地区在拉张作用下形成的断陷盆地，多道地震剖面上可以清晰地看到拗陷边缘的控拗正断层（图 5.5）。北部拗陷的基底为海相中-古生界，在北部邻近千里岩断裂处，由于千里岩推覆带发生重力垮塌尖灭，此处的基底为高速的元古宇变质岩。拗陷的盖层主要发育晚白垩世以来的沉积，以白垩系—古近系为主，厚度达 7000m，拗陷内断裂主要是呈 NEE 向展布的张扭性质断裂，也有部分是 NW 向断裂，断陷的构造样式为地堑、半地堑（图 5.8）。

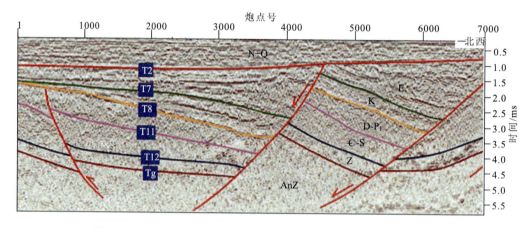

图 5.8　多道地震剖面解释的南黄海盆地同向半地堑并联式构造组合

C19 台站位于北部拗陷北缘，由于千里岩推覆体发生重力垮塌作用，此处拗陷下方基底同千里岩隆起带仍然为高速推覆体，来自拗陷内海相中-古生界的折射波在上传过程中会在高速体界面上发生二次折射偏转，使得该地区台站未能接收到 Ps2 震相。从地震剖面上可以看到，C19 台站左支的 Pb 震相在 20km 偏移距处折合走时由 2s 缩短至 1.2s，此处为千里岩断裂（图 5.9），此后震相可以连续追踪至 90km 偏移距处，Pb 震相的走时曲线特征与隆起带上的震相相似；台站右支 10km 处开始记录到高速的海相沉积层内的反射震相 PsP，一直可以延伸至约 35km 处；PcP 震相在 40～60km 处成为初至波，折合走时为 3～4s，由于进入拗陷区，沉积层厚度加大，走时相对于千里岩隆起带上的 PcP 震相有所增加；PmP 震相在 130～150km 处为初至波，震相能量较弱（图 5.9）。

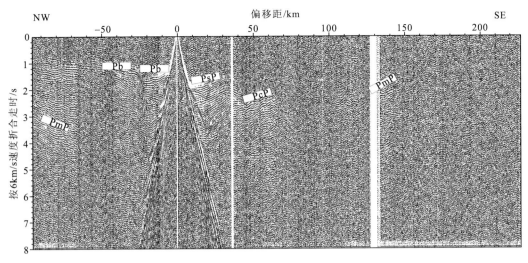

图 5.9 C19 台站水听器分量综合地震记录剖面

C22 台站和 C24 台站位于北部拗陷中部的西部凸起上，从台站地震剖面上可以看出，剖面上近偏移距处分别可以识别出来自陆相沉积层 1 的折射震相 Ps1、海相沉积层 2 的折射震相 Ps2、沉积层内折射震相 PsP、地壳内反射震相 PcP（图 5.10），多个反射震相反映了南黄海地区陆壳存在多个反射界面，这与大洋地壳多发育折射震相的速度结构形成鲜明的反差。

图 5.10 显示，C22 台站 Ps2 震相走时曲线自台站左支到台站右支出现明显的同向斜率倾斜现象，左支的 Ps2 震相折合走时较大，这反映了盆地基底由凹陷进入凸起形成的明显的界面起伏，受此影响，右支的 PsP 等震相也存在不同程度的斜率变化。C24 台站位于 C22 台站以南，从台站地震剖面上可以看出，左支的 Ps2 出现在 4～30km 偏移距处，震相视速度为 5.3km/s，折合走时为 1.4～2.2s，右支的 Ps2 自 4km 开始，仅延续至约 15km 偏移距处，震相斜率明显增大，视速度降至约 4km/s，折合走时由 1.4s 增加为 2.5s，这说明西部凸起速度较高，使得 C24 震相左支震相速度较快，右支由于进入凹陷，走时增加，视速度出现明显降低。

C29 台站位于拗陷南端的西部凸起上，同北部拗陷内大部分台站一样，地震剖面上自零偏移距开始依次出现 Ps2、PsP、PmP 等震相（图 5.11），高速海相沉积层的存在使得陆相沉积层折射震相 Ps1 在较短偏移距内即成为后至波，震相追踪距离过短。从图 5.11 可以看出，C29 台站右支的 PsP 震相视速度约为 6km/s，折合走时约 2s，表明这是凸起内部高速的反射震相，台站左支的 PcP 震相折合走时为 2.6s，折合走时的差异反映了两个反射界面的深浅关系。C34 台站位于北部拗陷南缘，接近中部隆起，与 C24 台站一样，Ps2 震相在台站两侧走时和视速度均出现较大差异（图 5.12），说明 C34 台站南侧海相沉积层内出现高速异常带。Pg 震相在中部隆起北缘的台站可见（图 5.13），C37 台站右支可以清晰地识别出 Ps2、PsP、PcP、Pg 及 PmP 震相，在大约 40km 偏移距处，Pg 震相超过 PcP 震相成为初至波震相，视速度约为 6km/s，折合走时 1.5s，一直持续延伸到

90km 处。与之相比，邻近的 C34 台站右支震相仅延伸至约 10km 偏移距处，推测是由台站下方的高速体屏蔽了地壳深部的地震波信号导致的。

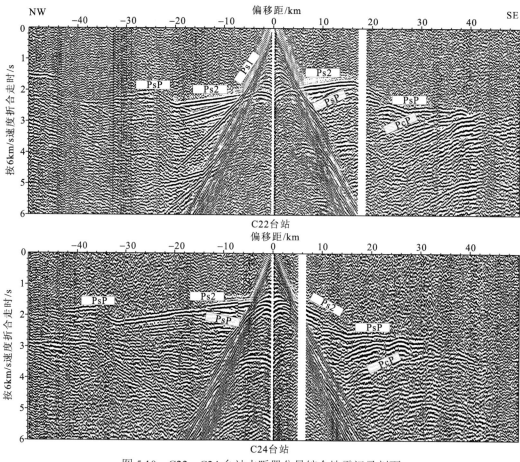

图 5.10　C22、C24 台站水听器分量综合地震记录剖面

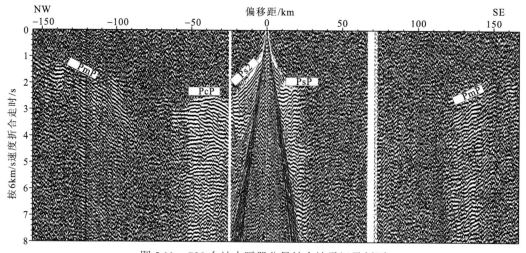

图 5.11　C29 台站水听器分量综合地震记录剖面

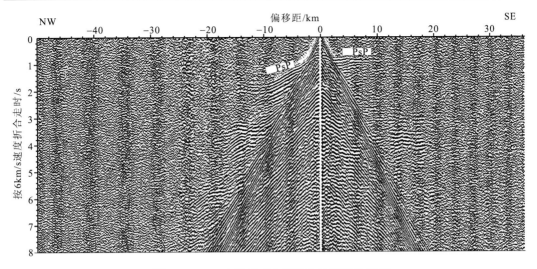

图 5.12 C34 台站垂直分量综合地震记录剖面

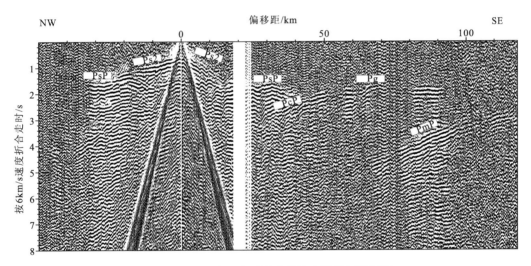

图 5.13 C37 台站水听器分量综合地震记录剖面

北部拗陷除了北部 OBS 台站(OBS16 至 OBS20)处于千里岩推覆体上方,仍然可以接收到隆起带内的高速 Pb 震相外,共可以识别出 Ps1、Ps2、PsP、PcP、Pg、PmP 等震相,其中海相沉积层内的折射震相 Ps2 在北部拗陷的凸起区走时曲线发生明显变化,Ps2 震相的起伏变化与盆地基底的起伏有很高的一致性;PmP 震相一般在 130～150km 处作为初至波出现,上地幔折射波震相 Pn 仅在 C22 台站右支 170～200km 偏移距处可以识别(图 5.14),其余台站能量较弱,未能识别。

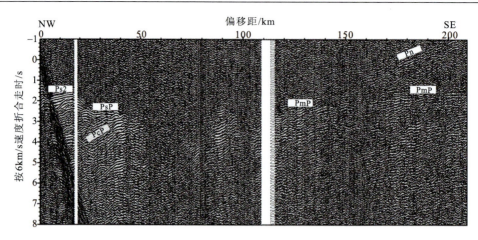

图 5.14 C22 台站水听器分量综合地震记录剖面

3. 陆地震相分布

陆地炸药激发点 Sp1、Sp2 位于胶东半岛,其共炮点记录共识别出 Pg 等六组震相(图 5.15、图 5.16)。Pg 震相可以连续追踪超过 150km,视速度约为 6km/s,这两个炮点激发的地震信号除了有陆上台站记录的信息外,还能从海上 OBS 记录中识别有效信号,最远获得偏移距 160km 的 PmP 震相。

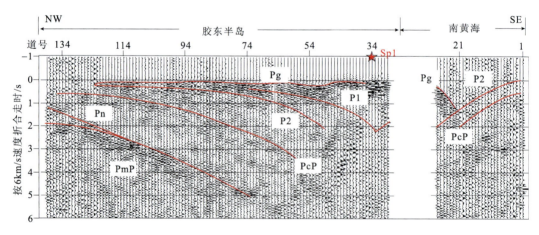

图 5.15 Sp1 共炮点道集震相拾取示意图(道号从南往北顺序排列,不区分道间距)

(二)LINE2016 线

LINE2016 线的激发炮线总长度为 405km,经组合净化处理后,绝大多数 OBS 台站记录剖面的有效震相的偏移距超过 100km(见表 4.1),为震相识别和走时拾取奠定了良好的基础。图 5.17(a)为位于中部隆起上的 LINE2016 线西端点 C01 站位的水听器记录剖面,蓝色虚线正方形(Ⅰ,Ⅱ,Ⅲ)的震相放大显示如图 5.17(c)所示。使用地震 Unix 软

第五章 南黄海深部地震探测成果

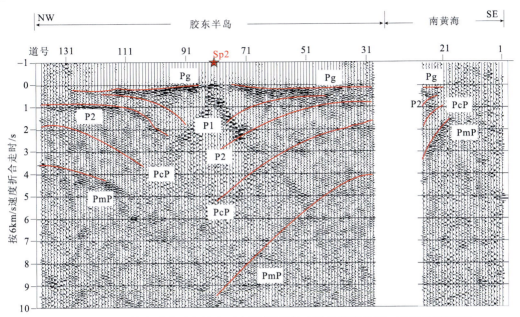

图 5.16 Sp2 共炮点道集震相拾取示意图（道号从南往北顺序排列，不区分道间距）

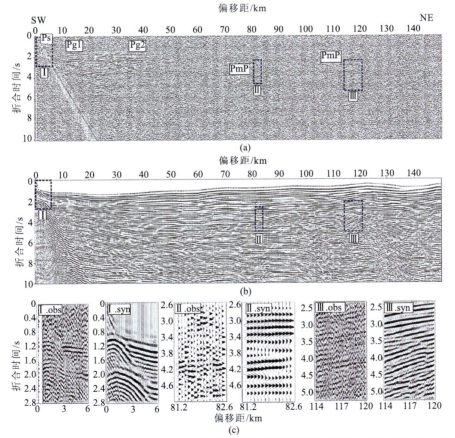

图 5.17 LINE2016 线最西端的 C01 站位水听器数据剖面（折合显示，折合速度=6km/s）
(a) 水听器记录剖面；(b) 合成地震剖面；(c) 图(a)和(b)中相同位置的蓝色虚线正方形（Ⅰ，Ⅱ，Ⅲ）的放大显示剖面

件包中的有限差分建模程序(Stockwell,1999),以射线间距100m、震源主频率5Hz的Richer子波,在LINE2016线的纵波速度模型中为相同站位计算的合成地震剖面如图5.17(b)所示,蓝色虚线正方形(Ⅰ,Ⅱ,Ⅲ)位于图5.17(a)中的相同位置,并在图5.17(c)中显示为实际记录与合成地震记录的放大显示。从中可以看出,在C01台站记录剖面上,识别出了具有较高信噪比的沉积层界面折射波(Ps)、上地壳内界面折射波(Pg1)、中地壳内界面折射波(Pg2)和莫霍面广角反射波(PmP)震相,并由合成地震记录验证了其有效性。

图5.18(a)为LINE2016线位于北部拗陷上C15站位的水听器记录剖面,图中虚线正方形(Ⅰ,Ⅱ,Ⅲ)的属性、合成地震记录的方法和参数及显示方式与图5.17相同。从中可以看出,由于北部拗陷砂泥岩发育厚度较大,在C15台站记录剖面上除识别出Ps、Pg1、Pg2和PmP震相外,还识别出信噪比较高的上地壳底界面的反射波(P2)和中地壳底界面的反射波(PcP)震相,并由合成地震记录验证了其有效性。同样,位于LINE2016线东端的K09台站记录上,也清晰地识别出Ps、Pg1、P2、Pg2、PcP和PmP震相(图5.19)。

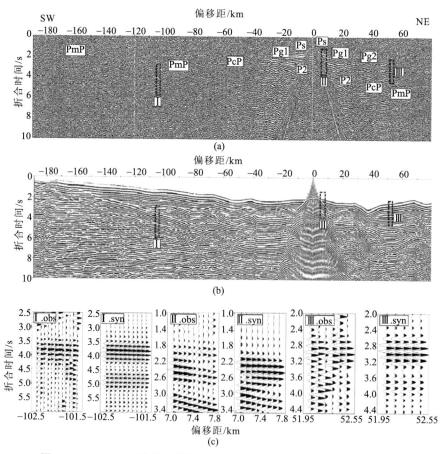

图5.18 LINE2016线位于北部拗陷上的C15站位水听器记录震相识别

(a)水听器记录剖面;(b)合成地震剖面;(c)图(a)和(b)中相同位置的蓝色虚线正方形(Ⅰ,Ⅱ,Ⅲ)的放大显示剖面

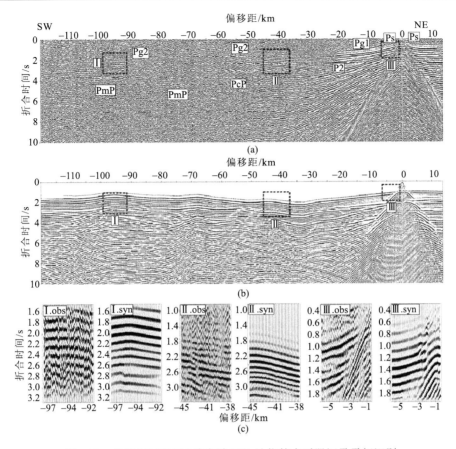

图5.19 位于LINE2016线东端K09站位的水听器记录震相识别
(a)水听器记录剖面;(b)合成地震剖面;(c)图(a)和(b)中相同位置的蓝色虚线正方形(Ⅰ,Ⅱ,Ⅲ)的放大显示剖面

由于在陆地上布设的地震仪与接收介质的良好耦合和安静的观测环境,位于韩国西部陆地的地震台站提供了比OBS台站品质更好的广角地震记录,10个陆地地震台站均获得了高信噪比的广角地震数据,在其中的七个地震台站(PU02、PU05、PU07、PU08、PU09、PU10和PU13)记录剖面上,在200km以上的偏移距处清晰地识别了来自深部的PmP和Pn(上地幔顶界面折射波)震相(图5.20)。

三、速度模型构建

(一)初始模型构建

在进行射线追踪及走时拟合之前,需要结合研究区的区域地质地球物理资料,建立合理的初始模型。基于OBS地震数据,通过多尺度层析成像方法获得北部拗陷下方地层的高精度P波速度结构,反演的速度模型展现了低速沉积盆地及地壳断裂对应的垂直低速带。本书选定南黄海高精度P波速度模型1.7~5km/s之间的速度层,结合多道地震解释剖面(图5.21)、胶东半岛地壳结构特征及记录班报,以确定初始模型中的水深/海拔以及沉积层的速度和深度等信息,达到模型浅层约束的作用,减少模型多解性。

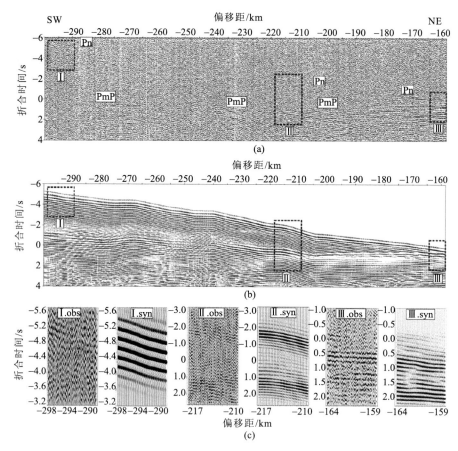

图 5.20　LINE2016 线位于韩国陆地的 PU13 地震站位记录剖面震相识别
(a)台站记录剖面；(b)合成地震剖面；(c)图(a)和(b)中相同位置的蓝色虚线正方形(Ⅰ,Ⅱ,Ⅲ)的放大显示剖面

初始模型如图 5.22 所示。模型横向总长度为 500km,以 C01 台站为 0 起点,沿测线东南方向指向为正,[−165km～−6km]为胶东半岛地区,[−6km～335km]为南黄海海域；纵向以海平面为 0 起点,以指向地心为正方向,深度范围是[0km,40km]。南黄海海区从上到下共有七层,分别为海水层(层 1)、上地壳(层 2,3,4；包含沉积层)、中地壳(层 5)、下地壳(层 6)及上地幔(层 7)；胶东半岛从上到下共有六层,分别为上地壳(层 2,3,4)、中地壳(层 5)、下地壳(层 6)及上地幔(层 7)。海上特有的海水层(层 1),纵波速度为 1.5km/s,横波速度为 0,由于测线分布区域水深最深不超过 70m,不能在模型中体现,故下文不再介绍,也不再做特殊说明,但需强调它是模型中不可或缺的一部分(尤其在横波震相射线追踪中),保留其层号。其他层位描述具体如下:胶东半岛地区层 2 是沉积层,包含基岩出露地段的基岩风化层,纵波速度区间设置为 3.5～5.5km/s,根据多尺度层析成像及多道地震分析,南黄海地区层 2 为陆相沉积层,纵波速度从 1.7km/s 上升到 5.0km/s；模

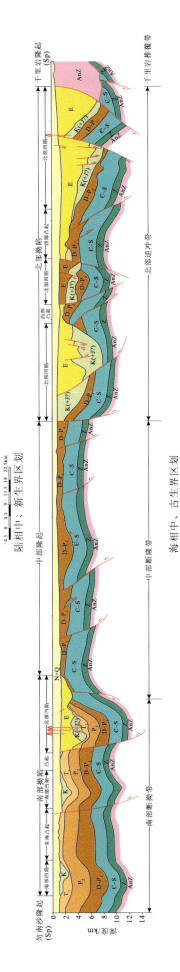

图 5.21 南黄海 XQ07—9 多道地震解释剖面

型中层 3 属于上地壳内部,速度为 5.2～6.0km/s;层 4 速度从顶部 6.1km/s 上升至底部 6.2km/s,底界面是中-上地壳分界面;层 5 为中地壳,顶部速度是 6.25km/s,底部速度是 6.45km/s;层 6 是下地壳,速度区间是 6.5～6.9km/s;层 7 是上地幔,速度为 8.0～8.2km/s。

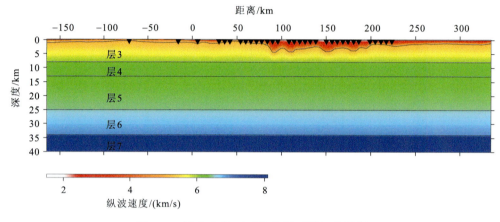

图 5.22　胶东半岛-南黄海海陆联测初始模型

(二)多尺度层析纵波速度结构

初至波是指由炮点激发,经过地下介质最先到达接收点的地震波,可以是直达波、绕射波、折射波或者多层折射波的组合,初至波震相在地震剖面图上比较清晰,因此得到的初至波走时较为准确和可靠。本书利用初至波根据多尺度层析成像方法建立高分辨率速度模型,为上地壳结构的认识提供更多依据,并为全震相速度建模提供初始模型。

1. 初至走时拾取

初至波的延续性及连续性决定着层析速度建模的质量,针对初至波利用相邻道初至波的相关性,采用滑窗平均的方法压制随机噪声,提高初至波信号的信噪比。具体做法如下:①选取要进行互相关叠加的记录道以及合理的时窗范围(时窗范围要包含初至波);②计算该道与左右相邻两道记录在选定时窗范围内的互相关,通过互相关求得中间道与其余四道记录之间的走时差;③利用走时差信息校正相邻的四道记录,使各道记录的初至波校平;④将时差校正后的四道记录和中间道叠加求平均,最终输出压制随机噪声后的记录。以此类推,将所有可追踪到初至波的记录道做互相关叠加处理。图 5.23 为 C06 台站 P 分量记录近、中、远偏移距互相关叠加处理前、后的初至波形。通过图 5.23 [(a)～(f)]的对比,原始 OBS 数据经过滑窗平均处理之后,随机噪声干扰得到压制,信噪比明显提升,初至波形横向连续性得以改善,初至起跳清晰,有利于初至走时的准确拾取。

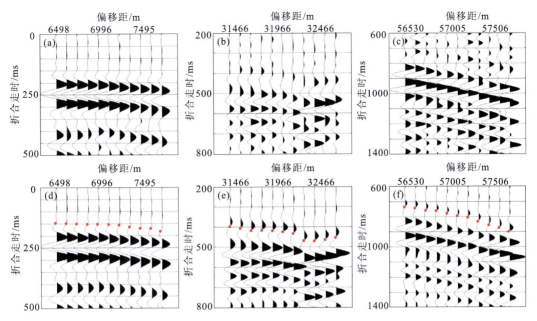

图 5.23 滑窗平均对 C06 台站初至波信号增强效果对比

(a)近偏移距原始初至波；(b)中偏移距原始初至波；(c)远偏移距原始初至波；(d)近偏移距滑窗平均后初至波；(e)中偏移距滑窗平均后初至波；(f)远偏移距滑窗平均后初至波。红点：所拾取初至走时

在滑窗平均处理之后的共接收点道集上拾取初至时，遵循地震波相位一致性及远偏移距拾取准确性最大化等原则，从近偏移距开始由近及远拾取初至波负极性起跳位置（图 5.23）。为了保证观测系统的二维性，避免海水层、炮线偏离测线（首尾两个站点连线）等因素的影响，在反演前对拾取走时做适当的筛选。如果炮检连线偏离测线的角度大于 2°，则该台站和炮点对应的初至走时数据即被剔除。根据这个筛选原则，最终本书反演使用了 10364 个初至走时，分别以不同颜色表示（图 5.24）。

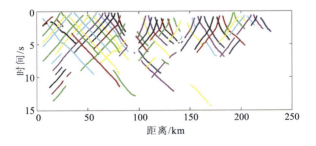

图 5.24 初至波走时分布图

2. 多尺度层析速度建模

采用多尺度层析速度建模方法，通过如下步骤构建速度模型。

(1)建立粗略初始模型，模型的速度从浅部的 1.7km/s 线性增加至 20km 深度处的

7km/s。

(2)将模型分解为大网格,并在大网格模型上进行层析反演。

(3)将大网格反演得到的速度模型进行水平向平均,得到一个速度随深度线性变化的初始模型[图5.25(a)]。

陆上线段只有两个激发炮,虽然接收台站较密集,但地震射线覆盖次数少,不适合采用层析方法进行速度建模。因此,本模型的起点为C02台站位置,选择对模型进行大网格剖分,可以减少模型变量,减少射线追踪计算时间,从而提高反演效率,以达到快速建模的目的。

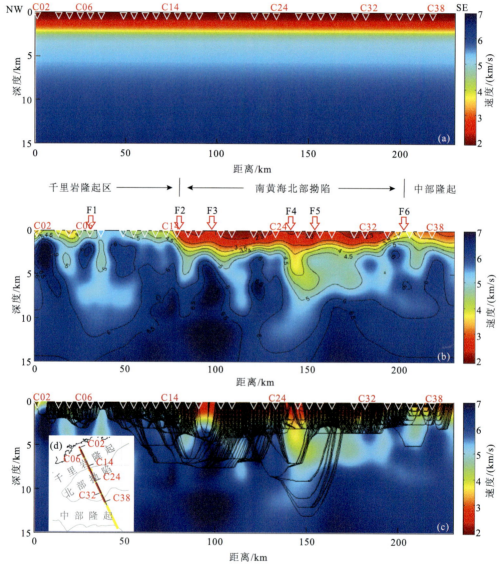

图5.25 LINE2013测线层析速度结构

(a)初始速度模型;(b)反演速度结构(黑色细线为速度等值线);(c)反演射线覆盖(黑色细线为地震射线)。▽:OBS台站

图 5.25(b)为多尺度层析成像建立的 LINE2013 测线下方地震速度结构。从中可以看到,地震波速度在纵向和横向上都存在强烈的高低速分界面。横向上的速度边界主要有六个,标记为 F1 至 F6。测线北段(0～74km)在 1km 深度即出现波速大于 6km/s 的高速结构,并且在高速背景中有次高速异常分布。根据台站分布(图 5.1)判断此段位于千里岩隆起区,结合多道地震资料、区域地质特征(侯方辉等,2012),推测 F1 为胶莱盆地在 LINE2013 测线上的边界;测线中段(74～200km)高速结构(>5km/s)埋深较深,平均在 3～4km、5～10km 埋深的高速地层中有速度为 4～5km/s 地层分布,且两端有明显低速加深区,此段为南黄海北部拗陷,F2 与 F6 分别为其北、南边界。测线南段(>200km)高速层埋深约在 3km 位置,有射线覆盖,反映了中部隆起的中-古生代海相地层的速度特征。

最终反演模型的射线覆盖[图 5.25(c)]显示,在纵向上射线覆盖不均匀,整条测线在 0～5km 深度范围射线覆盖密集,反演结果的可信度较高。深度 5～15km 之间射线覆盖相对稀疏,可靠性弱于浅部的 0～5km 深部范围,且海相中-古生代地层与下覆地层可能存在较小速度差异,尚不能从反演速度中找到清晰的中-古生代海相沉积层的底界面。反演共进行 15 次迭代计算,走时残差(图 5.26)收敛速度较快,且在多次迭代后趋于稳定,因此通过对数显示来放大差异,以对比各次迭代的走时残差的收敛效果。根据图 5.26 曲线可看出,第 11 次迭代的走时残差存在跳变,这是第 11 次迭代前对初始模型进行平滑导致的。在 11 次迭代后,走时残差又再次快速收敛,这表明本书采用的层析反演是稳定收敛的。

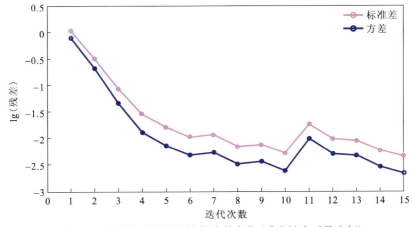

图 5.26 反演走时残差随迭代次数变化(垂直轴为对数坐标)

棋盘测试可以检验多尺度地震层析成像算法在使用野外观测系统时的分辨能力和分辨率。采用与实际数据反演中相同的初始模型、面元、子模型数目以及迭代次数等参数,进行棋盘测试。在构建棋盘测试所使用的理论模型时,将实际反演中的初始模型[图 5.25(a)]作为背景速度模型,并与周期变化的正负变化的速度扰动相叠加,叠加后的速度模型用于理论测试[图 5.27(a)]。理论模型的地震速度扰动幅值随着深度的增加而减小,这样的速度异常值与图 5.25(b)中的实际反演值相近。多尺度层析得到的速度模型[图 5.27(b)]合理地恢复了埋深小于 10km 的速度异常。深度大于 10km 的异常体的速度值恢复效果不够理想，沿着射线路径存在一定程度的拖尾效应，但相对位置仍然存在一定的可信度。反演速度结构显示深度大于 5km，高速异常被高估，而低速异常被低估。射线覆盖[图 5.27(c)]显示，浅部射线比较密集，大部分射线有一个小的入射角且相互平行。最好的交错路径出现在 3km 处，也是最大的速度梯度出现处，深度大于 5km 时，射线再次出现相互平行现象，大于 10km 时，射线稀疏。这种不均匀分布的路径主要是由于一维背景速度梯度随深度剧烈变化。分辨率测试表明，实际观测系统适用于反演深度小于 10km 的速度异常，深度大于 10km 时，高速和低速异常体相对位置只能在某些程度上确定。

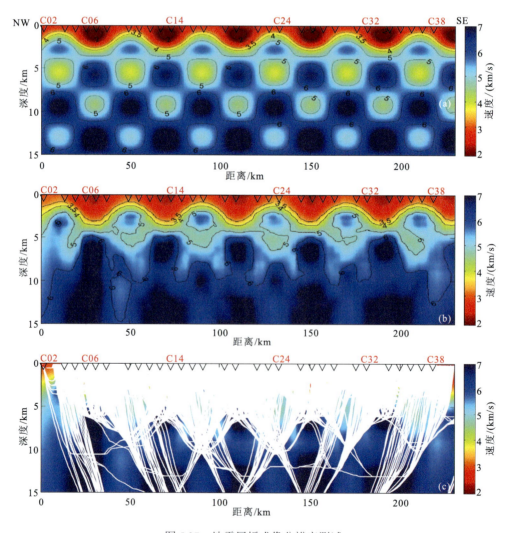

图 5.27　地震层析成像分辨率测试

(a)合成速度模型；(b)反演速度结构；(c)反演射线(白线)覆盖；▽：OBS 台站

(三)射线追踪与走时拟合

按照中-新生界构造格局，LINE2013 测线所在区域划分为千里岩隆起带和北部拗陷两个构造单元。C20 之前的台站记录受千里岩隆起带上高速的变质岩地层的影响，在走时拟合中可以追踪到该构造单元内最为显著、能量最强的 Pb 震相(图 5.28 至图 5.30)，以及 PcP 震相和 PmP 震相，在北部拗陷北缘的台站还可以追踪到拗陷内沉积层的折射震相 Ps1 和反射震相 PsP(图 5.31、图 5.32)。北部拗陷内的台站可以追踪到模型内自上而下各个层位的折射波、反射波信息，包括 PcP 和 PmP 等，震相较为丰富(图 5.32 至图 5.34)，Pn 震相仅在个别台站得以追踪(图 5.33)，测线南端邻近中部隆起的台站可以追踪到中部隆起带上激发的、源自地壳内的 Pg 震相，且能量较强，追踪距离远(图 5.33、图 5.34)，

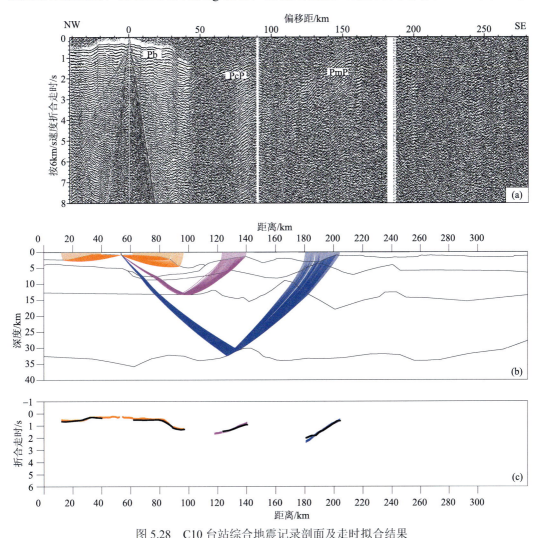

图 5.28　C10 台站综合地震记录剖面及走时拟合结果

(a)地震记录剖面及震相识别；(b)纵波射线模型及射线追踪；(c)实测走时(彩色)和计算走时(黑色)拟合情况(剖面第一道位于模型约 18km 处)

说明中部隆起带总体上沉积层较为发育,构造特征相对平稳,无大的速度反转现象,地震信号传播良好。

通过对所有台站进行射线追踪(图5.35),结合区域地质背景及多道地震资料,利用试错法不断地修改模型来拟合理论走时与实际走时,最终获得LINE2013测线所有台站的最优2D速度模型。最终模型的走时残差RMS为136ms,卡方值χ^2为2.515,比较接近标准值1.0。模型中追踪到的各层震相的走时个数、RMS和χ^2见表5.5。

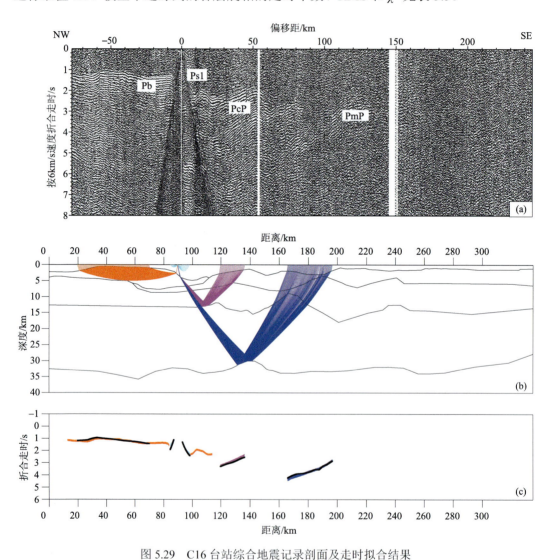

图5.29 C16台站综合地震记录剖面及走时拟合结果

(a)地震记录剖面及震相识别;(b)纵波射线模型及射线追踪;(c)实测走时(彩色)和计算走时(黑色)拟合情况(剖面第一道位于模型约18km处)

第五章 南黄海深部地震探测成果

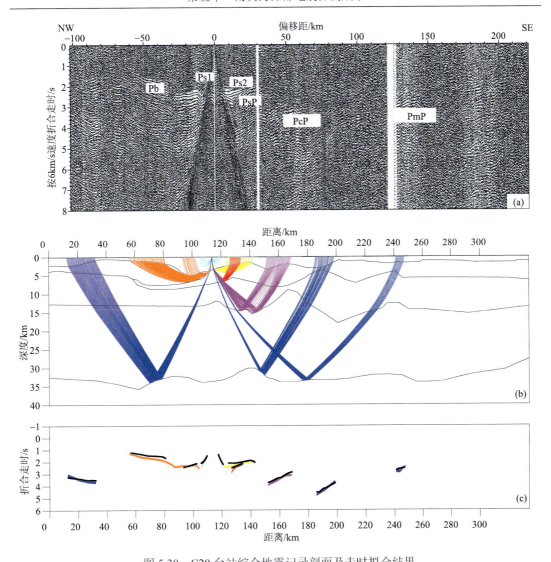

图 5.30 C20 台站综合地震记录剖面及走时拟合结果

(a)地震记录剖面及震相识别；(b)纵波射线模型及射线追踪；(c)实测走时(彩色)和计算走时(黑色)拟合情况(剖面第一道位于模型约18km处)

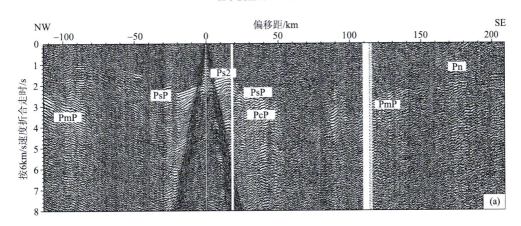

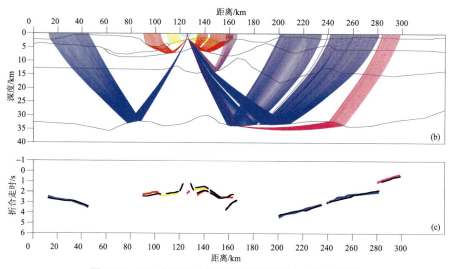

图 5.31 C22 台站综合地震记录剖面及走时拟合结果

(a)地震记录剖面及震相识别;(b)纵波射线模型及射线追踪;(c)实测走时(彩色)和计算走时(黑色)拟合情况(剖面第一道位于模型约 18km 处)

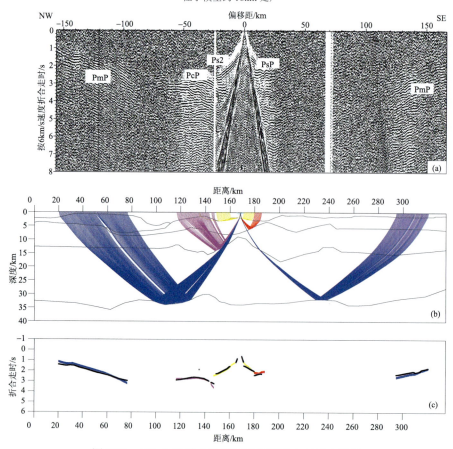

图 5.32 C29 台站综合地震记录剖面及走时拟合结果

(a)地震记录剖面及震相识别;(b)纵波射线模型及射线追踪;(c)实测走时(彩色)和计算走时(黑色)拟合情况(剖面第一道位于模型约 18km 处)

第五章 南黄海深部地震探测成果

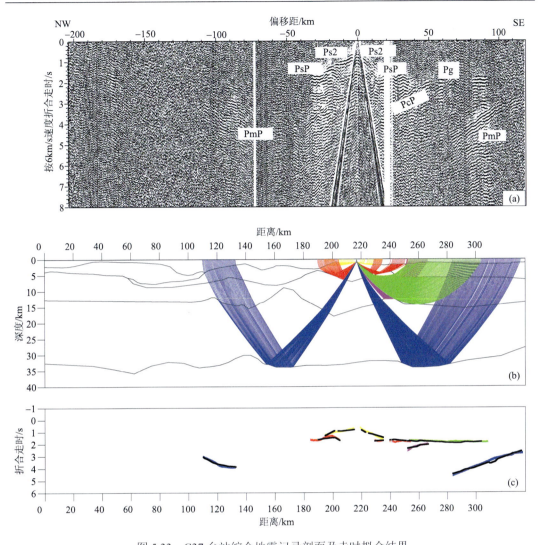

图 5.33 C37 台站综合地震记录剖面及走时拟合结果

(a)地震记录剖面及震相识别；(b)纵波射线模型及射线追踪；(c)实测走时(彩色)和计算走时(黑色)拟合情况(剖面第一道位于模型约 18km 处)

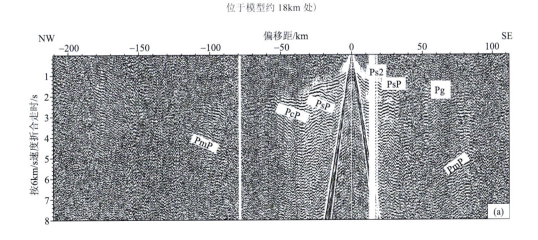

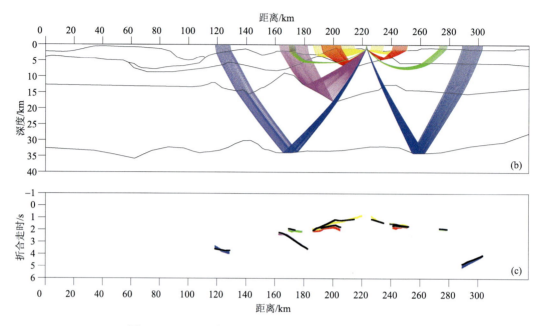

图 5.34 OBS38 台站综合地震记录剖面及走时拟合结果

(a)地震记录剖面及震相识别;(b)纵波射线模型及射线追踪;(c)实测走时(彩色)和计算走时(黑色)拟合情况(剖面第一道位于模型约 18km 处)

表 5.5 LINE2013 测线震相拟合情况

震相	走时个数	RMS/ms	χ^2
Ps1	418	185	4.209
Ps2	3059	129	2.596
Pb	6393	132	2.743
PsP	2282	114	1.770
PcP	2050	98	1.387
Pg	632	71	0.798
PmP	7782	141	1.993
Pn	119	98	0.967
合计	23028	136	2.515

对陆上台站数据进行射线追踪及拟合计算中,根据试错法及剥层法不断地调整模型速度/界面参数,逐步拟合理论计算走时与实际观测走时,从 Sp1(图 5.36)和 Sp2(图 5.37)共炮点的震相拟合图可以看出,在陆上和海区均获得较好的拟合效果。

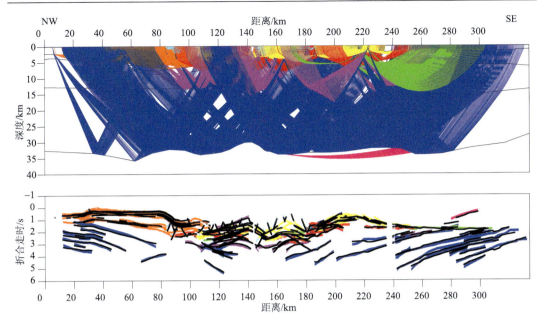

图 5.35 LINE2013 测线所有 OBS 台站的射线追踪和走时拟合图

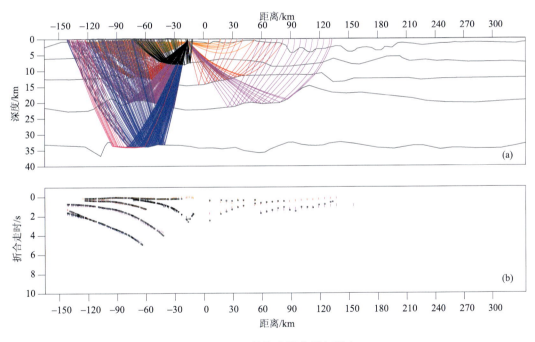

图 5.36 Sp1 共炮点道集震相拟合

(a)射线追踪；(b)走时拟合；折合速度：6km/s

通过对所有数据进行射线追踪，最终获得海陆联测测线下方的最优 2D 速度模型（图 5.38）。胶东半岛-南黄海纵波速度模型纵向变化明显，横向分布不均，从上到下分为海水层、上地壳、下地壳及上地幔等七层。

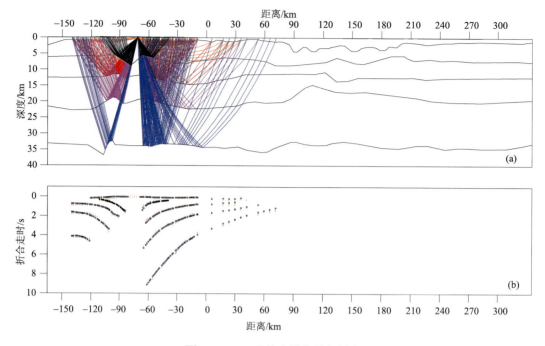

图 5.37 Sp2 共炮点道集震相拟合

(a)射线追踪；(b)走时拟合；折合速度：6km/s

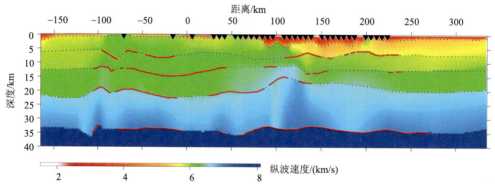

图 5.38 LINE2013 线海陆联合深地震探测纵波模型

虚线是界面信息，红色实线是反射点位置

第二层为沉积层，界面及速度纵横向具有明显的不均匀性，速度梯度较大。千里岩隆起及胶东半岛覆盖层较薄，最大深度不超过 3km，平均埋深约为 1km，Sp2 炮点附近界面有隆升；速度由顶部的 3～5.3km/s 变化至底部的 4.8～5.6km/s，陆上速度明显高于海区，Sp2 炮点附近速度亦呈现高值特征。南黄海北部拗陷陆相沉积层厚度较大，底界面起伏明显，中部隆起埋深变小，基本分布在 2km 之内，速度区间为 1.7～5km/s。

第三层底界面局部起伏明显，底界面埋深为 5.62～8.78km；速度分布为 5.0～6.35km/s，本层速度横向上呈现明显三部分分布：[-165km～-100km]区间内速度相对较低，由顶部 5.8km/s 上升至 6.0km/s，速度梯度较小；[-100～110km]区间速度较高，顶部速度为 5.8～6.3km/s，底部为 6.08～6.35km/s；[110km，335km]区间在横向上最低，顶部速度为 5～6km/s，底部为 5.6～6.15km/s。

第四层底界面埋深分布在 10.74～14.67km，界面起伏位置与第三层底界面一致，层厚度从西北向东南方向有减薄趋势；速度横向上分布特征与第三层一致，呈现三部分分布，两端速度低，中部速度高；中部高速区的海陆过渡带速度有减小趋势。

第五层底界面起伏较大，埋深位于 14.70～22.68km，最高隆升处位于北部拗陷；速度横向变化较小，但依然被两个高速体划分为三个区域，界限与底界面起伏位置一致；[-165km～-100km]区间速度稳定，主要分布范围是 6.1～6.3km/s；[-100km～110km]区间速度分布缺乏均一性，高低速相间分布，主要分布在 6.2～6.4km/s；[130km～335km]区间速度相对稳定，主要分布在 6.30～6.5km/s。

第六层底界面埋深为 32～38km，整体起伏不大，此层厚度较大，为 10～15km，厚度由西北段向东南段逐渐变大；速度从顶部 6.5～6.8km/s 增长到底部 6.8～7.0km/s。

第七层是上地幔，壳幔分界的莫霍面在北部拗陷下方有隆升，速度为 8.0～8.2km/s。

在本次反演结构模拟中，总共使用 22748 个震相走时，最终模型的走时残差 RMS 为 145ms，卡方值 χ^2 为 2.200，最后对模型的分辨能力利用射线密度法进行分析（图 5.39），射线密度分析结果表明：南黄海海域由于气枪激发间距较小，OBS 台站较多，地壳内部射线数目大且分布均匀；胶东半岛地区台站分布比较密集，也获得了充足且均匀的射线分布；海陆过渡区深部由于震源间距及 OBS 台站间距过大，虽然射线稀疏，但仍有射线交叉，模型整体可信度高。

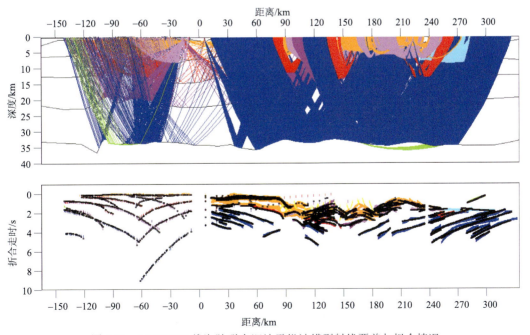

图 5.39 LINE2013 线海陆联合深地震纵波模型射线覆盖与拟合情况

在对 LINE2016 线进行速度模型构建过程中，鉴于测线西端 C01 站位位于南黄海揭示海相中-古生界最完整的钻井 CSDP-2 井(张训华等，2017)处，且多道地震测线与其重合等有利因素，采用从测井资料中建立准确的浅部(0~2800m 深度范围)一维速度模型，再结合多道地震资料及通过初至波走时的层析成像获得的 LINE2016 线的纵波速度模型共同作为浅部速度模型约束。此外，以南黄海的区域地壳结构为参考，将深层设置为水平层，以速度依次递增的模式建立初始模型，该模型的深度为 50km，包括水层在内共六层。其中，水层的速度恒定为 1.5km/s，沉积层速度为 1.8~3.5km/s，上地壳速度为 4.0~6.2km/s，中地壳速度为 6.3~6.6km/s，下地壳速度为 6.7~7.0km/s，上部地幔的速度为 8.0~8.4km/s。

使用 Rayinvr 软件(Zelt and Smith，1992；Zelt，1999； Zelt et al.，2003)对 LINE2016 线的射线追踪是从上到下逐站逐层"多次迭代、逐步逼近"进行的，不断地调整初始模型，以逐步提高计算旅行时间和测量旅行时间的拟合度[图 5.40(a)、(b)]。在此基础上，使用旅行时的二维迭代阻尼最小二乘反演方法(Zelt and Smith，1992)，获得 LINE2016 线的纵波速度模型。在射线追踪、走时模拟过程中，以多道地震剖面解释的沉积层结构约束主要的沉积层和基底分布，同时参考 OBS 记录得出的深部震相走时模拟结果，地壳和上地幔的深度、速度特征仅根据 OBS 数据进行速度模型构建。

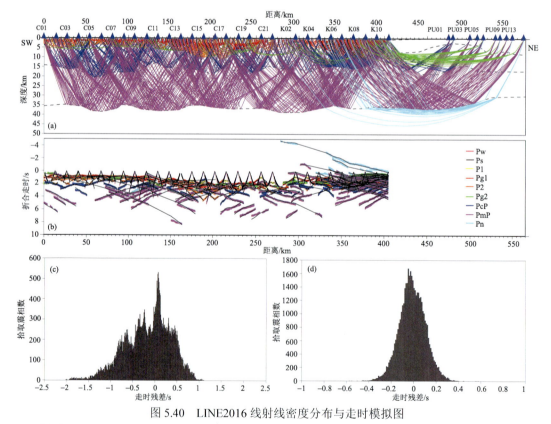

图 5.40 LINE2016 线射线密度分布与走时模拟图

(a)射线路径；(b)实际走时(彩色线)和计算走时(黑色实线)拟合情况；(c)初始模型的旅行时间残差分布(直方图间隔为10ms)；(d)最终模型的剩余时间分布(直方图间隔10ms)

LINE2016线的速度和深度节点间距在浅层一般为5~10km,在深层增加到约20km。在速度模型构建过程中,根据拟合情况适当调整上层的深度节点间距和速度节点间隔,以改善对下伏速度层的适应性。

应用Rayinvr对LINE2016线进行建模过程中,均方根旅行时间(Trms)和归一化卡方(χ^2)的值被用作拟合误差的基础(Zelt and Smith,1992)。通过调整初始模型直至找到优化模型,连续修改Trms和χ^2,该模型具有收敛的行程时间残差分布[图5.40(c)、(d)],以及最小的Trms和χ^2最接近1.0(表5.6)。最后,使用Rayinvr中的反演程序来优化和平滑速度模型。

表5.6 LINE2016线震相走时拾取扰动与旅行时残差及拟合误差表

震相类型	震相数	不确定时窗/ms	Trms/ms	χ^2
Pw: 直达水波	2812	35~125	90	0.72
Ps: 沉积层折射波	2277	50~125	100	0.975
P1: 沉积基底反射波	1141	50~125	65	0.472
Pg1: 上地壳折射波	13225	20~125	97	1.062
P2: 上地壳底界面反射波	5806	35~125	102	1.134
Pg2: 中地壳折射波	2644	50~125	122	1.310
PcP: 中地壳底界面反射波	9509	50~125	119	1.351
PmP: 莫霍面反射波	17852	50~125	143	1.974
Pn: 上地幔折射波	1032	75~125	159	1.996
震相总和	56298	20~125	119	1.404

参与LINE2016线建模的总震相数为56298,最终模型的Trms为119ms,χ^2为1.404(表5.3),表明观察到的旅行时间与计算出的旅行时间非常吻合。此外,使用Rayinvr的建模和反演程序(Zelt and Smith,1992),获得射线覆盖率[图5.41(a)]和分辨率分布[图5.41(b)],它们基本上呈正相关的关系。由于LINE2016线的0~410km段海上区域的等间距OBS台站位置和密集的激发间距(90m),OBS台站记录提供了丰富的地壳中的反射和折射震相,沉积层和地壳分层精度较高。在LINE2016线沉积层和地壳层的大多数网格中,有超过100个射线通过[图5.41(a)],这使得这些层的海域区域的分辨率远大于0.5[图5.41(b)]。由于OBS缺乏记录的Pn震相,因此海区的地幔速度反演分辨率和精度较低。

LINE2016线东段410~565km的陆上区域的地震台站的数据质量高,因此获得丰富的PmP和Pn震相,并且获得约束良好的莫霍面和上地幔顶部地层的速度信息[图5.41(b)]。由于炮间距大(从震源到陆地台站的最近偏移距超过70km),并且台站稀疏,没有接收浅部地层的反射/折射震相,致使该区段沉积层和上地壳缺乏射线覆盖,陆地区域段的分辨率小于0.5。

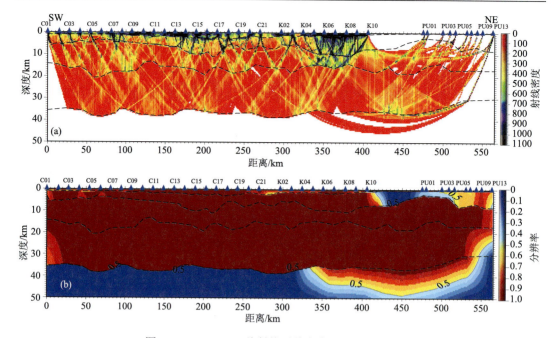

图 5.41 LINE2016 线射线覆盖密度和分辨率分布图

(a)射线覆盖密度[网格间距:(横向)1km×(垂向)0.5km];(b)分辨率分布(分辨率大于 0.5 为高分辨率);图中顶部蓝色三角为 OBS 和陆地地震台站位置,黑色虚线为反演得到的地层界面

四、全震相横波速度结构

对 2013 年获得的海陆联测地震数据 LINE2013 线进行转换波分析与反演工作,以获得全震相横波速度结构。首先对水平分量的原始地震数据进行评价,认为陆上共炮点道集接收的横波信号比较复杂且信噪比较低,而气枪震源在海水中激发,被 OBS 接收到的横波信息较强。因此,仅对 OBS 台站接收到的由气枪震源信号转换而来的横波信息进行分析,未对由炸药震源信号转换而来的横波信息进行分析。

(一)水平分量极化

OBS 水平分量的数据处理比纵波数据复杂,转换横波都是在源-检(inline)方向偏振的,如果在各向同性且水平层状介质中,垂直于源-检方向的 crossline 方向能量应该为 0,也就是说 inline 分量将包含全部/大部分的转换横波(下文简称横波,S 波)能量。但是,由于 OBS 原始信号并非分别是平行和垂直于测线方向的,为得到最强转换横波信号,首先利用 OBS 罗盘方位角求取极化角,对两个水平分量进行沿测线的 inline 分量(H1)和垂直测线的 crossline 分量(H2)旋转处理(图 5.42)。

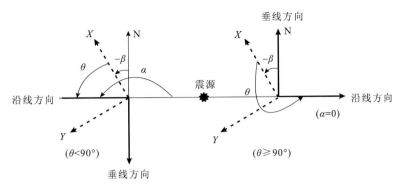

图 5.42 inline（沿线）、crossline（垂线）分量与 X、Y 分量之间的角度关系
α：炮-检方位角；β：OBS 内部罗盘记录的 X 分量的方位角；θ：极化角

如图 5.42 所示，X、Y 为 OBS 两个水平分量 U_X、U_Y，由此可以得到以下矩阵方程，即

$$\begin{bmatrix} U_I \\ U_C \end{bmatrix} = \begin{bmatrix} \cos\theta & \sin\theta \\ -\sin\theta & \cos\theta \end{bmatrix} \begin{bmatrix} U_X \\ U_Y \end{bmatrix} \quad (5.1)$$

极化角 θ 由两部分组成：炮检连线与正东方向的夹角 α，沿逆时针方向增大；内置罗盘记录的 X 分量的方位角 β，其中

$$\theta = \alpha + \beta - \pi/2 \quad (5.2)$$

那么，将式(5.2)代入式(5.1)中即可完成水平分量的极化。

但随着 OBS 深地震探测中转换横波研究的逐步增多，发现 OBS 内置罗盘所记录的角度出现不能使 crossline 分量能量减至最小。OBS 内部电子设备的干扰，会给其记录的方位角带来一些偏差，有时甚至可能由于仪器故障未能记录方位角。

考虑到 OBS 罗盘方位角未能在水平分量旋转后得到理想的数据，而此过程中，横波信号的强度仅依赖于水平分量的角度，本书采用全角度能量扫描方法（鲁统祥，2013；张莉等，2016）求取极化角度。能量扫描法即在方位角 $\theta \in (0\sim360°)$ 区间求取 inline 分量与 crossline 分量能量值，获得使 inline 分量能量最大、crossline 分量能量最小的 θ 角，即可获得所求。

（二）震相识别

按上述方法获取到 inline 分量数据后，开始进行横波震相的识别。OBS 记录到的横波主要有 PPS 和 PSS 两种模式（Kodaira et al.，1996），PPS 模式是纵波向上传播时，在 OBS 下方的速度间断面上转换为横波，PSS 模式是纵波向下传播时，在气枪震源下方的速度间断面上转换为横波（图 5.43）。PPS 模式开始与纵波具有相同的路径，沿界面发生折射或反射，向上传播时才转为横波，因此，走时较快，视速度与其相对应的纵波震相接近，而 PSS 模式在震源下方的界面就转为横波，走时较慢，视速度明显小于纵波震相（赵明辉等，2007；Zhao et al.，2010；卫小冬等，2011）。

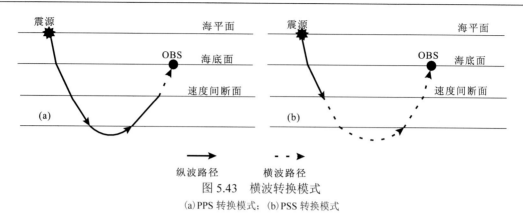

图 5.43 横波转换模式

(a)PPS 转换模式；(b)PSS 转换模式

1. 纵波信号(P)与 inline 分量(H1)对比识别横波

由于 z 分量记录不佳，而水听器记录的是纵波引发水波压力变化的信息，本书使用水听器数据完全代替 z 分量。如图 5.44 所示，P 与 H1 中共有三组震相对应。在 P[图 5.44(a)]的左支，偏移距 0～25km、折合时间 1～2.6s，观测到一组来自沉积层的反射震相 Ps02，对应 inline 分量[图 5.44(b)]偏移距 0～25km、折合时间 2.3～4s，也观测到与其视速度相当的清晰震相，走时慢 1.3～1.4s。在 P 左支，偏移距 20～60km、折合时间 2.7～3s，观测到一组来自地壳内的反射震相 PcP，inline 分量同一偏移距出现折合时间为 4.1～4.3s 的震相，视速度相当，走时慢 1.3～1.4s。在 P[图 5.44(a)]右支，对应偏移距 0～12km、折合时间 1～2s，同样观测到 Ps02，H1 中对应出现在折合时间 2.2～3.5s 之间，走时慢 1.2s。P 右支偏移距 12～22km 折合时间为 2～2.3s，观测到一组来自沉积层的折射 PsP，对应的 inline 分量图上，折合时间为 3.5～3.8s，同样观测到与其视速度相当的清晰震相，走时慢 1.3s。推测这些在径向分量上出现的走时较慢、视速度接近或较低的震相就是转换横波震相。

2. 质点运动轨迹识别转换横波

通过分析同一时间 H1、H2 及 P 上质点的运动轨迹，可以判断该时刻质点的振动方向，进而得出其运动性质是横波还是纵波占主导。选取炮号为 2217 的三分量数据[图 5.44(a)中红线]，图 5.44(e)至(h)中显示是纵波折合时间 2～2.252s 时间段的质点运动轨迹图，可以看出纵波 P 能量最大，H1 次之，H2 最小，说明该时间段质点运动以纵波为主。图 5.44(j)至(n)显示 H1 分量折合时间 3.564～3.748s 时间段质点运动图，很明显，H1 分量能量最大，H2 与 P 较小，即以横波振动为主，说明该震相是横波震相。

(三)转换模式确定

利用已经拟合好的 P 波速度模型作为横波初始模型，保持模型界面不变，进行转换横波射线追踪和走时模拟。使用 Rayinvr 模拟(Zelt and Smith，1992；Zelt，1999)计算各震相的理论走时曲线，并将计算的理论走时与实际观测的走时进行对比[图 5.44(d)、图

5.45(d)], 模型理论计算的走时和观测走时之间的差异——RMS 值和拟合程度——χ^2 值是模拟的衡量标准(卫小冬等, 2011)。通过不断修改模型速度, 直至找到最优化模型(卫小冬等, 2012)。图 5.44(c)、图 5.44(d)、图 5.45(c)、图 5.45(d) 分别是 C29 与 C06 两个台站拟合情况。

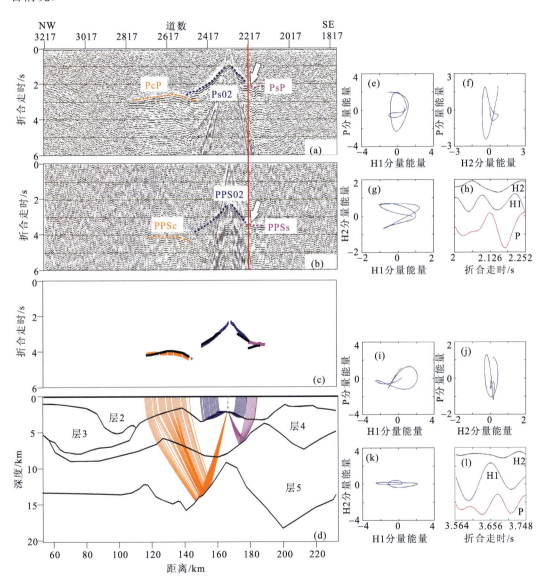

图 5.44 C29 台站震相识别及走时试算

(a) 水听器时间-道数剖面；(b) inline 分量时间-道数剖面；(c) 走时拟合，蓝色代表拾取的 PPS02 震相折合走时，紫色代表拾取的 PPSs 震相折合走时，橙色代表拾取的 PPSs 震相折合走时，黑色代表相应理论拟合震相的折合走时；(d) 射线追踪，虚线表示横波路径，实线表示纵波路径，蓝色代表 PPS02 理论拟合射线路径，紫色代表 PPSs 理论拟合射线路径，橙色代表 PPSc 理论拟合射线路径；(e) 至 (l) 第 2217 道 [(a)(b) 中红线] 的典型震相质点运动轨迹，H1: inline 分量，H2: crossline 分量，P: 水听器分量

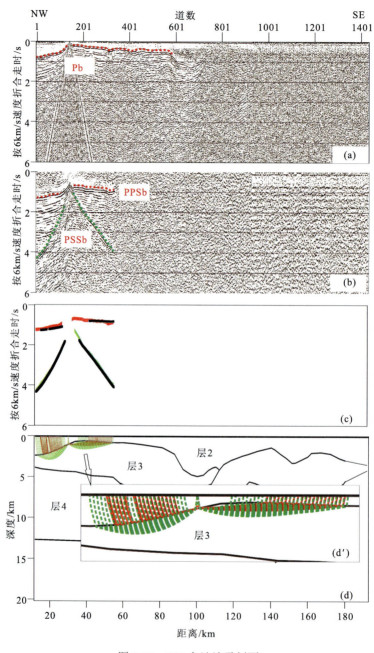

图 5.45 C06 台站地震剖面

(a) 水听器时间-道数剖面；(b) inline 分量时间-道数剖面；(c) 射线追踪，虚线表示横波路径，实线表示纵波路径；
(d) 走时拟合

(1) PPS02：地震波以纵波路径经过海水层层 1（图海水太浅，图中难以展现）及层 2，在层 4 顶界面发生折射 [路径为图 5.44(d) 中蓝色实线]，出射时发生纵横波转换，以横波形式在层 2 中传播，并被位于海底的 C29 台站接收 [纵波路径为图 5.44(d) 中与层 2、层 4 分界面相邻的蓝色实线，横波路径为图 5.44(d) 中层 2 内部的蓝线]；此震相路径与纵波 Ps02 震相路径对应。

（2）PPSs：地震波以纵波路径经过海水层、层2及层4，在层4底界面发生反射[纵波路径为图5.44（d）中紫色实线]，上行经过层4与层2分界面时发生纵横波转换，以横波形式在沉积层2中传播，并被位于海底的C29台站接收[横波路径为图5.44（d）中紫色虚线]；此震相路径与纵波 PsP 震相路径对应。

（3）PPSc：地震波以纵波路径穿过海水层、层2、层4及层5，在层5底界面发生反射[纵波路径为5.45（d）中橙色实线]，上行经过层4与层2分界面时发生纵横波转换，以横波形式在层2中传播，并被位于海底的C29台站接收[横波路径为图5.44（d）中橙色虚线]；此震相路径与纵波 PcP 震相对应。

（4）PPSb：地震波以纵波路径经过海水层及层2，在层3顶界面发生折射[纵波路径为图5.45（d）中橙色实线]，出射时发生纵横波转换，以横波形式在层2中传播，并被位于海底的C06台站接收[横波路径为图5.45（d）中红色虚线]；此震相路径与纵波 Pb 震相路径对应。

（5）PSSb：地震波以纵波形式经过海水层，在海底发生纵横波转换，以横波形式在层2中传播，在层3顶界面发生折射[路径为图5.45（d）中绿色虚线]，出射时继续以横波形式在层2中传播，并被位于海底的C06台站接收[路径为图5.45（d）中绿色虚线]；此震相路径与纵波 Pb 震相路径对应。

位于北部拗陷的C29台站，在其H1分量共接收点道集（图5.44）中识别的震相均为 PPS 转换模式；C06 台站位于千里岩隆起区，H1分量上识别的走时慢且视速度接近P波的震相（图5.45），为 PPS 转换模式。除此之外，还在该台站上观测到比 PPS 模式走时慢、视速度也明显小的震相，是 PSS 型转换横波震相。

在 OBS29 与 OBS06 横波速度走时拟合中，大多数转换横波震相的χ^2都小于或者接近1。横波结构模型中，依据数据质量的好坏，拾取震相的不确定性为 70~180ms，表5.7详细展示了所有拟合震相及转换界面，大多数转换横波震相的χ^2都小于或者接近1。横波结构模型中，依据数据质量的好坏，拾取震相的不确定性为 70~180ms。

表5.7 南黄海 OBS 测线转换横波震相拟合参数

OBS	转换模式	震相	拟合数目	不确定度/s	RMS/s	χ^2	P-S 转换界面
C06	PSS	PSSb	239	0.140	0.223	2.543	海底
	PPS	PPSb	192	0.100	0.153	2.357	陆相沉积层底界面
C07	PSS	PSSb	443	0.080	0.099	1.426	海底
	PPS	PPSb	272	0.080	0.076	0.907	陆相沉积层底界面
C08	PSS	PSSb	345	0.180	0.269	2.242	海底
	PPS	PPSb	409	0.080	0.073	0.837	陆相沉积层底界面

续表

OBS	转换模式	震相	拟合数目	不确定度/s	RMS/s	χ^2	P-S 转换界面
C10	PSS	PSSb	342	0.140	0.179	1.634	海底
	PPS	PPSb	566	0.120	0.143	1.428	陆相沉积层底界面
C11	PSS	PSSb	201	0.160	0.201	1.579	海底
	PPS	PPSb	250	0.140	0.181	1.669	陆相沉积层底界面
C13	PPS	PPSb	324	0.060	0.552	0.841	陆相沉积层底界面
	PPS	PPSc	97	0.160	0.242	2.316	陆相沉积层底界面
C14	PPS	PPSb	316	0.080	0.081	1.037	陆相沉积层底界面
C15	PPS	PPSb	200	0.100	0.109	1.196	陆相沉积层底界面
C24	PPS	PPSs	110	0.080	0.072	0.823	陆相沉积层底界面
	PPS	PPSm	84	0.050	0.045	0.828	陆相沉积层底界面
C26	PPS	PPSs	137	0.120	0.129	1.155	陆相沉积层底界面
	PPS	PPSm	69	0.100	0.115	1.362	海相沉积层底界面
C28	PPS	PPSs	102	0.080	0.103	1.678	陆相沉积层底界面
	PPS	PPSp2	134	0.100	0.119	1.425	陆相沉积层底界面
	PPS	PPSm	137	0.080	0.064	0.640	海相沉积层底界面
C29	PPS	PPSs	189	0.100	0.115	1.361	陆相沉积层底界面
	PPS	PPSp2	182	0.040	0.036	0.813	陆相沉积层底界面
C30	PPS	PPSs	114	0.080	0.094	1.388	陆相沉积层底界面
	PPS	PPSp2	223	0.080	0.099	1.531	海相沉积层界面
	PPS	PPSc	93	0.080	0.073	0.836	海相沉积层界面
	PPS	PPSm	157	0.080	0.106	1.764	海相沉积层界面
C35	PPS	PPSs	44	0.080	0.092	1.344	陆相沉积层底界面
	PPS	PPSp1	109	0.080	0.086	1.163	陆相沉积层底界面
	PPS	PPSm	120	0.080	0.051	0.409	海相沉积层底界面
C36	PPS	PPSs	281	0.080	0.120	1.002	陆相沉积层底界面
	PPS	PPSp1	161	0.100	0.123	1.512	陆相沉积层底界面
	PPS	PPSm	231	0.150	0.192	1.638	陆相沉积层底界面

(四)横波速度结构与波速比

南黄海北部拗陷中主要发生 PPS 转换，转换界面为陆相沉积层底界面。千里岩隆起发生 PPS 转换及 PSS 转换，转换界面分别为陆相沉积底界面及海底。对比千里岩隆起及北部拗陷，推测是拗陷中海底介质速度及 V_p/V_s 未达到满足发生明显 PSS 转换的条件或地层具有对横波强衰减的特征。图 5.46 展示了南黄海地区的横波速度与波速比特征，横波特征与纵波类似，随深度增加而增大；V_p/V_s 随深度增加而减小，但二者纵横向均呈现不均一性分布。

1. 千里岩隆起(0~80km)

PPS 和 PSS 两类转换模式控制千里岩隆起的横波震相，在 C06 台站中，有两组震相约束其相关地层横波速度(图 5.45)。射线路径[图 5.45(c)]表明，该站位纵横波转换分为 PPS 及 PSS 两种模式，转换界面分别为 OBS 下方高速层(层 3)顶界及炮点下方海底。PSS 转换模式比 PPS 对横波具有更广范围的约束作用，C06 站位控制了千里岩隆起地区横向距离约 50km 的陆相沉积层及其下方高速层的横波速度[图 5.45(d)、图 5.46]。此区域陆相沉积层纵、横波速度均高于拗陷区域，但纵横波速比具有相似特征：上界面具有较高波速比，随深度增加，波速比逐渐降低。这种现象也归因于浅层压力较小造成的地层欠压实及弱岩化作用。但拗陷中陆相沉积顶界面相对于此处是一个小的速度间断面，推断这是未在拗陷中发生 PSS 转换的原因。陆相沉积层下方的高速层(层 3)横波速度整体分布在 3.7~3.75km/s，纵横波速比为 1.67~1.68，纵波速度为 6.2~6.3km/s，结合千里岩岛露头及不同岩性纵横波相关关系(李庆忠，1992)推断，此处是由富硅变质花岗岩组成。另外，在 C06 台站下方，两个地层的波速比明显高于两侧，以 F 标记。根据以往经验，断层活动会引起岩石破碎，而岩石孔隙增加引起横波速度降低(Mjelde et al.，2002；尹帅等，2015)，形成高波速比现象。结合前人研究(侯方辉等，2012)，推断 F 是胶莱盆地在海上部分的边界，且为断层边界。根据目前研究成果，层 3 下界面波速比无异常增加，推断断层 F 活动深度未至埋深 4km 处。

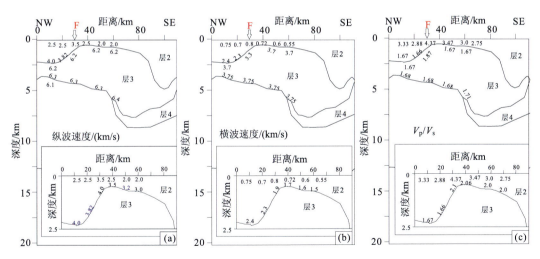

图 5.46　千里岩隆起区速度结构及 V_p/V_s 值
(a)纵波速度；(b)横波速度；(c)V_p/V_s 值

拟合结果显示：层 2 横波速度从西北向东南呈现先增大后减小再增大的特征，底界面隆起对应位置呈现低横波速度特征；本层顶部速度分布在 0.54~1.2km/s，底部速度为 0.91~2.2km/s；测线下方波速比整体较高，均大于 2.2(图 5.46)，从西北向东南呈现先增大后减小的特点，表 5.8 介绍了各个台站下方地层层 2 所对应的波速比。层 3 横波速度略高，顶部速度分布在 2.99～3.92km/s，顶部平均值约为 3.7km/s；本层波速比大部分集中在 1.7 附近，部分位置低至 1.5(图 5.46)。

表 5.8　千里岩隆起各个台站下方波速比

台站	C06	C07	C08	C10	OBS11	C13	OBS14	OBS15
V_p/V_s(层2)	2.5	3	5	5.5	4.0	4.0	4.0	3.37

2. 北部拗陷

PPS 转换模式控制北部拗陷三个层的横波震相，尚未发现 PSS 模式，且模型区间 [100km～130km] 缺少射线分布，未能得到横波速度，表 5.9 介绍了各个台站下方地层所对应的波速比。从图 5.44 中看出，有三组震相共同约束其下方地层横波速度(图 5.44)。根据射线路径[图 5.44(c)]看出，该站位纵波转换为横波均发生在 C29 下方海相沉积层(层 4) 顶界，为典型的 PPS 转换模式。在 C29 台站拟合过程中，我们得到该站位下方陆相沉积层的横波速度：横波顶速为 0.5km/s，底速是 1.7km/s。而陆相沉积层顶界纵波速度为 1.7km/s，底界为 3.5km/s，C29 台站下方陆相沉积地层(层 2)顶部具有高达 3.4 的波速比，随着深度增加，在陆相沉积地层底部波速比下降为 2.06。高的波速比在沉积层中非常常见，在挪威西南部的松恩峡湾(Sognefjord)，曾经获得过 4～10 的波速比(Iwasaki et al., 1994)。高波速比主要归因于低的横波速度，浅层较小压力导致地层欠压实及弱岩化作用，随着压实作用增强，波速比逐渐降低。层 2 横波速度从西北向东南方向整体呈现减小趋势，顶部速度介于 0.49～0.85km/s，底部分布范围是 1.35～2.5km/s；此层波速比仍呈现高值特征，分布在 2～3.5。层 3 按速度及波速比大小分为两部分，北部拗陷中段速度从顶部 2.78～3.05km/s 增大到底部的 3.05～3.11km/s，波速比为 1.8；北部拗陷南段的速度略高，顶部最低速度是 2.99km/s，最高速度是 3.57km/s，底部都高于 3.33，波速比不超过 1.68。层 4 速度变化不大，顶部分布在 3.5km/s 附近，底部在 3.56 附近，波速比为 1.7，陆相盆地南北缘的波速比高于盆地内部平均值。

表 5.9　北部拗陷各个台站下方波速比

台站	C24	C26	C28	C29	C30	C35
V_p/V_s(层2)	3.46	2	2.5	2.45	2.85	3.0
层 3	1.8	1.8	1.8	1.8	1.55/1.6	1.68
层 4	1.7					

3. 中部隆起

经拟合发现中部隆起上的控制台站较少，转换界面单一，仅在该区域得到 C36 台站下方陆相沉积层的横波速度 0.53～1.56km/s，波速比为 3.2。

(五)结果评价

OBS2013 线横波速度走时总共拟合 6873 个震相,大多数转换横波震相的χ^2都小于或者接近 1,个别震相为 2 左右。在建立横波结构模型过程中,依据数据质量的好坏,拾取震相的不确定度为 0.04~0.18s,具体参数见表 5.7。千里岩隆起被多台站联合控制,射线密集交叉,北部拗陷射线交叉程度略低,但同台站射线有交叉。横波速度结构整体可信,提供了上地壳部分的速度特征,对多分量勘探有重要参考价值。

五、地质解释

利用所获取的胶东半岛-南黄海海域纵、横波速度模型(LINE2013 线),综合重、磁及多道等资料综合分析碰撞造山带及邻区地壳结构。在南黄海上地壳岩性分析的基础上进一步认识胶东半岛-南黄海海域断裂体系的展布及华北与扬子块体深浅构造关系。

(一)南黄海上地壳岩性分析

纵横波速受岩性、孔隙度及空隙填充物类型等因素影响(李庆忠,1992;Bromirski et al.,1992;Iwasaki et al.,1994;Christenson,1996;Kodaira et al.,1996;Kim et al.,2000;尹帅等,2015),在前人的研究中,二者的相对关系对各类地层岩性具有良好的指示(图 5.47)。根据获取的纵横波速度及波速比,分析了南黄海海域的岩性特征。

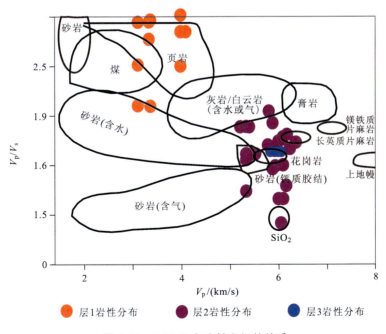

图 5.47 V_p/V_s-V_p 与岩性之间的关系

南黄海海域中层 2 整体呈现高的波速比（>2.5），局部略低，高波速比在沉积层中是非常常见的，Iwasaki 等（1994）在挪威西南部的 Sognefjord 地区获得过 4~10 的波速比，Bromirski 等（1992）在北太平洋海域获得 9.2 的波速比。低的横波速度是高波速比的直接原因，主要是由于浅层地层受到较小的压力，地层呈现欠压实及弱岩化现象，而随着深度增加，地层压实作用增强，波速比会呈现减小趋势。通过纵波速度特征识别了胶莱盆地的延伸（0~40km），图 5.48（c）中，其延伸南缘的波速比有明显升高，这是控盆断层引发岩石破碎的体现，根据界面上下波速比特征推断，此断层切割了陆相沉积基底，但未延伸至层 3 底界面（埋深 7km 左右）。陆相盆地南北缘的高波速比特征也归因于两个位置的断层作用。陆相沉积层中的波速比与纵波的相对关系呈现的是页岩、砂岩及煤层特征，北部拗陷中已有钻孔钻遇。

层 3 在千里岩隆起主要呈现花岗岩及长英质片麻岩的 V_p/V_s-V_p 关系，是华北-扬子陆-陆碰撞的产物，反映了卷入苏鲁造山带中的大陆地壳成分。北部拗陷下方，该层展现了明显不同的两类 V_p/V_s，中部是 1.8，而南部 V_p/V_s 分布在 1.55~1.68。根据 V_p/V_s-V_p 关系，北部拗陷下方呈现中部碳酸盐岩及南部砂岩特性，中部隆起地与北部拗陷南部的特征一致。图 5.49 是横跨北部拗陷与中部隆起的多道地震地层解释剖面。第四系（Q）和新近系（N）广泛分布，古近系（E）和白垩系（K）的泥岩和砂岩沉积主要分布在拗陷中，青龙组（T_1q）、大隆组（P_2d）、龙潭组（P_2l）、栖霞组（P_1q）及石炭系（C）主要分布在中部隆起，从上到下向拗陷尖灭，泥盆系（D）和志留系（S）沉积出现在中部隆起及北部拗陷的南部。南黄海中部隆起，最新钻井 CSDP-2 钻遇第四系、新近系、三叠系、二叠系、石炭系、泥盆系、石炭系及奥陶系，最深钻至上奥陶统。综合分析，北部拗陷的海相层由两类地层组成，分别是中部的碳酸盐岩地层及南部砂岩（或包含碳酸盐岩的砂岩）地层，其分界线位于 C29 与 C30 之间[图 5.48（c）中黑色虚线]。北部拗陷中部砂岩地层的缺失，说明在印支期的碰撞隆升过程中，其隆起程度由东南向西北逐渐增强。海相层中的陆相盆地南北缘位置同样出现 V_p/V_s 升高，也作为断裂引发破碎的体现。

层 4 的纵波速度分布在 5.8~6.1km/s，波速比为 1.7，呈现了花岗岩的特征。上下界面埋深向盆地中部都呈现加深趋势，推断浅层断层终止于本层的底界面。由于埋深较大，破碎岩石被再次压实，所以波速比未出现异常。

（二）中朝、扬子块体及苏鲁造山带在海区的接触关系

对 LINE2013 线获得的山东半岛-南黄海海陆联测深地震速度结构，结合区域地质背景、重力和磁力异常特征，进行了地质解释，结果如图 5.50 所示。横向上的两个速度边界（F3，F）将研究区域分成三部分，沿测线方向，南北两端较为稳定的地壳分别属于华北块体及扬子块体；中部地壳比较复杂，归属于华北-扬子结合带。将已知断层信息投影到速度剖面上，结合区域构造背景，划分了两个大断裂及若干个活动小断裂，并作深部延伸，南黄海地区北部拗陷中-新生代陆相盆地以断裂为界。

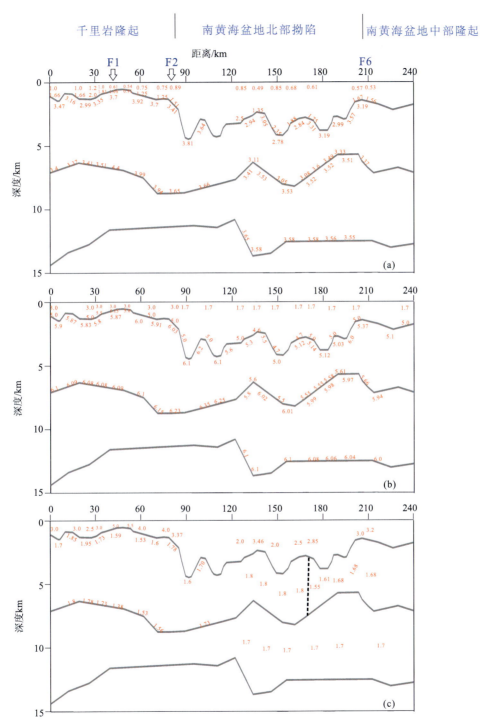

图 5.48　OBS3013 线波速与波速比特征

(a)横波速度(km/s)；(b)纵波速度(km/s)；(c) V_p/V_s

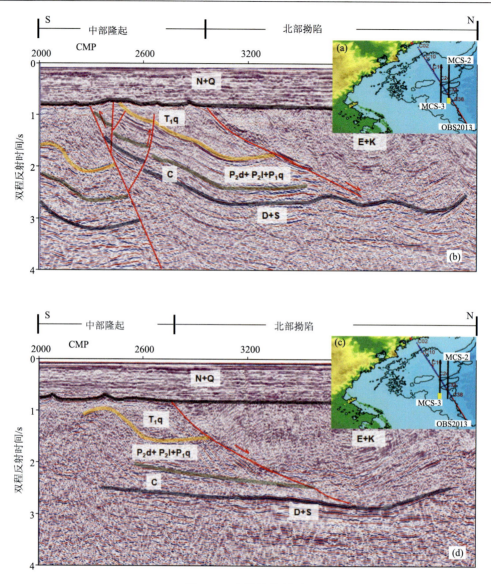

图 5.49 多道地震剖面

(a) MCS-1 位置；(b) MCS-1 解释剖面；(c) MCS-2 位置；(d) MCS-2 解释剖面；N+Q：新近系和第四系；E+K：古近系和白垩系；T_1q：下三叠统青龙组；P_2l：上二叠统龙潭组；P_2d：上二叠统大隆组；P_1q：下二叠统栖霞组；C：石炭系；D+S：泥盆系和志留系

图 5.51 显示了 LINE2013 线两侧区域的断裂立体组合特征，其平面组合如图 5.52 所示。青岛-烟台断裂带（QYF，F2），又称即墨-牟平断裂带，为苏鲁造山带的北界，该断裂带包括桃村断裂、郭城断裂、朱吴断裂和海阳断裂四条主干断裂，经历多期次不同性质及方向的构造应力，断裂带呈显著负磁异常及负布格重力条带。LINE2013 线的速度反演结果显示桃村断裂可能为一切割地壳的深大断裂，且为扬子块体俯冲带的北缘。该断裂形成于元古宙，中生代活动强烈（黄永华等，2007），经历了晚侏罗世的挤压左旋

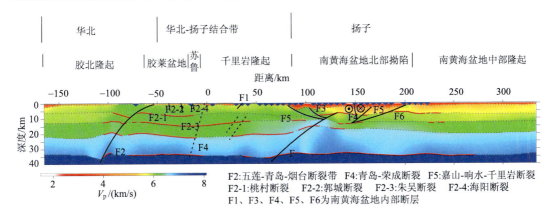

图 5.50 LINE2013 线纵波速度结构分析

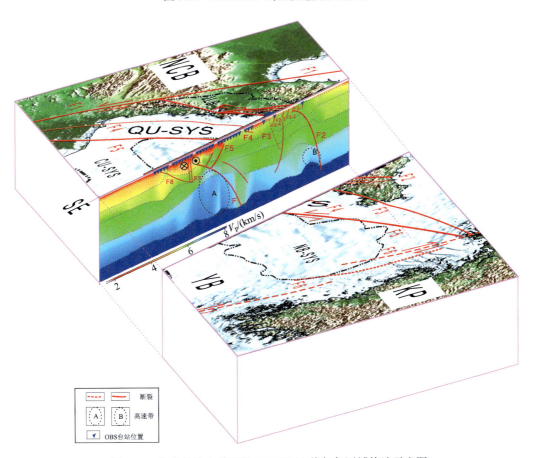

图 5.51 北苏鲁造山带和沿 LINE2013 线相邻区域构造示意图

NCB：华北块体；YB：扬子块体；KP：朝鲜半岛；QU-SYS：南黄海千里岩隆起（苏鲁造山带）；NB-SYS：南黄海北部拗陷；CU-SYS：南黄海中部隆起；JLB：胶莱盆地；F1：郯庐断裂；F2：五莲-青岛-烟台断裂；F2-1：桃村断裂；F2-2：郭城断裂；F2-3：朱吴断裂；F2-4：海阳断裂；F3：青岛-荣成断裂；F4：千里岩隆起断裂；F5：嘉山-响水-千里岩断裂；F6：黄海东缘断裂（朝鲜半岛西缘断裂）

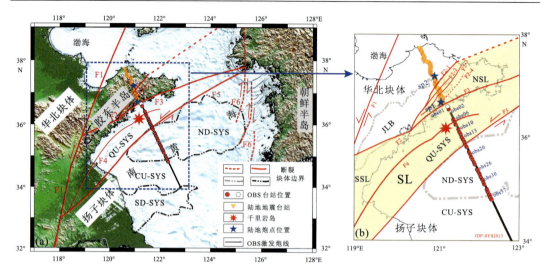

图 5.52 LINE2013 线相邻区域断裂分布及地质构造图

(a) 苏鲁造山带地理位置；(b) 区域构造与断裂平面展布图；SL：苏鲁造山带；NSL：北苏鲁造山带；SSL：南苏鲁造山带；JLB：胶莱盆地；QU-SYS：南黄海千里岩隆起；NB-SYS：南黄海北部拗陷；CU-SYS：南黄海中部隆起；SD-SYS：南黄海南部拗陷；F1：郯庐断裂带；F2：五莲-青岛-烟台断裂（WQYF）；F2-1：桃村断裂；F2-2：郭城断裂；F2-3：朱吴断裂；F2-4 海阳断裂；F3：青岛-荣成断裂（QRF）；F4：千里岩隆起断裂；F5：嘉山-响水-千里岩断裂（JXQF）；F6：黄海东缘断裂（朝鲜半岛西缘断裂）；sp1：陆地第一炮点；sp2：陆地第二炮点；obs01 至 obs37：OBS 台站位置

平移、早白垩世的两期引张伸展及一期构造挤压平移和晚白垩世—古新世右旋走滑作用（张岳桥等，2007）。郭城断裂、朱吴断裂和海阳断裂依次往东分布，但其切割地层深度小于桃村断裂。断裂下方的高速异常体说明来自上地幔的高速物质沿着断层向上移动，并到达下地壳的底部和中部。

F3 断裂为青岛-荣成断裂，处于布格重力异常的正负异常转换区（Li et al.，2012；张训华等，2013）和磁力异常的梯度密集带上（张训华等，2013），前人推测是深达上地幔的深大断裂，在莫霍面上有 3km 的错动（曹国权，1990；翟明国等，2000）。但在 LINE2013 线地壳速度模型图中对应区域速度略有降低，但未有明显速度异常出现，亦未发现明显莫霍面起伏。分析可能的原因是该处射线密度不够，未能充分恢复该区域速度特征，或是青岛-荣成断裂未能切割莫霍面，或是该断裂两侧速度无明显差异。

多尺度速度反演得到的速度结构（图 5.25）已良好地约束了南黄海区域埋深 6km 以内的断层，现主要叙述埋深 6km 以下的断裂特征。以往的地质和地球物理研究表明，图 5.51 中的北东-南西向断裂 F5、F7 和 F8 对该区的构造演化起着重要作用。其中，LINE2013 线速度反演结果（图 5.50）显示，嘉山-响水-千里岩断裂（JXQF，F5）是断穿莫霍面的深大断裂 F 的分支大断裂，F+F5 控制了扬子块体与华北-扬子结合带（北苏鲁造山带（NSL））的分界，根据速度差异及界面变化判断，图 5.51 中界限左侧是华北-扬子结合带，右侧属于扬子块体。千里岩断裂（F5）、北部拗陷南缘（F6）及内部断裂（F4）可能终止于上地壳内部反射界面。

Huang 和 Zhao（2006）通过旅行时层析成像得出中国及其周边地区的深层纵波速度模

型，发现中国北方、胶东半岛和南黄海之间存在很大差异，表明这些地区应该属于不同的构造块体。Huang 等(2009)确定的渤海和黄海岩石圈的 S 波速度(V_S)结构进一步证明了这一观点。

但是，目前的地震层析成像只能发现和解释华北块体和扬子块体深层结构之间的差异，分辨率较低，仍不足以精确确定它们之间边界的确切位置(郝天珧等，2003)。LINE2013 线穿越中朝、扬子块体及其碰撞带，具有密集的台站和震源覆盖范围，并为这些构造单元提供了高分辨率的地壳纵波速度结构(图 5.50)；将这些数据与重力、磁力异常(张训华等，2013)结合分析，将华北块体、苏鲁造山带和扬子块体之间的准确边界定为 F2 和 F5 断裂。

F2 断裂以北的区域属于华北块体，与 Liu 等(2015)揭示的渤海地区的 Line2010 线和 Line2011 线具有相同的地壳纵波速度结构，布格重力异常与磁力化极异常近似负相关。华北块体的沉积层从北向南明显变薄，与此相反，上地壳层从北向南逐渐增厚，层速为 5.0~6.2km/s。华北块体的莫霍面(平均深度为 30km)在深大断裂 F2 附近隆升，该断裂在 LINE2013 线附近地壳最薄(约 25km)，上地幔的纵波速度从北向南减小。

断裂 F2 和 F5 之间的区域属于华北-扬子结合带(苏鲁造山带)，具有最复杂的地壳结构以及最大的重力和磁力异常摆动(张训华等，2013)。苏鲁造山带的沉积层较薄(<1km)，但向南黄海逐渐增厚，最大厚度在 F5 断裂附近，约 3km。

位于华北-扬子结合带南部的千里岩隆起上，上地壳中有一条约 120km 宽、速度为 6.2~6.4km/s 的高速带，该区域最高布格重力异常近 40mGal，接近扬子块体的中地壳速度范围(6.2~6.5km/s)，表明它们在碰撞前应该属于同一构造单元。F2 和 F2-4 之间的中地壳中约 50km 宽的低速带对应于最高的磁力异常区域，其速度范围(6.2~6.4km/s)接近上地壳下部的速度范围(6.2~6.3km/s)，表明块体的碰撞可能导致上地壳向下折叠，从而进入碰撞带上中地壳的位置。苏鲁造山带中的莫霍面深度约为 32km，但它从南到北向下倾斜，这与李英康等(2015)从苏鲁造山带西南部获得的阶梯状莫霍面相似。

F5 断裂以南的区域属于扬子块体，与苏鲁造山带相比，其地壳结构的横向变化最小，并且布格重力异常与磁力化极异常近似正相关。扬子块体的上地壳较厚，平均厚度约为 12km，速度等值线从北到南是相对水平的，与华北块体有很大的差异。通常，扬子块体的地壳厚度(平均约 32km)比华北块体大，并且莫霍面的变化比华北块体和苏鲁造山带时要小得多、平滑得多，与吴健生等(2014)的结论是一致的。从重力和地震资料的联合反演中可以得出，南黄海地区的地壳厚度为 30~33km(张训华等，2013)。扬子块体和华北块体之间的另一个区别是，扬子块体的上地幔顶部的纵波速度从北向南横向变化不大。

徐佩芬等(1999，2000)通过区域地震线性走时层析成像和远震事件，获得苏鲁-大别造山带区域的 3D 速度结构，认为南黄海北部的千里岩隆升是苏鲁造山带向海上的延伸，造山带的鳄鱼嘴形速度结构反映出华北块体的地壳已经楔入扬子块体的地壳中，扬子块体覆盖在古代俯冲带之上。LINE2013 线进一步清楚地显示了造山带的鳄鱼嘴形速度结构，以及华北块体和扬子块体的楔形碰撞过程。在南部苏鲁造山带的上地壳中约 120km 宽的向南倾斜的高速带，在苏鲁造山带北部的中地壳中约 50km 宽的向北倾斜的低速带和西北向加深的阶梯状莫霍面，说明在碰撞过程中，扬子块体的中地壳与下地壳解耦，并且华北块体的地壳被楔入扬子块体的中地壳与下地壳之间的区域。因此，鳄鱼嘴的上颚代表扬子块体的南倾中地壳，而下颚则标志着扬子块体的下地壳。

由于华北块体的楔入，扬子块体的中地壳隆升，经过后来的剥蚀，扬子块体中地壳的一部分保留在南部苏鲁造山带上地壳中，形成高速带。另外，挤压应力、碰撞带中的华北块体的楔壳向下弯曲至下地壳中，从而在苏鲁造山带北部的下地壳中形成低速带。

因此，根据 LINE2013 线的地壳结构和其他现有的地质、地球物理和地球化学证据，我们总结了扬子块体和华北块体碰撞过程的如下三个主要阶段(图 5.53)。

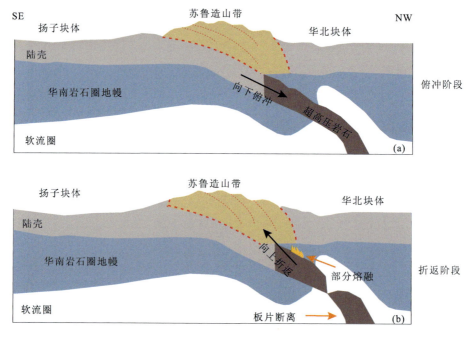

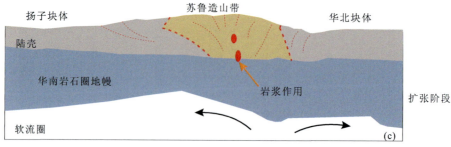

图 5.53 扬子块体和华北块体碰撞过程的示意图

1. 印支运动前的抬升阶段(240~220Ma)

早三叠世之前，华北、扬子块体独立发育。240~220Ma，扬子块体开始了向华北的深俯冲过程，发生超高压变质作用[图5.53(a)]。

2. 印支运动与中燕山运动之间的逆冲推覆构造阶段(220~140Ma)

在印支运动期间，中国东南沿海形成一个强烈的挤压推覆带，并影响了南黄海地区，导致由印支运动产生的拆离断层使中地壳拆离[图5.53(b)]，华北块体开始楔入扬子块体的中、下地壳中，由于强力的NW向挤压作用，华北块体楔入地壳并向下弯曲，在碰撞带的中、下地壳中形成近水平的褶皱。华北块体和扬子块体之间的碰撞引起的SE向挤压应力，导致碰撞带中形成一个复杂的杂岩带，同时，被向上挤压的扬子块体中地壳和上地壳开始遭受强烈剥蚀(郑永飞，2008；许志琴等，2003)。

总体上，胶东半岛-南黄海地区在240~160Ma期间一直处于挤压环境的动力背景之下，主要表现为隆升-褶皱造山；苏鲁造山带中盖层经历了近东西走向的褶皱及逆冲构造，并发生巨大剥蚀(李三忠等，2009)；南黄海地区经历冲断推覆，推覆体逐渐进到下扬子块体内部，在南黄海海域形成与苏鲁造山带平行的NE向拗陷，其性质属于类前陆盆地；到中侏罗世，南黄海北部拗陷及中部隆起沉积层发生明显改造，隆升作用造成不同地区不同程度的剥蚀，剥蚀强度总体上呈现北强南弱特征，并形成一系列的褶皱和断裂；北部拗陷包括上二叠统龙潭组等地层发生大面积剥蚀，侏罗系与白垩系不整合于中、古生界海相残余地层之上，中部隆起地区保存了下三叠统青龙组(T_1q)，上二叠统大隆组(P_2d)、龙潭组(P_2l)等地层。综上所述，南黄海海域的海相中、古生界在晚印支—早燕山期的冲断推覆过程中被极大地改造，此次冲断推覆使南黄海地区海相层的面貌得到重塑，也为后期进一步沉积与演化创建了框架(裴振洪和王果寿，2003)。

3. 燕山运动晚期和喜马拉雅运动早期之间的伸展和裂谷阶段(140~40Ma)

在晚三叠世末期，华北块体和扬子块体基本完成海陆相过渡过程，由西太平洋构造域活动引起的弧后扩展开始逐渐加强，开始了南黄海地区裂谷的发育阶段[图5.53(c)]。从中-晚侏罗世到早白垩世，南黄海及其邻近地区的构造应力转向NNW向，陆相断陷开始叠置在中生代和古生代海相残留盆地之上(庞玉茂等，2017)，在拉伸应力和重力作用下，早期的逆冲断层上升盘开始沿断层平面回返，逐渐从逆断层变为正断层。类似地，其周围相对脆弱的环境，拆离断层在张应力作用下再次伸展形成岩石圈断层。在这个阶段的构造沉降和经过长期剥蚀之后，扬子块体分离和隆升的中地壳部分得以保留，从而在碰撞带的上地壳中出现向南倾斜的高速带。

渐新世末期与中新世之间的盐城运动结束了裂陷沉积盆地的发育，渐新世—早中新世区域沉积的不连续性和平行不整合面普遍缺失，以及地震剖面上的平行不整合面，代表了西太平洋向西俯冲挤压印支板块，导致了华北块体和扬子块体的总体隆升，并开始遭受强烈剥蚀,导致苏鲁造山带地区的沉积层明显变薄。

(三)朝鲜半岛南部的构造归属及构造动力学机制

LINE2016线的最终纵波速度(V_p)模型由四个界面组成,从浅到深分别为沉积基底、上地壳底部、中地壳的底部和莫霍面[图5.54(b)]。模型中包含水层,但由于南黄海的水深太浅而无法分辨。

第一层(G)是海底与陆相沉积基底之间的沉积层,基底的起伏与LINE2016线所在区域上的新生代隆起和凹陷的区域非常吻合。陆相沉积层的厚度与LINE2016线西端点的CSDP-2井,以及测线东段附近的Kachi-1和IIH-1Xa钻井所揭示的厚度相同(张训华等,2017;Shinn et al.,2010),主要特征是南黄海中部较厚,两端较薄;北部拗陷的中央部位的C18、C19站位的陆相沉积层厚度最大,约3km,V_p从顶部的大约2.0km/s增加到底部的大约4.0km/s[图5.54(b)]。

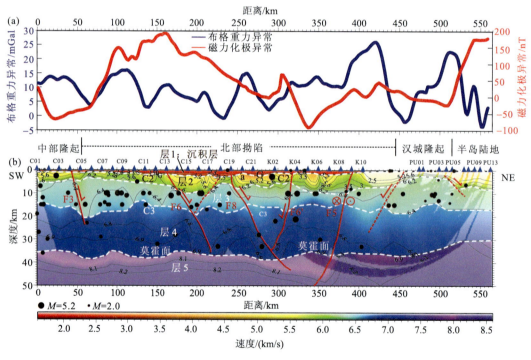

图5.54　LINE2013线重力磁力异常曲线(a)与地壳速度结构(b)图
G:陆相沉积基底,C2:上地壳底界,C3:中地壳底界

第二层(C2)是上地壳,在不同构造单元中的厚度和速度横向表现出不同的特征。LINE2016线的西端(0~50km)位于中部隆起[图5.54(b)],上地壳的厚度和横向速度变化缓慢,纵波层速度在5~6km/s之间变化,厚度约为4km,由CSDP-2井岩心和测井资料对比标定,该层段属于中-古生代海相沉积层。LINE 2016线的中部(50~450km)位于北部拗陷上,上地壳的速度和厚度横向变化较大,"X"形的黄海中央断裂带(郝天珧等,

2003），包括东北走向的分支断裂F6和西北走向的分支断裂F6′，将北部拗陷的上地壳划分为三个不同的部分。西部（F6以西50~160km段）的上地壳较薄，平均厚度约为3.5km，从西向东略厚，该层段纵波速度为5.6~6.2km/s，高于北部拗陷的中部（160~310km）；在C06、C08、C09和C12台站下的上地壳中有四个高速区（HVZ），与磁力高异常非常吻合［图5.54(a)］。F6和F6′之间层段（160~310km）的上地壳层厚度从西部的约8km逐渐减薄到东部的约4km，该层段纵波速度在5.2~6km/s之间变化，低于北部拗陷的其他区域［图5.52(b)］。F6′和F5之间层段（310~390km）的上地壳的厚度增加到大约9km，层速度为5~6.3km/s，并且在K04、K06和K09附近的速度相对较高。在F5以东（390~565km），受深部震相约束的界面C2从西向东逐渐升高，PU01至PU04下的上地壳厚度减小到约3km［图5.54(b)］。然而，LINE2016线的东部缺乏浅层震相，上地壳层内的射线覆盖不足，因此，这里不讨论上地壳层的速度结构。

第三层（C3）是中地壳，不同于沉积层和上地壳，上地壳具有较大的垂直速度梯度。中地壳层的纵波随深度变化不大，大致在6.3~6.5km/s之间。F5以西的中地壳的层速度为6.3~6.6km/s，略高于F5以东的6.2~6.4km/s。此外，F6和F5两侧的中地壳厚度也有很大差异，比F6和F5之间的北部拗陷中部（平均厚度约7km）要厚，在F6的西部和F5的东部，平均厚度约为13km。

第四层是下地壳，显示LINE2016线的东西部分相差较大。首先，莫霍面深度通常以"西深东浅"模式为特征。LINE2016线西部的莫霍面深度为35~38km，而F5以东的莫霍面深度逐渐减小至约30km。其次，F6和F6′附近下地壳的横向速度变化比其他地区明显，并且在断层带附近速度轮廓呈"U"形，表明由F6和F6′形成的黄海中央断裂带是活动断裂带。F5附近没有明显的速度等值线弯曲，这与隐伏断裂的特征是一致的（郝天珧等，2003，2004）。重要的一点是，下地壳的纵波在F5的两侧都明显不同：F5以西层段下地壳速度为6.7~7km/s，而在F5以东层段，速度则为6.6~6.8km/s，相对较小。F5两侧下部地壳的厚度和速度存在明显差异，表明该边界断层两侧的区域属于不同的构造单元。

莫霍面下方是上地幔顶部，其速度为8~8.4km/s。LINE2016线海域部分的OBS台站没有接受到上地幔的折射震相Pn，因此该层的分辨率小于0.5［图5.41(b)］。幸运的是，LINE2016线的大多数陆地地震台站都采集到了Pn相［图5.41(a)］，这使得LINE2016线的上地幔在320~530km层段的分辨率大于0.5，有效揭示了南黄海东部和韩国西部陆地上地幔顶部的纵波速度结构特征，显示在F5两侧的上部上地幔的纵波速度结构有所不同，以F5为界，从西向东有明显的速度等值线隆起［图5.54(b)］，这表明F5两侧的结构差异都存在于上地幔顶部（或岩石圈）。

郝天珧等（2010）详细分析了重力和磁力异常、层析成像和反射地震结果，并总结了南黄海及其周边地区的断层分布，从中提取了LINE2016线的布格重力异常和磁力化极异常［图5.54(a)］，并在LINE2016线的速度模型中绘制了相应的断层［图5.54(b)］。重力和磁异常的分布特征是对速度结构的良好补充，根据纵波速度结构的特征，并结合重力和磁力异常的分布，可以更充分地提供研究区的构造单元划分和块体边界。

LINE2016 线的布格重力异常从西向东趋于正增加，其幅度在–3.5～26.14mGal 之间变化，布格重力异常和梯度的最大值出现在 F5 的位置附近[图 5.54(a)]。重力异常在 F5 以西的 0～15mGal 的正异常之间缓慢变化，但迅速增加到 F5 附近的 25mGal，为 LINE2016 线的最大重力异常，然后在 F5 以东急剧变化为 20mGal 的一个高值的正异常和–3.5mGal 的低值负异常。

从纵波速度模型中，我们发现布格重力异常的波动与 6.4km/s 的速度等值线的波动非常相似，这表明南黄海布格重力异常的分布受中地壳构造变化的影响最大。此外，布格重力异常急剧变化的位置通常与深部大断层的位置有很好的对应，这表明 LINE2016 线所在的构造单元受到这些深部断层的良好控制。

LINE2016 线的磁力化极异常不像布格重力异常那样表现出"波动性变化"趋势，而具有"较大的整体分布"特征[图 5.54(a)]。LINE2016 线以西的中部隆起以低值负异常为主(–66～0nT)，从 F3 西部到 F6'以东是一个大区带正磁异常(10～180nT)。此外，磁力异常从 F6'以东的 66.79nT 迅速降低到 LINE2016 线的最小磁异常–90.8nT，然后缓慢增加到 F6'以西 F5 的 15nT 的低值正异常。在 F5 以东，磁异常开始再次缓慢减小，直到朝鲜半岛的陆上区域，迅速从–23.6nT 增加到 174.2nT。磁力化极异常的变化与 LINE2016 线上地壳内的速度等值线波动趋势一致，C06、C08、C09 和 C12 台站下方的上地壳高速带(6～6.2km/s)与磁力的高值正异常(图 5.54)吻合，表明南黄海的磁力异常主要由上地壳构造控制。

作为扬子块体的向东部延伸，南黄海是扬子块体的下古生界大陆核存在的主要区域，这使得南黄海保持相对稳定(蔡峰和熊斌辉，2007)，但该地区的地震活动比其他地区要大得多(侯方辉，2006)。从 1962 年开始进行地震观测的数字记录的 IRIS 地震数据库中收集的所有地震事件中发现，直到 2018 年的大部分地震都发生在地壳不到 30km 深的地方，深地幔的地震活动非常罕见。LINE2016 线的 100km 范围内的地震活动被投影到纵波速度结构上[图 5.54(b)]，可以看出，沿测线不同速度结构的地震活动分布特征也存在显著差异。

首先，南黄海的地震活动主要发生在中地壳，大部分发生在中地壳下部速度等速线为 6.4km/s[图 5.54(b)]的深度附近；上地壳和下地壳的地震活动较少，而上地壳的地震活动主要发生在界面 G 和 C2 附近。其次，断裂 F3、F6、F6'和 F8 附近的地震活动更为频繁，这表明这些断裂是活跃的。在埋藏的右旋走滑断层 F5 附近没有强烈的地震活动，因此该断层的存在一直是有争议的(郝天珧等，2004)。再次，下地壳的地震活动在 F5 断裂以西更均匀地分布。在 F5 断裂到朝鲜半岛陆上的下地壳中只有一个地震事件发生，并且位于莫霍面附近[图 5.54(b)]，这表明南黄海东部的下地壳比西部的地壳更稳定，这也证明了 F5 的两侧受到不同的构造应力，并具有不同的构造环境。

近来，朝鲜半岛北部属于华北块体的构造归属已被广泛接受，但关于朝鲜半岛南部的构造归属仍存在很多争议(岳保静等，2014)。LINE2016 线的速度结构表明，从 F5 断裂东部到韩国陆上区域的莫霍面从大约 35km 上升到大约 30km，这与 Line2010 和 Line2011 在华北东部渤海地区的结果一致(Liu et al.，2015)，莫霍面深度也与 Cho 等(2006)所示的横穿韩国京畿地块西北向的广角折射地震剖面的结果(30km)一致。

综上所述，朝鲜半岛南部和华北克拉通地区不仅具有相似的浅部岩石成分和沉积结构特征，而且具有相似的地壳厚度和深部速度结构特征。因此，可以说朝鲜半岛完全属于华北块体。

既然整个朝鲜半岛的构造归属是华北块体，那么扬子块体如何从西向东过渡到南黄海的华北块体？这两个块体之间的边界在哪里？首先要指出的是，南黄海中部应该有一个右旋和近南北走向的断裂，该断裂将华北块体和扬子块体分开(万天丰，2001)，但是没有指出断裂的具体位置。Chang 和 Park(2001)提出边界断裂应该是西北走向的过渡性断裂，即位于黄海中部、靠近 F6′断层的黄海中央转换断层(图 5.52)。郝天珧等(2004)结合黄海地区的空间重力异常、布格重力异常和地震层析成像结果，详细研究了黄海的区域断层分布和深部构造，并提出一个埋藏的 NS 走向的朝鲜半岛西缘的断裂(F5 断裂)，该断裂将华北块体与扬子块体分隔；地震层析成像结果进一步表明，F5 断裂是一个深大断裂，它断开了岩石圈，并与北部的 F2 断裂相连，形成扬子块体和华北块体之间的近似边界(郝天珧等，2003，2004)。

胥颐等(2008，2009)利用中国、韩国和国际地震中心的台站接收到的地震传播时间数据，反演了黄海及附近地区的地壳 V_p 结构、Pn 波速和各向异性结构，认为南黄海的东部和西部属于不同的构造块，并证明了 F5 断裂的存在和位置。涂广红等(2008)利用重力、磁力、地震、钻探和区域地质资料，对黄海地区前新生代残留盆地的分布、宏观构造框架、重力基底和磁性基底深度进行了全面的地球物理研究，结果支持横跨南黄海的二维 EW 向密度模型，并且认为 F5 断裂是华北块体和扬子块体之间的边界的观点。Guo 等(2019)比较了从黄海 CSDP-2 井获得的上泥盆统岩心植物化石分布特征后，建议扬子块体东北部的边界应位于东部黄海中央转换断裂的位置，与郝天珧等(2004)提出的 F5 断裂的北部位置大致一致。

LINE2016 线的重力、磁力异常[图 5.54(a)]、纵波速度结构和地震活动分布特征[图 5.54(b)]在黄海中央转换断层的两侧(F6′附近)没有显示出显著的差异。然而，在 F5 断裂的两侧，上地幔顶部的纵波速度等值线明显上升，而莫霍面埋深则从西部的 35km 逐渐提升到东部的 30km。而且 F5 断裂东侧下地壳的地震活动明显小于西部，表明 F5 断裂东侧下地壳更稳定。布格重力异常和磁力化极异常在 F5 附近波动较大。所有这些地球物理特征证实了右旋走滑断层 F5 的存在，该断层应该是南黄海西部的扬子块体与南黄海东部的华北块体在海域中的边界。

翟明国等(2007)根据前寒武纪对比和古生代沉积盆地的研究，并基于以上假设，提出地壳拆离-逆掩模式——扬子陆块与中朝克拉通碰撞的界限是沿着在朝鲜半岛西缘的黄海断裂(图 5.55)。LINE2016 线地壳速度结构剖面及其地质解释，验证了翟明国等(2007)提出的"扬子板块与朝鲜半岛的拆离-逆掩模式"。

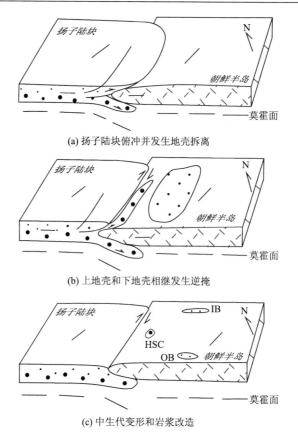

图 5.55 扬子块体与中朝块体(朝鲜半岛)拆离-逆掩模式(翟明国等,2007)

HSC. 洪城杂岩(Hongseon Comlex); IB. 临津江带(Linjinggang Belt); OB. 沃川带(Ogcheon Belt)

第六章　东海深部地震探测成果

一、测线部署与资料采集

2015年，为了查明东海陆架盆地及冲绳海槽的深部地壳结构和构造特征，探测莫霍面形态及埋藏深度，获取地壳速度结构剖面，进一步厘定冲绳海槽地壳性质，国家重点基础研究发展计划（"973"计划）项目"典型弧后盆地热液活动及其成矿机理"之"构造地质过程及其对热液活动的控制"课题（编号：2013CB429701），在东海首次组织实施了主动源 OBS 深地震探测工作。针对课题的探测目标，综合考虑东海陆架盆地、钓鱼岛隆起带、冲绳海槽和琉球岛弧等不同构造单元的构造地质特征，设计了东海至冲绳海槽南部的主动源 OBS 深部地震探测测线（OBS2015 线），测线部署及 OBS 台站位置如图 6.1 所示。OBS2015 线起始于东海陆架盆地的闽浙隆起，穿越冲绳海槽到琉球隆褶区（图 6.1），沿测线共布设 39 个 OBS 站位。其中，在陆架区按 15km 的间距部署 19 个台站，海槽区按 10km 的间距部署 20 个台站（见图 1.2），组成长 545km、NW-SE 向（测线方向角为 144.44°，基本垂直构造走向）的二维主动源 OBS 深部地震探测测线。

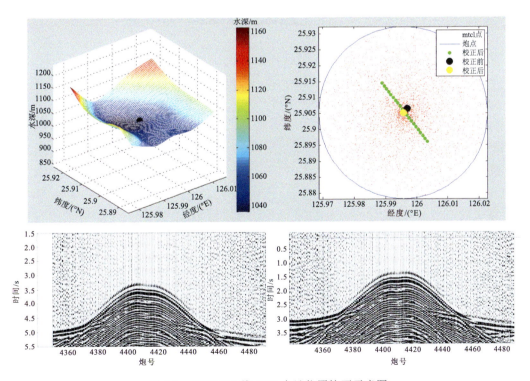

图 6.1　OBS2015 线 OBS 台站位置校正示意图

外业施工时间为 2015 年 10 月 22 日～11 月 20 日，历时约 30 天。OBS 投放和回收由上海海洋石油局第一海洋地质调查大队"勘 407"号调查船完成，震源激发由"发现"号海洋综合物探船完成。所采用的 OBS 全部为中国科学院地质与地球物理研究所研制的短周期 Micro OBS，共部署 39 台 OBS，震源激发工作结束后共回收 36 台，回收率为 92.3%；其中冲绳海槽区的 OBS 全部回收，且记录质量良好。

本次 OBS 深部地震探测激发震源是"发现 2 号"地震调查船为多道地震探测配置的枪阵震源，由四个子阵列共 32 条中、小容量的 Sleeve 和 Bolt 气枪组成，总容量为 6420in^3，该枪阵的最大单枪容量为 600in^3，最小单枪容量为 40in^3（枪阵组合示意见图 3.71）。根据渤海、南黄海 OBS 深部地震探测工作经验，为保障激发地震波的低频能量均匀分布，提高原始地震资料的品质，采用立体气枪阵列组合设计和延迟触发技术（吴志强等，2016）。经对不同立体枪阵组合的远场子波对比分析，选择"高低交错"的立体枪阵组合模式，将子阵分别沉放在 14m、8m、11m、5m 深度上（见图 3.41），以最浅子阵为起始，以 2ms 的时间延迟由浅至深顺序地触发各子阵，其远场子波波形和频谱见图 3.72。

震源船在进行震源激发作业过程中，航速保持在 4～5kn，以固定 125m 的炮间距激发地震波，激发时间间隔在 45s 左右，满足大于 OBS 单炮记录长度 30s 的要求，保障了记录中没有相邻的激发信号干扰。共完成震源激发 4361 炮，激发炮线长度 545km。

二、数 据 处 理

数据处理主要分为数据预处理和射线追踪与走时模拟反演两部分（刘丽华等，2012）。其中，常规的数据预处理与南黄海基本一致，不再赘述。

观测系统定义正确与否直接影响资料处理结果的正确性，OBS 的观测系统定义需要炮点坐标、OBS 的坐标及对应的水深值。炮点坐标可以通过导航数据正确获得。在 OBS 资料采集过程中，OBS 的投放是采用在海水中自由下落的方式将其布设到海底，虽然在 OBS 投放时考虑了洋流的影响，但洋流的流速是时变的，致使 OBS 与海底耦合的位置与设计位置存在一定偏差（敖威等，2010；夏少红等，2011），需要运用采集的数据信息对水下的 OBS 位置进行计算，即进行重新定位处理。冲绳海槽区海水深度一般大于 1000m，洋流流速快，方向和速度随时间变化多，OBS 的实际座底位置与设计偏离较大，处理中若进行位置校正，会出现位置误差错误导致的速度与层位求取的错误。

重定位处理是通常运用 P 分量的近偏移距直达波资料进行重定位计算，利用 OBS 数据中的直达波和测深得到的水深值进行旅行时反演得到 OBS 的位置。其主要原理为

$$\begin{cases} \sqrt{(x-x_0)^2+(y-y_0)^2+(h-h_0)^2}=t_0v \\ \sqrt{(x-x_1)^2+(y-y_1)^2+(h-h_0)^2}=t_1v \\ \sqrt{(x-x_2)^2+(y-y_2)^2+(h-h_0)^2}=t_2v \\ \sqrt{(x-x_3)^2+(y-y_3)^2+(h-h_0)^2}=t_3v \\ \sqrt{(x-x_4)^2+(y-y_4)^2+(h-h_0)^2}=t_4v \end{cases} \quad (6.1)$$

$$\begin{bmatrix} 1 & -2x_0 & -2y_0 & -2h_0 \\ 1 & -2x_1 & -2y_1 & -2h_0 \\ 1 & -2x_2 & -2y_2 & -2h_0 \\ 1 & -2x_3 & -2y_3 & -2h_0 \\ 1 & -2x_4 & -2y_4 & -2h_0 \end{bmatrix} \begin{bmatrix} x^2+y^2+h^2 \\ x \\ y \\ h \end{bmatrix} = \begin{bmatrix} (t_0v)^2-h_0^2-x_0^2-y_0^2 \\ (t_1v)^2-h_0^2-x_1^2-y_1^2 \\ (t_2v)^2-h_0^2-x_2^2-y_2^2 \\ (t_3v)^2-h_0^2-x_3^2-y_3^2 \\ (t_4v)^2-h_0^2-x_4^2-y_4^2 \end{bmatrix} \quad (6.2)$$

式(6.1)中(x_i,y_i,h_0)为炮点坐标，$i=0,1,2,3,\cdots$为炮点；t_i为炮点到OBS接收点时间，可通过直达波旅行时得到；v为纵波水速；(x,y,h)为待求的OBS接收点坐标。将其平方简化得到式(6.2)，利用最小二乘法，从而求得OBS接收点位置。理论上根据三点即可确定一个坐标，但实际处理中，为了获得更多的方位信息，选取尽可能多的坐标进行重定位计算。

图6.1为OBS台站记录重定位前、后效果图，重定位前由于OBS位置不准确，直达波的走时分布不对称，重定位处理后获得了正确的OBS位置，直达波走时对称分布。将OBS的漂移量进行统计，在深水区OBS站位的最大漂移量达954m，最小漂移量为228m，漂移量相对较大，通过重新定位处理，获得OBS的正确位置，保证观测系统定义的正确性，为后续OBS的继续处理奠定了坚实的基础。

三、震相分布

通过对OBS2015线东海陆架区及冲绳海槽区的OBS单台站综合地震记录剖面进行震相初步识别，在冲绳海槽区清晰地识别出海槽内沉积层折射震相Ps及地壳内折射震相Pg，并且发育大量具备洋壳特征的上地幔折射震相Pn，震相延伸距离大于150km偏移距[图6.2(a)、(b)]；从位于东海陆架区的台站剖面可以清楚地识别出莫霍面反射震相PmP[图6.2(c)]，震相的识别反映出海槽地壳与典型陆壳特征的明显差异。

现以分别位于陆架区和冲绳海槽区的OBS台站记录剖面为例，分析各震相特征及其视速度的特点，并利用射线追踪方法分析各震相的属性。图6.3(a)为位于陆架区的OBS24台站地震剖面，其中横坐标为偏移距，纵坐标为折合后的地震波走时(即折合走时=垂直入射/反射走时÷6.0km/s的地震波速度，下同)；图中设定位于OBS台站位置地震道的偏移距为零，台站西北方向(剖面的左侧)地震道的偏移距为负值，则另一方向为正值。该台站地震剖面上震相丰富，首先能观察到从震点出发穿过海水层直达海底台站接收点

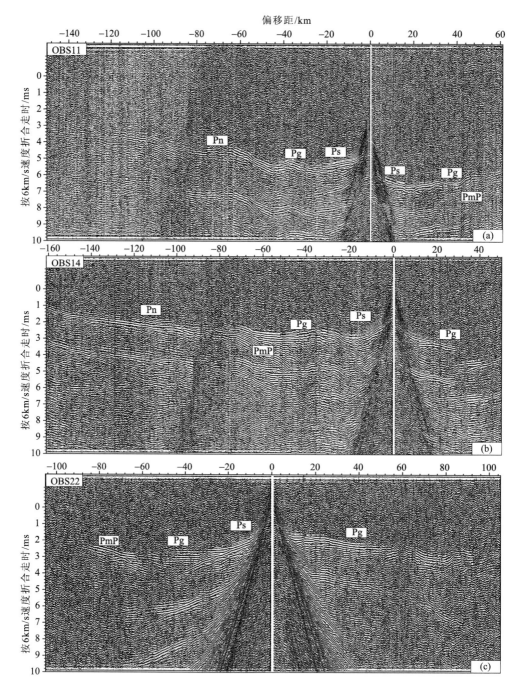

图 6.2 OBS2015 线典型 OBS 台站地震记录剖面

(a)海槽区的 OBS11 台站垂直分量地震剖面;(b)海槽区的 OBS14 台站垂直分量地震剖面;(c)东海陆架东缘的 OBS22 台站垂直分量地震剖面

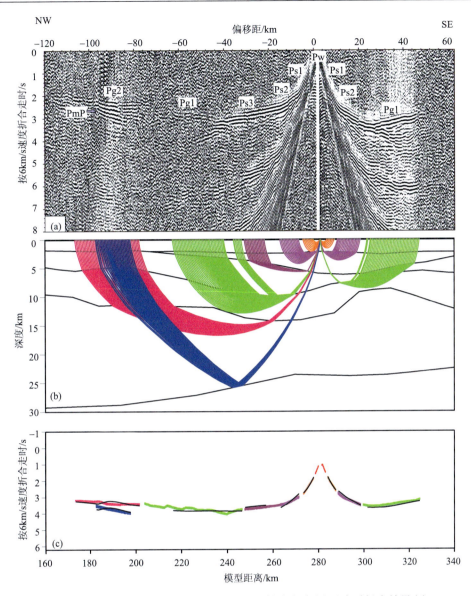

图 6.3 OBS24 站位的地震记录剖面(a)和射线追踪(b)及走时拟合结果(c)

的水波震相 Pw，来自区域内第一个沉积层底界面的折射波震相 Ps1；在盆地的拗陷内部发育多套不同时代的沉积层，折射震相发育，能够识别出 Pb、Ps2、Ps3 等三个折射波震相；在剖面上还能清晰地识别来自地壳内部的折射波震相 Pg1、Pg2 和反射波震相 PcP，以及莫霍面反射震相 PmP[图 6.3(a)]；冲绳海槽的莫霍面埋藏明显变浅，因此在剖面上还能够观测到上地幔折射波震相 Pn[图 6.4(a)]。其中，直达水波震相 Pw 出现最早，延续距离最浅，速度也最低(剖面上波组斜率最大)；紧随其后的是来自第四系和新近系沉积层的折射震相 Ps1，视速度较低，一般为 2.0～3.4km/s，由于埋藏较浅的原因，一般只出现在台站两侧 5～10km 偏移距范围内，但分布范围较广，在所有的台站剖面中均能识别和拾取；随着偏移距的增加，伴随 Ps1 之后依次出现的是折射震相 Ps2、Ps3，主要分布在陆架区，其中折射波震相 Ps2 主要分布在拗陷区域，射线追踪和走时拟合结果显示为来自中生界顶部，视速度为 2.8~4.5km/s，速度变化与地层埋藏深度关联性较强，陆架区埋藏深，视速度相对较高，钓鱼岛隆褶带埋藏浅，视速度相对较低；在陆架区的台站记录剖面中还能够观测到来自东海陆架盆地内中生代沉积层的折射波震相 Ps3，一般起始偏移距 20km 处，延续长度在 30km 左右，速度相对较高，视速度一般为 4.2~5.5km/s，连续性较好，振幅能量相对较高；在陆架区的台站记录剖面上，还发育了上地

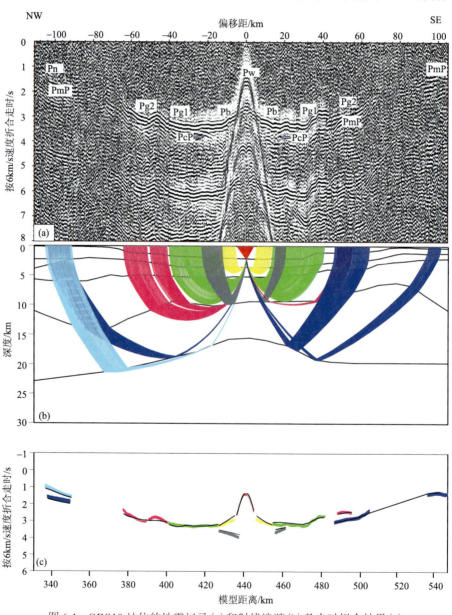

图 6.4　OBS10 站位的地震记录(a)和射线追踪(b)及走时拟合结果(c)

壳折射波震相 Pg1 和下地壳折射波震相 Pg2，视速度普遍在 6km/s 以上，其中 Pg1 震相分布在 60~75km 偏移距范围内，震相的振幅能量较弱、信噪比较低，连续性一般较差，Pg2 震相一般出现偏移距 80km 处，延续长度在 20km 左右，与 Pg1 震相不同，呈现较强的振幅能量、较高的信噪比、较好的连续性的特点；反射波震相 PmP 在剖面上清晰可见，分布在 -95~-75km 偏移距范围内。从经射线追踪和走时拟合正演模拟迭代处理最终得到的速度模型[图 6.3(b)]上可以看出，这些震相的地震射线路径与速度模型吻合良好，走时拟合残差较小[图 6.3(c)中的彩色线段]。

图 6.4(a)为处于冲绳海槽盆地的中轴线位置台站地震记录剖面图，由于海水深度较大，OBS 的工作环境较平稳、安静，该台站的地震数据信噪比相对较高，剖面上震相特征突出。其中，冲绳海槽海水深度大，地震波旅行时间长，速度 1.5km/s 的直达波震相 Pw 出现的时间较陆架区明显滞后，并在台站两侧 5km 偏移距范围内对称分布；沉积基底层的折射震相 Pb 一般跟随在 Pw 震相之后，在偏移距 5km 位置开始出现，延续长度 20km 左右，视速度在 3~5km/s 之间变化，振幅能量强，信噪比高，易于识别。与陆架区相同，在采集环境相对安静的条件下，分布在地壳内部的折射波震相 Pg1、Pg2 振幅能量强，波组特征突出、连续性好，延续长度大，最远可达 100km 以上；其中，Pg1 震相的视速度与陆架区基本相当，在 6.0km/s 以上，Pg2 震相的视速度则与陆架区差异明显，呈现高达 8km/s 以上的速度异常，远高于陆架区 6.0km/s 的视速度，表明冲绳海槽下地壳已被高速地幔物质侵入。

冲绳海槽的震相分布也与其他区域存在差异，在 Pb 震相的下方还观测到反射震相 PcP[图 6.4(a)]，该震相整体呈现振幅能量弱、信噪比低、连续性较差和延续长度短的特征，在走时拟合结果图[图 6.4(c)]上，清晰显示其折合走时曲线的斜率与 Pb 震相相反，结合射线追踪[图 6.4(b)]分析推测该震相为来自上地壳底部界面的广角反射波。

图 6.4 显示海槽内的莫霍面反射波震相（PmP）主要分布在 85~100km 的偏移距区域内，地震波振幅能量中等，特征较突出；另外，在剖面上还观测到来自上地幔的折射波震相（Pn），这也是与其他区域不同之处，Pn 震相一般从 90km 偏移距处开始出现，延续长度较大，在 50km 以上；Pn 震相的折合时间小于 PmP 震相，走时曲线的斜率略大于 PmP 震相，视速度一般不大于 7.5km/s，显示了上地幔存在低速异常区带，说明海槽内的上地幔物质已经大量混入了地壳，壳幔相互作用显著。

四、走时模拟

东海陆架盆地至冲绳海槽 OBS2015 线跨越东海陆架盆地、钓鱼岛隆褶带、冲绳海槽盆地和琉球海沟（见图 6.1），OBS2015 线速度结构模型起点为第一炮激发点位置，终点为最后一炮激发点位置，总长度 545km。测线水深从东海陆架地区的小于 200m 到冲绳海槽地区的大于 2km，随船测量的水深数据构建了 2D 速度结构初始模型中的海水层。由于缺少沿 OBS2015 线多道地震资料，模型中沉积基底主要靠收集东海陆架及冲绳海槽地区的地震剖面获得(图 6.5、图 6.6)。基于多道地震数据和水深数据,建立了 OBS2015 线正演的初始模型(图 6.7)。

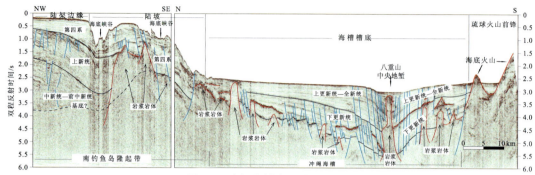

图 6.5 冲绳海槽南段地震剖面图

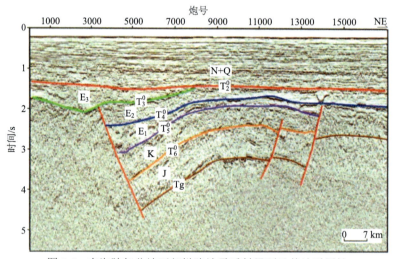

图 6.6 东海陆架盆地西部拗陷地震反射界面及其地质属性

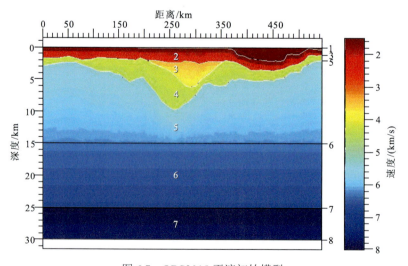

图 6.7 OBS2015 正演初始模型

初始模型自上而下依次设置为：海水层(1.5km/s)、沉积层一(1.7~2.8km/s)、沉积层二(3~4km/s)、沉积层三(4~5km/s)、地壳一(5.5~6.3km/s)、地壳二(6.4~7km/s)、上地幔(7.8~8km/s)。其中测线NE方向的东海陆架盆地基隆凹陷为一个中-新生代叠合盆地，分布厚层的中-新生界，沉积层较为发育；冲绳海槽南部地区为新生代裂陷盆地，主要分布中新统以上地层，沉积层相比陆架盆地较薄，沉积层之下分布有声学基底层。

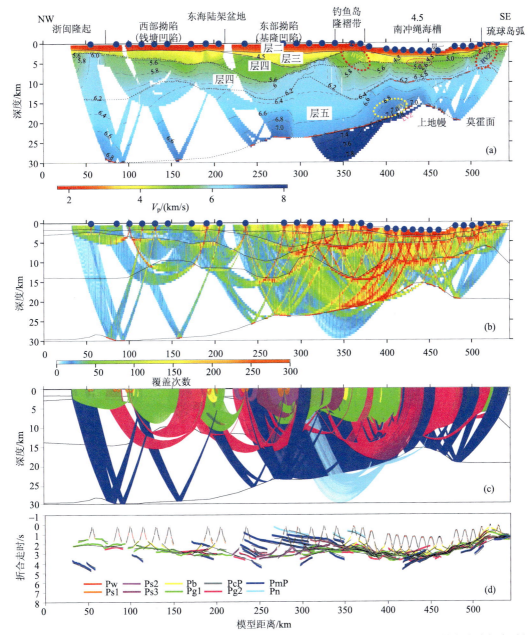

图6.8 OBS2015线2D正演速度结构模型(a)、地震射线路径(b)和覆盖密度(c)图及射线追踪与走时拟合图(d)

图中黑色实线为模型计算走时，彩色实线为拾取走时在初始模型的基础上，利用 OBS 记录到的震相走时信息，通过 RAYINVR 软件(Zelt and Smith，1992；Zelt，1999)进行 2D 射线追踪和理论走时计算。利用正演模拟方法拟合实测走时和理论走时，即采用试错法不断调整初始模型，使理论走时和实测走时逐步逼近。经过数月的射线追踪和走时拟合工作，最终获得 OBS2015 线的 2D 正演速度结构模型(图 6.8、图 6.9)，模型拟合过程中，共识别出海水层的直达波震相 Pw、沉积层一折射波震相 Ps1、沉积层二折射波震相 Ps2、沉积层三折射波震相 Ps3(在冲绳海槽地区识别为声学基底层折射波震相 Pb)、地壳层一 Pg1、地壳层二 Pg2、上地幔 Pn(图 6.10)。最终模型的 RMS 为 111ms，χ^2 为 1.813。模型中追踪到的各层震相的走时个数、RMS 和 χ^2 见表 6.1。从射线密度分布图上可以看到，模型中东海陆架区均有 50 次以上的射线覆盖，而震相较多的冲绳海槽区射线覆盖次数大于 200 次(图 6.9)，对模型中界面起伏和各层的速度分布都有较好的约束和分辨率，说明模型是准确可靠的。

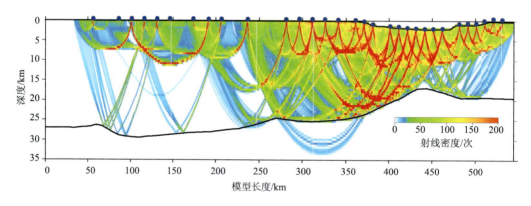

图 6.9　OBS2015 线射线密度

表 6.1　OBS2015 线走时拟合情况

震相	走时个数	RMS/ms	χ^2
Pw	1136	55	1.19
Ps1	758	75	0.89
Ps2	601	115	1.324
Ps3/声学基底层 Pb	3437	111	1.905
Pg1	7736	109	2.009
Pg2	4632	113	1.985
PmP	4570	121	1.496
Pn	598	151	2.291
合计	23399	111	1.813

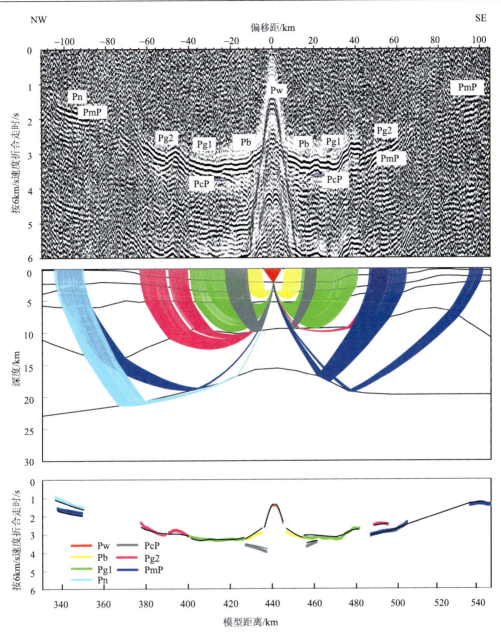

图 6.10　OBS10 站位射线追踪和走时拟合情况

为了确定正演模型的准确性，采用 Tomo2D 软件 (Korenaga et al., 2000) 对 OBS2015 线开展初至波和反射波走时层析成像反演，并将两种模型进行了比对。准确的正反演模型虽然相互独立，但模型信息可相互印证，并不矛盾，均能有效地展现较高精度的地壳速度结构。由于测线所在区域构造较为复杂，为了减少反演的多解性，提高模型准确度，将 Rayinvr 正演获得的速度模型进行简化，保留水深层、基底层以及莫霍面的趋势，将其作为速度结构反演的初始模型进行反演，通过不断调节反演参数，获得莫霍面起伏较为光滑、速度值连续合理以及 RMS 走时残差值、χ^2 较小的模型，作为最优速度结构模型(图 6.11)。可以看到，由于东海陆架区射线密度小于冲绳海槽地区，正反演模型在该地区存在些许差异；冲绳海槽地区台站间距小，震相射线较多，正反演速度结构在该地区高度吻合，模型精度较高。整体来说，反演模型与正演模型可以较好地吻合，速度结构模型是准确可靠的。

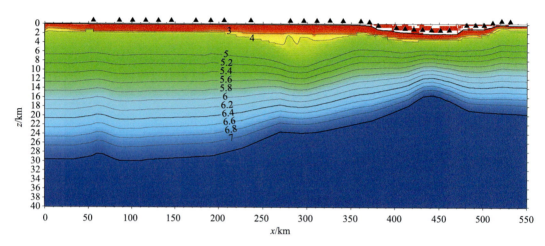

图 6.11 OBS2015 线走时反演初始模型

图内数字为速度等值线值，单位为 km/s

初始模型经过 15 次迭代反演后，获得上述最终反演模型(图 6.12)，模型的各参数见表 6.2，该模型最终的残差值 RMS 为 82.6ms，χ^2 为 1.02，反演射线路径如图 6.13 所示，共计有 19909 个折射波走时和 5268 个反射波走时参与反演。可以看到，最后得到的反演模型与正演模型可以较好地吻合，由于东海陆架区射线密度小于冲绳海槽地区，对陆架区的模型精度有一定影响，正反演模型在该地区存在些许差异；冲绳海槽地区台站间距小，震相走时较多。正反演速度结构高度吻合，说明速度结构模型是准确可靠的。

表 6.2 模型反演参数值及结果统计

相关长度参数 (Lht、Lhb、Lvt、Lvb、LhR)	阻尼与平滑参数 (DV、DD、SV、SD)	χ^2	RMS/ms	迭代次数
5、6、0.4、4、8	0、0、600、5	1.02	82.6	15

除了用 χ^2、走时残差值等参数衡量模型质量外，检测模型质量好坏的另一种方法是进行模型的分辨率测试。分辨率测试能够帮助我们了解拾取的地震数据所能分辨地壳速度结构差异性的能力，以及对扰动模型的恢复能力。在分辨率测试中，速度模型中加入随机噪声扰动的合成数据，扰动模型具有与实际观测中相同的震源和接收器，对合成数据反演，并与一个初始未扰动的模型相比较，看给定扰动的恢复情况如何。如果反演后的结果与设置的理论模型接近，则表明这些震相走时数据对该理论模型网格间距具有较

强的恢复能力，且分辨率较好。

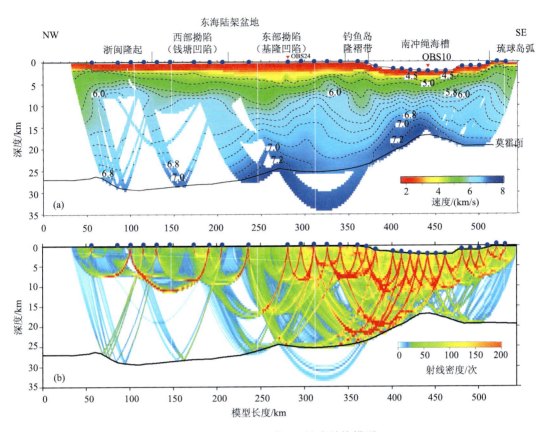

图 6.12　OBS2015 线 2D 速度结构模型

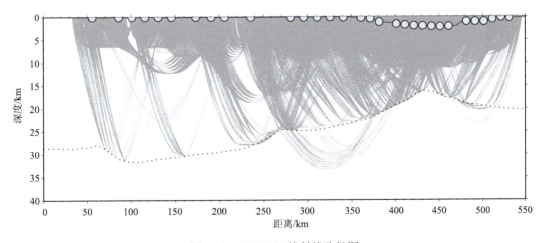

图 6.13　OBS2015 线射线路径图

在 OBS2015 线反演精度测试中，利用棋盘格方式在反演的速度模型中加入 5%的数值扰动，由于测线中站位间距不相等（东海陆架 15km、冲绳海槽 10km），设置了不同的棋盘格大小来测试模型的分辨率(图 6.14 至图 6.16)作为初始模型,利用拾取的折射波和反射波震相走时进行反演。可以看到,经过 10 次迭代,在纵向长度 20km、横向长度 5km 的棋盘格大小下,冲绳海槽大部分区域均具有良好的恢复度(图 6.12),东海陆架地区深部由于震相较少,恢复程度较差,浅部地区沉积层震相较为丰富,恢复较好;在纵向长度 15km、横向长度 5km 的棋盘格大小下,经过 10 次迭代,冲绳海槽地区模型整体恢

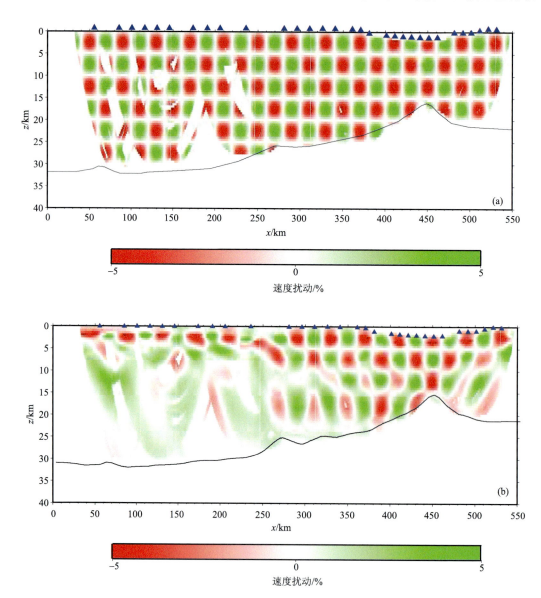

图 6.14 OBS2015 线分辨率测试图(20km×5km)

(a)初始扰动模型;(b)反演输出扰动模型;三角为 OBS 站位位置

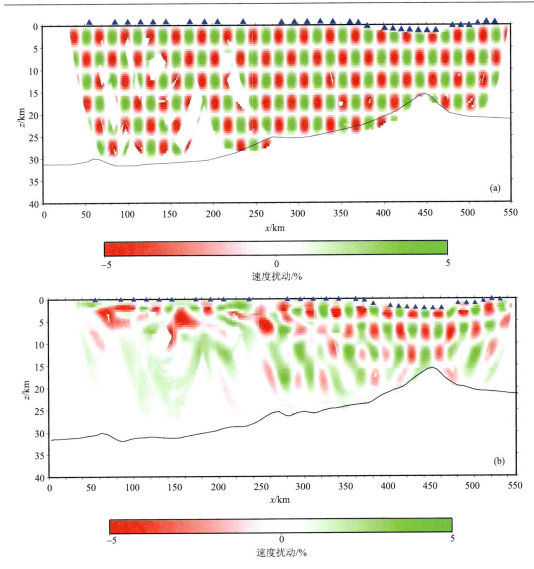

图 6.15 OBS2015 线分辨率测试图(15km×5km)
(a)初始扰动模型；(b)反演输出扰动模型；三角为 OBS 站位位置

复程度良好，东海陆架地区由于投放间隔较海槽地区较大、深部震相较少等原因，恢复较差；在纵向长度 10km、横向长度 5km 的棋盘格大小下，冲绳海槽地区模型仍然具有良好的恢复度，地壳下部分辨率有所下降，东海陆架地区模型恢复程度较差，这导致了迭代次数增加至 18 次，模型收敛明显减慢。从分辨率测试的整体结果来看，冲绳海槽地区由于台站间距小(10km)，射线覆盖密集，在 10km×5km 的棋盘网格下模型的恢复程度仍然很好，说明该地区的反演模型对于地壳内部的速度结构具有较强的分辨能力。

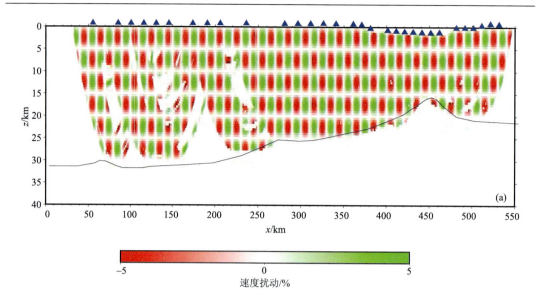

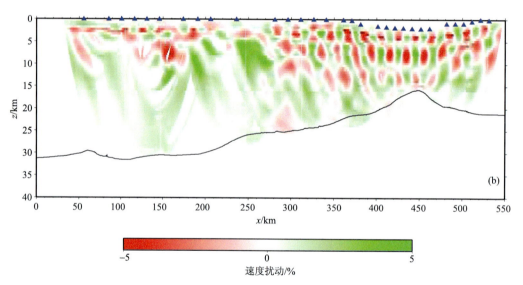

图 6.16　OBS2015 线分辨率测试图（10km×5km）

(a)初始扰动模型；(b)反演输出扰动模型；三角为 OBS 站位位置

五、地 质 解 释

（一）二维速度结构模型分析

OBS2015 线速度反演剖面（图 6.12）由六个速度层组成。

第 1 速度层为海水层，速度为 1.5km/s。

第 2 速度层为低速的沉积层（对应图 6.12 中的红色标示层）。横向上，地层速度和厚度均相对稳定；纵向上，随深度增加，地层速度从 1.7km/s 逐渐增加到 3.3km/s。除基隆凹陷外，第 2 速度层直接覆盖在第 4 速度层之上。

第 3 速度层主要分布在基隆凹陷内，地层速度从 3.5km/s 向下增加到 4.5km/s，层内分布着两个速度为 4.8km/s 的高速体。

第 4~6 速度层沿测线均有分布，层速度呈逐层增加的趋势。其中，第 4 速度层在闽浙隆起和西部拗陷区域内速度较低，大致在 3.8~4.2km/s 区间内变化，在东部拗陷、钓鱼岛隆褶带区域内速度相对较高，在 5.0~5.6km/s 之间变化，进入冲绳海槽后层速度下降到 4.5km/s 左右。该套地层的底界面埋深呈中部低、两翼高的展布特征，从闽浙隆起的埋深不足 3.0km，向东南方向逐渐增加到东部拗陷西翼的 10km 左右，然后快速抬升到东部拗陷东翼的 5.0km 左右，再向冲绳海槽和琉球岛弧区域缓慢抬升。

第 5 速度层按速度、厚度和底界面埋深可分为三段：闽浙隆起-西部拗陷段呈现厚度最大、底界面起伏相对较大和地层速度相对较低的特点，厚度由闽浙隆起的最大 10km 左右减薄到东部拗陷的 5km 左右，速度由顶部的 5.5km/s 逐渐增加到底部的 6.2km/s；东部拗陷段具有厚度最小、底界面起伏最大和速度最高的特点，厚度最小处（不足 3km）也是埋深最浅的部位（在 8km 左右），层速度横向与纵向均比较稳定，一般为 6.0~6.2km/s；钓鱼岛隆褶带—琉球岛弧段呈现厚度、速度相对稳定的特点，底界面埋深最低处位于钓鱼岛隆褶带，大约为 18km，之后快速抬升至于冲绳海槽盆地交界处的 10km 左右，再向琉球岛弧缓慢抬升，速度由顶部的 5.5km/s 逐渐增加到底部的 6.2km/s，最高达 6.5km/s。

第 6 速度层具有厚度最大、速度最高和底界面埋深起伏较大的特点，该层底界面在冲绳海槽的中央部位埋深最浅，只有 16km 左右，速度由顶部的 6.3km/s 逐渐增加到底部的 6.7km/s，最高达 7.0km/s，在东部拗陷和冲绳海槽盆地各分布一个速度达 6.8km 以上的高速体。

OBS2015 线所展示的莫霍面埋深由东海陆架区的约 30km 显著抬升至冲绳海槽地区的 15.5km 左右，与重力数据计算的莫霍面深度接近(韩波等，2007)，冲绳海槽和东海陆架盆地的基隆凹陷莫霍面出现明显隆起，莫霍面起伏与盆地基底呈镜像关系，表明拉张作用显著，特别是冲绳海槽地壳明显减薄，其拉张作用明显高于其他地区。东海陆架浙闽隆起、基隆凹陷以及冲绳海槽地区莫霍面上方存在 6.8~7.4km/s 不等的高速体（图 6.12），这是在弧后拉张作用下高速高密度的上地幔物质上涌至下地壳底部的表现，速度模型证实了下地壳地幔增生在弧后地区不同构造单元中普遍存在，发育时间先后各异，规模大小不同，是西太平洋洋陆过渡带内不同构造演化阶段壳幔物质相互作用的直接体现。上地幔存在 7.2~7.3km/s 的低速区，Pn 震相发育，与大洋型异常上地幔相似。

（二）新生代构造迁移

依据东海区域地质背景(李家彪，2008)，对 OBS2015 线速度模型进行地质解释，形成了东海弧后盆地扩张动力学机制模型（图 6.17），东海陆架盆地西缘的浙闽隆起表现为自莫霍面至浅层 5km 尺度的 6～7km/s 的高速隆升体，这代表了晚侏罗世至早白垩世浙闽隆起所在华南陆块出现的大规模岩浆活动。古太平洋板块此时向欧亚大陆俯冲挤压导致东亚大陆处于主动陆缘岛弧隆升阶段，东海陆架地区尚未开始裂陷(侯方辉等，2015)；模型中浙闽隆起东侧的东海陆架钱塘凹陷(西部拗陷)处莫霍面小幅抬升至约 28km，下地壳高速体规模较小，代表了白垩纪晚期至古新世时期东海陆架盆地西部的扩张裂陷中心，太平洋板块此时呈 NNW 向斜向俯冲致使东海陆架盆地于进入主动陆缘弧后伸展裂离阶段(侯方辉等，2015)，较小的地壳减薄程度和下地壳高速体说明弧后拉张裂陷作用在陆架西部规模较小，持续时间较短暂；模型中陆架盆地东侧的基隆凹陷处莫霍面显著抬升至约 24km，下地壳高速体较盆地西侧规模明显扩大，代表东海盆地的裂陷中心向东迁徙至此，太平洋板块于始新世早期向欧亚板块由 NNW 向俯冲转为 NWW 向俯冲，俯冲速率显著增大，地壳的显著减薄和高速体范围的扩大代表此阶段的裂陷强度较大，这使得东海陆架盆地在此处沉积了厚达 10km 的中新生界；模型向东直至现今正处在弧后拉张过程中的南冲绳海槽地区，莫霍面显著抬升至 15.5km 左右，6～7km 厚的下地幔高速体侵入了下地壳大部，代表了该地区至今在陆壳的基础上正经历剧烈弧后拉张减薄作用，中新世末期菲律宾海板块以 NWW 向向东亚陆缘俯冲，足量的幔源热物质沿轴部上升，并且沿岩浆通道贯穿整个地壳，使得南冲绳海槽轴部部分地区地壳破裂，进入了海底扩张的初期阶段，此时西部的东海陆架盆地已经整体区域沉降，停止了裂陷活动。

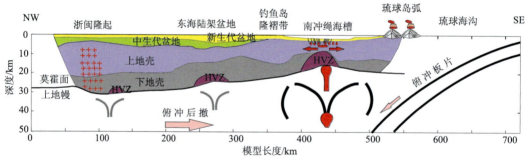

图 6.17 东海弧后盆地扩张动力学机制模型

HVZ. 高速层

现今的西太平洋弧后地区发育了一系列拉张程度不同的弧后裂谷型盆地群，如东海陆架盆地群及冲绳海槽盆地，这是中生代晚期以来，古太平洋板块、太平洋板块和菲律宾海板块向东亚大陆持续俯冲作用形成的。俯冲导致的弧后拉张作用在欧亚大陆陆壳和菲律宾海洋壳之间的东海洋陆过渡区发育了完整的东海陆缘弧后裂谷系，其发展演化与洋陆壳俯冲汇聚带的变化密切相关。综合前文分析，穿越东海陆缘裂谷系的下地壳高速体在横向上形态并不连续，而是间断地分布在东海陆架盆地东西部凹陷区以及南冲绳海槽区的正下方(图 6.17)，并且高速体规模各异。这表明，与东海陆缘裂谷系的张裂、拉张作用伴生的幔源热物质上涌存在时间和规模上的差异，剖面西部东海陆架区较厚地壳的不完全拉张及有限规模的岩浆热活动痕迹代表了新生代早期裂陷的萎缩，并形成自西向东的构造跃迁,直至东部正处于地壳高度拉张减薄,并已出现局部破裂阶段下的南冲绳海槽地区(图6.18),说明东海陆缘裂谷系自西向东正逐渐向洋壳化发展;岩浆活动规律也表明,在新生代期间,强烈的弧后拉张作用使得中国东部陆缘中-酸性岩浆活动正

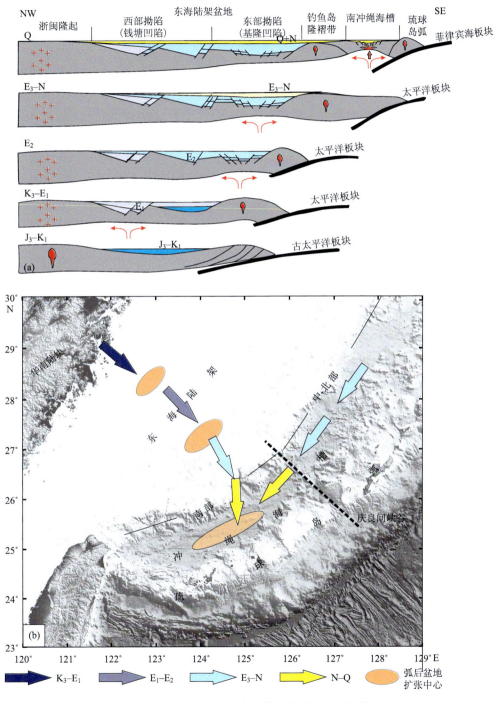

图6.18 东海弧后扩张演化与构造迁移示意图

被玄武岩等基性岩浆活动所代替(胡受奚等，1994)。综上所述，OBS2015线从深部结构角度刻画了新生代以来洋壳板块后撤式俯冲背景下弧后拉张迁移的构造演化史，证实了西太平洋洋陆过渡带深部上涌的软流圈不断向东跃迁，带动岩石圈不断向东进行的幕式伸展拉张。

新生代以来，在太平洋板块俯冲作用下，中国大陆边缘地壳拉伸、持续变薄，形成宽阔的东亚陆缘裂谷带，在东亚大陆东部以及渤海、黄海和南海等近海地区形成一系列以NNE向发育的弧后裂谷盆地，并伴随广泛的岩浆活动(索艳慧等，2012)。东海陆缘裂谷带作为东亚陆缘裂谷带的一部分，发展演化主要受太平洋板块、欧亚板块和印度洋板块的相互作用制约。随着裂谷的形成、发展、消亡，洋壳俯冲带逐渐东移，在新的俯冲带位置又引起新的弧后张裂活动。如此，西面老的裂谷消亡，东面新的裂谷产生，自西往东逐渐发展。东海陆架盆地在新生代初产生，中新世末逐渐消亡；冲绳海槽盆地在上新世初形成，并持续发展成形至今(图6.18)，构成当今宽阔的自西向东方向构造迁移的沟-弧-盆体系(李乃胜，1990；索艳慧等，2012)，这是太平洋板块俯冲带逐步后撤的反映。始新世晚期，印度和欧亚大陆的硬碰撞造成欧亚大陆的岩石圈存在向东南的地幔蠕散作用(Tapponnier et al.，1982，1986；Shang et al.，2017)，西太平洋俯冲作用开始向东后撤，这种动力学背景使欧亚东南陆缘的右行张扭应力场进一步发展，并导致陆壳的进一步破裂和拉张裂陷作用向东继续迁移(Zhou et al.，1995)，向东的地幔流受俯冲板片阻挡，引起弧后小尺度地幔对流、软流圈上涌、岩石圈和地壳减薄，以及弧后幕式张裂形成向洋方向的构造迁移等一系列深-浅部地球动力效应。这一动力学机制导致当今中国东部海域弧后盆地虽然发育时间有先后之分，发育规模各异，但沉积和构造演化也存在一定相似性的构造迁移规律。

(三)冲绳海槽的地壳性质

在图6.12所示的速度结构模型中，横坐标440km处的海槽地堑轴部下方的上地壳层内分布约4.6km/s的低速异常体，推测这是下地壳高速体中的地幔热物质经岩浆通道上升至强烈拉伸的上地壳内形成的熔融体或岩浆房，在上覆的声学基底层内，间断分布有5～5.5km/s的高速侵入体，推测是岩浆侵入基底层的表现，岩浆岩刺穿基底现象在反射地震剖面(图6.5)上普遍发育(Shang et al.，2017)，造成整个冲绳海槽区热流值偏高和海底热液活动的广泛分布(孟林等，2016)，地热数据表明冲绳海槽壳幔热流比值达1∶3，远强于东海陆架的1∶1，说明板块俯冲引起地幔的热活动强烈，同时也造就了冲绳海槽的拉张构造环境（高金耀等，2008）。

弧后盆地的发育可以分为拉张裂陷和海底扩张两个阶段，即弧后盆地首先要经历大陆地壳的强烈拉伸，形成一系列半地堑和地堑构造，地壳浅部通过脆性断裂的方式拉张减薄，伴随着地幔物质的大量上涌，下部地壳发生塑性减薄，直至地壳完全破裂，陆壳的完整性丧失，进入海底扩张阶段。目前，冲绳海槽处于拉张裂陷和地壳阶段，是否已出现了"大洋型地壳"，目前仍然存在不同的认识。有学者认为，磁力探测显示在海槽轴部存在代表海底扩张的条带状磁异常(White,1992;高金耀等,2008),附近海域的海底拖网地质调查发现了大块新鲜拉斑玄武岩(梁瑞才等,2001),重力资料反演和主动源OBS深部地震探测证明冲绳海槽地壳厚度明显减薄等证据,表明沿冲绳海槽中央轴线一带区域的大陆岩石圈已经破裂,出现了新生的洋壳(尚鲁宁等,2014;张训华和尚鲁宁,2014)。也有学者认为冲绳海槽的地壳厚度明显减薄,与大陆地壳差异较大,与大洋地壳非常相似,属于"过渡型"地壳性质(郝天珧等,2004,2006)。部分学者进一步认为,冲绳海槽处于大陆裂谷发展高级阶段的大陆弧后盆地,目前正处于从大陆裂谷到海底扩张过渡的过程中(Kimura et al.,1986;高德章等,2004;Arai et al.,2017)。

持"大陆型地壳"观点的学者认为,冲绳海槽南部水深最大(>2000m)的裂谷轴部还发育厚度15km左右的地壳,说明其仍处于大陆裂解阶段(Hirata et al.,1991;Sibuet et al.,1998),八重山裂谷发现的火山岩,从玄武岩到流纹岩显示双峰岩石成分(Shinjo et al.,1999),一维速度模型显示轴部的岩浆构造呈低速特征,说明正在生成的地壳不存在(Arai et al.,2017)。

不同类型的地壳结构的岩石地层组合不同,具有各自不同的一维速度结构。通过对比分析各自代表性的速度结构模型,特别是对比分析东海陆架盆地和冲绳海槽速度结构模型与其他典型的速度模型,有助于判别冲绳海槽的地壳拉张性质。图 6.19 为在OBS2015 线的北西端点起沿测线的 270km 处(东海陆架盆地的基隆凹陷部位)和 440km 处(冲绳海槽中央轴线部位)抽取的随深度变化的一维速度模型曲线,可以看出,东海陆架盆地的速度模型与 Christensen 和 Mooney (1995)提出的拉张陆壳的速度模型处于同一范围内,冲绳海槽的一维速度模型(红色实线)与典型陆壳存在显著差异,属于介于标准洋壳和拉张陆壳之间的洋-陆转换型地壳。但是,与大洋盆地相比,冲绳海槽处于大陆边缘,接受了来自中国大陆和台湾山脉的充足陆源碎屑物质,沉积速率极高(李军,2007)。考虑到这一因素,如果剥除快速沉积的新生代沉积层,其一维速度模型(红色实线)更接近于洋壳(图 6.19),上地壳的速度结构与典型的洋壳完全相当,下地壳由于存在厚度较大的高速层,整体厚度大于典型洋壳,与南海北部陆缘洋陆过渡带(COT)区域的速度结构相当。

这是否意味着冲绳海槽南部具有与南海北部洋陆过渡带相同的地壳结构,必须结合其他的证据综合分析。

首先,冲绳海槽南部属于琉球板片俯冲下的主动大陆边缘,板片俯冲到100~150km的深度意味着地壳熔融作用更强烈,伴随着高热流值和显著的火山活动,地壳正处在强烈的拉伸减薄过程中(高金耀等,2008)。与大洋盆地相比,冲绳海槽处于大陆边缘,来自中国大陆和台湾山脉大量的陆源碎屑物质,在海槽快速沉积下来,造成冲绳海槽南段沉积速率明显偏高,一般在 400m/Ma 以上,最高达 1000m/Ma(李军,2007)。地幔物质供应充足情况下下地壳高速体显著增厚,是造成南冲绳海槽地壳厚度比典型的洋壳大的主要原因,但即使在这样特殊的构造与沉积背景下,其地壳厚度仍远小于陆壳。

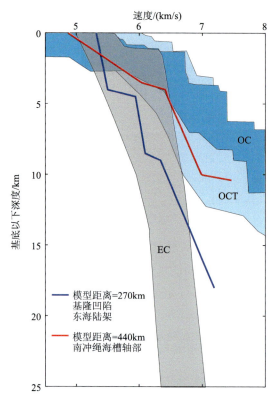

图6.19 基于一维速度结构模型的冲绳海槽地壳性质判别

EC：拉张减薄陆壳；OC：洋壳；OCT：洋陆过渡壳；实线代表正演速度模型，拉张陆壳速度模型来源于Christensen and Mooney，1995(灰色区域)；南海北部陆缘COT地壳速度模型来源于Nissen et al.，1995； Wang et al.，2006；Yan et al.，2001(浅蓝色区域)；洋壳速度模型来源于White，1992(深蓝色区域)

其次，冲绳海槽的拉张程度由北至南逐步提高(周志远等，2013)，强烈的岩浆活动造成海底热流值远大于东海陆架盆地等区域(Lu et al.，1981；秦蕴珊，1987； Yamano and Uyeda，1985；Yamano et al.，1986，1989；翟世奎等，2001)，结合图6.12的模型分析推测认为，受琉球板片俯冲作用的影响，地幔热物质经过岩浆通道向上运移，在海槽轴部高速体上方的上地壳顶部形成了宽缓的浅部低速异常熔融体，侵入了上覆的声学基底层并刺穿声学基底，在海槽轴部八重山地堑的反射地震剖面上可以清楚地看到刺穿沉积层的岩浆岩体(Shang et al.，2017；Arai et al.，2017)，海底磁异常条带也展现了这种分布特征(Lee et al.，1980；梁瑞才等，2001)。同时我们认为，不能以"洋中脊扩张产生对称磁异常条带"的标准来评判冲绳海槽是否出现了洋壳，因为在这种边缘海盆地构造环境下，难以形成对称规则分布的条带状磁异常 (高金耀等，2008)。

最后，冲绳海槽自北向南岩浆岩存在由酸性向基性转化的趋势，海槽中北部主要分布中酸性火山岩和基性火山岩，国坤等(2016)和宗统等(2016)研究认为，在海槽南部目前发现的火成岩主要为属于亚碱性系列的橄榄拉斑玄武岩，具有大洋中脊和岛弧的构造环境特点，既有别于大洋中脊扩张中心，也有别于成熟型弧后盆地，呈现出弧后早期扩张阶段盆地独特的构造环境特征。

综上所述，南冲绳海槽地区幔源物质已经穿透了基底层，而在拉张程度更高的南部地区，幔源物质已经穿透了沉积层至海底面，地壳已在海槽轴部完全破裂，进入了海底扩张时期。需要说明的是，由于缺失转换断层，磁异常条带不规则，尚未出露大规模条带状玄武岩体，以及地化分析显示的双重特征等因素，现今的地壳拉张仍未达到成熟洋中脊的程度，我们认为其处在海底扩张的初始阶段。

参 考 文 献

敖威, 赵明辉, 丘学林, 等. 2010. 西南印度洋中脊三维地震探测中炮点与海底地震仪的位置校正. 地球物理学报, 53(12): 2982-2991

蔡峰, 熊斌辉. 2007. 南黄海海域与下扬子地区海相中-古生界地层对比及烃源岩评价. 海洋地质前沿, 23(6): 1-6

蔡乾忠. 2002. 黄海含油气盆地区域地质与大地构造环境. 海洋地质动态, 18(11): 8-12

蔡乾忠. 2005. 横贯黄海的中朝造山带与北、南黄海成盆成烃关系. 石油与天然气地质, 26(2): 185-192

曹国权. 1990. 试论"胶南地体". 山东地质, 6(2): 1-10

陈浩林, 全海燕, 於国平, 等. 2008. 气枪震源理论与技术综述(上). 物探设备, 18(4): 211-217

成谷, 马在田, 耿建华, 等. 2002. 地震层析成像发展回顾. 勘探地球物理进展, 25(3): 6-12

高德章, 赵金海, 薄玉玲, 等. 2004. 东海重磁地震综合探测剖面研究. 地球物理学报, 47(5): 853-861

高德章, 赵金海, 薄玉玲, 等. 2006. 东海及邻近地区岩石圈三维结构研究. 地质科学, 41(1): 10-26

高金耀, 张涛, 方银霞, 等. 2008. 冲绳海槽断裂、岩浆构造活动和洋壳化进程. 海洋学报, 30(5): 62-70

龚建明, 李刚, 杨长清, 等. 2012. 东海南部三叠纪地层分布. 海洋地质与第四纪地质, 32(3): 119-124

龚建明, 徐立明, 杨艳秋, 等. 2014. 从海陆对比探讨东海南部中生代油气勘探前景. 世界地质, 33(1): 171-178

郭兴伟, 张训华, 温珍河, 等. 2014. 中国海陆及邻域大地构造格架图编制. 地球物理学报, 57(12): 4005-4015

国坤, 翟世奎, 于增慧, 等. 2016. 冲绳海槽火山岩岩石系列的厘定及构造环境意义. 地球科学, 41(10): 1655-1664

韩波, 张训华, 裴建新, 等. 2007. 东海及邻域壳-幔结构与展布特征. 地球物理学进展, 22(2): 376-382

韩波, 张训华, 孟祥君. 2010. 东海磁场及磁性基底特征. 海洋地质与第四纪地质, 30(1): 71-76

韩宗珠, 肖莹, 于航, 等. 2007. 南黄海千里岩岛榴辉岩的矿物化学及成因探讨. 海洋湖沼通报, (1): 83-87

郝天珧, Mancheol Suh, 王谦身, 等. 2002. 根据重力数据研究黄海周边断裂带在海区的延伸. 地球物理学报, 45(3): 385-398

郝天珧, Mancheol Suh, 阎晓蔚, 等. 2003. 黄海中央断裂带的地球物理证据及其与边缘海演化的关系. 地球物理学报, 46(2): 179-184

郝天珧, Mancheol Suh, 刘建华, 等. 2004. 黄海深部结构与中朝-扬子块体结合带在海区位置的地球物理研究. 地学前缘, 11(3): 51-61

郝天珧, 徐亚, 胥颐, 等. 2006. 对黄海-东海研究区深部结构的一些新认识. 地球物理学报, 49(2): 458-468

郝天珧, 黄松, 徐亚, 等. 2010. 关于黄海深部构造的地球物理认识. 地球物理学报, 53(6): 1315-1326

贺兆全, 张保庆, 刘原英, 等. 2011. 双检理论研究及合成处理. 石油地球物理勘探, 46(4): 522-528

侯方辉. 2006. 南黄海晚第四纪地震地层学与新构造运动研究. 青岛: 中国海洋大学硕士学位论文

侯方辉,李日辉,张训华,等.2012.胶莱盆地向南黄海延伸——自南黄海地震剖面的新证据.海洋地质前沿,28(3):12-16

侯方辉,张训华,李刚,等.2015.从被动陆缘到主动陆缘——东海陆架盆地中生代构造体制转换的盆地记录.石油地球物理勘探,50(5):980-990

侯泉林,武星东,吴福元,等.2008.大别-苏鲁造山带在朝鲜半岛可能的构造表现.地质通报,27(10):1659-1666

胡受奚,赵乙英,胡志宏,等.1994.中国东部中-新生代活动大陆边缘构造-岩浆作用演化和发展.岩石学报,10(4):370-381

黄永华,尤惠川,宋毅盛,等.2007.山东胶东半岛地区断裂最新活动性研究.震灾防御技术,2(1):39-49

黄月琴,张建中.2008.基于波前传播时间插值的三维声线追踪算法.声学学报,33(1):21-27

贾键谊,顾惠荣.2002.东海西湖凹陷含油气系统与油气资源评价.北京:地质出版社

雷栋,胡祥云.2006.地震层析成像方法综述.地震研究,29(4):418-426

李道善.2012.单程波波动方程叠前深度偏移技术应用研究.成都:成都理工大学博士学位论文

李福喜,聂学武.1987.黄陵断隆北部腔岭群地质时优及地层划分.湖北地质,1(1):28-41

李刚,龚建明,杨长清,等.2012."大东海"中生代地层分布——值得关注的新领域.海洋地质与第四纪地质,32(3):97-104

李桂群,李学伦.1995.东海陆架外缘隆起带地质构造特征.青岛海洋大学学报,25(2):199-205

李家彪.2008.东海区域地质.北京:海洋出版社

李军.2007.冲绳海槽晚更新世以来沉积速率的时空差异及其控制因素.海洋地质与第四纪地质,27(4):37-44

李乃胜.1990.冲绳海槽的地质构造属性.海洋与湖沼,21(6):536-543

李庆春,叶佩.2013.初至波与反射波旅行时多尺度渐进联合层析成像.石油地球物理勘探,48(4):536-544

李庆忠.1992.岩石的纵、横波速度规律.石油地球物理勘探,27(1):1-12

李三忠,刘鑫,索艳慧,等.2009.华北克拉通东部地块和大别-苏鲁造山带印支期褶皱-逆冲构造与动力学背景.岩石学报,25(9):2031-2049

李同宇,张建中.2018.地震射线追踪的线性走时扰动插值法.石油地球物理勘探,53(6):1165-1174

李学伦,刘保华,林振宏.1997.东海陆架外缘隆褶带的形成与构造演化.海洋学报,19(5):76-82

李英康,高锐,高建伟,等.2015.秦岭造山带的东西向地壳速度结构特征.地区物理学进展,30(3):1056-1069

梁瑞才,王述功,吴金龙.2001.冲绳海槽中段地球物理场及对其新生洋壳的认识.海洋地质与第四纪地质,21(1):57-64

林建民,王宝善,葛洪魁,等.2008.大容量气枪震源特征及地震波传播的震相分析.地球物理学报,51(1):206-212

刘晨光,华清峰,裴彦良,等.2014.南海海底天然地震台阵观测实验及其数据质量分析.科学通报,59(16):1542-1552

刘光鼎.1992.中国海区及邻域地质地球物理系列图及说明书(1:500万).北京:地质出版社

刘丽华,吕川川,郝天珧,等.2012.海底地震仪数据处理方法及其在海洋油气资源探测中的发展趋势.地球物理学进展,27(6):2673-2684

刘训矩, 郑彦鹏, 刘洋廷, 等. 2019. 主动源 OBS 探测技术及应用进展. 地球物理学进展, 34(4): 1644-1654

卢回忆, 符力耘, 蒋韬. 2010. 快速 Fourier 变换波动方程基准面校正方法研究. 地球物理学进展, 25(4): 1313-1322

卢振恒. 1999. 日本海底地震观测现状与进展. 地震学刊, 4: 54-63

鲁统祥. 2013. OBS 多分量地震资料成像处理技术研究. 青岛: 中国海洋大学硕士学位论文

罗桂纯, 王宝善, 葛洪魁, 等. 2006. 气枪震源在地球深部结构探测中的应用研究进展. 地球物理学进展, 21(2): 400-407

罗文歆, 朱自强, 赵晓博. 2012. 改进模型的层析成像算法. 物探与化探, 36(4): 674-677

吕川川, 郝天珧, 丘学林, 等. 2011. 南海西南次海盆北缘海底地震仪测线深部地壳结构研究. 地球物理学报, 54(12): 3129-3138

孟林, 张训华, 温珍河, 等. 2016. 冲绳海槽南段与中、北段构造活动性对比的热模拟研究. 地球物理学报, 59(9): 3302-3317

潘军. 2012. 渤海 OBS-2011 深地震探测及深部构造成像研究. 青岛: 中国海洋大学博士学位论文

庞玉茂, 张训华, 郭兴伟, 等. 2017. 南黄海北部盆地中、新生代构造热演化史模拟研究. 地球物理学报, 60(8): 3177-3190

裴振洪, 王果寿. 2003. 苏北-南黄海海相中古生界构造变形类型划分. 天然气工业, 23(6): 32-36

秦蕴珊. 1987. 东海地质. 北京: 科学出版社

丘学林, 周蒂, 夏戡原, 等. 2000. 南海西沙海槽地壳结构的海底地震仪探测与研究. 热带海洋学报, 19(2): 9-18

丘学林, 陈颙, 朱日祥, 等. 2007. 大容量气枪震源在海陆联测中的应用: 南海北部试验结果分析. 科学通报, 52(4): 463-469

任纪舜. 1999. 中国及邻区大地构造图(1:500万)及其说明书. 北京: 地质出版社

阮爱国, 李家彪, 冯占英, 等. 2004. 海底地震仪及其国内外发展现状. 东海海洋, 22(2): 19-27

阮爱国, 等. 2018. 海底地震勘测理论与应用. 北京: 科学出版社

尚鲁宁, 张训华, 吴志强, 等. 2014. 广角反射/折射地震探测揭示的冲绳海槽地壳结构. 海洋地质与第四纪地质, 34(3): 75-84

索艳慧, 李三忠, 戴黎明, 等. 2012. 东亚及其大陆边缘新生代构造迁移与盆地演化. 岩石学报, 28(8): 2602-2618

谭绍泉. 2003. 震源延迟叠加技术及应用效果. 石油物探, 42(4): 427-433

童思友, 向飞, 王东凯, 等. 2012. 基于维纳滤波的双检合成鸣震压制技术. 海洋地质前沿, 28(10): 46-52

涂广红, 江为为, 朱东英, 等. 2008. 综合地球物理方法对黄海地区前新生代残留盆地分布的研究. 地球物理学进展, 23(2): 398-406

万天丰. 2001. 中朝与扬子板块的鉴别特征. 地质论评, 47(1): 57-63

万天丰. 2004. 中国大地构造学纲要. 北京: 地质出版社

王笋, 丘学林, 郭晓然, 等. 2019. 大容量气枪震源广角地震数据的高频成分分析. 地球物理学进展, 34(1): 0379-0386

王彦林, 阎贫. 2009. 深地震探测的分辨率分析——以南海北部 OBS 数据为例. 地球物理学报, 52(9): 2282-2290

卫小冬, 赵明辉, 阮爱国, 等. 2010. 南海中北部OBS2006-3地震剖面中横波的识别与应用. 热带海洋学报, 29(5): 72-80

卫小冬, 阮爱国, 赵明辉, 等. 2011. 穿越东沙隆起和潮汕拗陷的 OBS 广角地震剖面. 地球物理学报, 54(12): 3325-3335

卫小冬, 赵明辉, 阮爱国, 等. 2012. 潮汕拗陷中生代沉积层纵横波速度结构. 热带海洋学报, 31(3): 58-64

吴健生, 王家林, 陈冰, 等. 2014. 中国东部海区岩石层结构的区域综合地球物理研究. 地球物理学报, 57(12): 3884-3895

吴振利, 阮爱国, 李家彪, 等. 2008. 南海中北部地壳深部结构探测新进展. 华南地震, 28(1): 21-28

吴志强, 郝天珧, 唐松华, 等. 2016. 立体气枪阵列延迟激发震源特性及在浅海区 OBS 探测中的应用. 地球物理学报, 59(7): 2573-2586

夏少红, 敖威, 赵明辉, 等. 2011. 海洋广角地震数据校正方法探讨. 海洋通报, 30(5): 487-491

夏少红, 曹敬贺, 万奎元, 等. 2016. OBS 广角地震探测在海洋沉积盆地研究中的作用. 地球科学进展, 31(11): 1111-1124

胥颐, 李志伟, 刘劲松, 等. 2008. 黄海及其邻近地区的 Pn 波速度与各向异性. 地球物理学报, 51(5): 1444-1450

胥颐, 李志伟, Kim K, 等. 2009. 黄海的地壳速度结构与中朝-扬子块体拼合边界. 地球物理学报, 52(3): 646-652

徐辉龙, 叶春明, 丘学林, 等. 2010. 南海北部滨海断裂带的深部地球物理探测及其发震构造研究. 华南地震, 30(S1): 10-18

徐佩芬, 孙若昧, 刘福田, 等. 1999. 扬子板块俯冲、断离的地震层析成像证据. 科学通报, 44(15): 1658-1661

徐佩芬, 刘福田, 王清晨, 等. 2000. 大别-苏鲁碰撞造山带的地震层析成像研究——岩石三维速度结构. 地球物理学报, 43(3): 377-385

许志琴, 张泽明, 刘福来, 等. 2003. 苏鲁高压-超高压变质带的折返构造及折返机制. 地质学报, 77(4): 433-450

杨传胜, 李刚, 杨长清, 等. 2012. 东海陆架盆地及其邻域岩浆岩时空分布特征. 海洋地质与第四纪地质, 32(3): 125-133

杨金玉. 2010. 南黄海盆地与周边构造关系及海相中、古生界分布特征与构造演化研究. 杭州: 浙江大学博士学位论文

杨文采. 1993. 应用地震层析成像. 北京: 地质出版社

杨文达, 崔征科, 张异彪, 等. 2010. 东海地质与矿产. 北京: 海洋出版社

杨长清, 杨传胜, 李刚, 等. 2012. 东海陆架盆地南部中生代构造演化与原型盆地性质. 海洋地质与第四纪地质, 32(3): 105-111

姚伯初, 曾维军, Hayes D E, 等. 1994. 中美联合调研南海地质专报. 武汉: 中国地质大学出版社

尹帅, 丁文龙, 王濡岳, 等. 2015. 陆相致密砂岩及泥页岩储层纵横波波速比与岩石物理参数的关系及表征方法. 油气地质与采收率, 22(3): 22-28

於国平, 姜海. 2001. 2000psi 和 6000psi 空气枪工作性能的比较. 物探装备, 11(4): 257-262

岳保静, 廖晶, 刘鸿, 等. 2014. 中朝-扬子板块碰撞结合带东部边界及海域延伸. 海洋地质与第四纪地质, 34(2): 75-85

曾九岭. 2001. 东海陆架盆地构造区划. 见: 刘申叔, 李上卿, 等. 东海油气地球物理勘探. 北京: 地质出版社

翟鲁飞. 2006. 论地震生产中气枪震源的沉放深度. 石油天然气学报(江汉石油学院学报), 8(4): 246-248

翟明国, 郭敬辉, 王清晨, 等. 2000. 苏鲁变质带北部的岩石构造单元及结晶块体推覆构造. 地质科学, 35(1): 16-26

翟明国, 郭敬辉, 李忠, 等. 2007. 苏鲁造山带在朝鲜半岛的延伸: 造山带、前寒武纪基底以及古生代沉积盆地的证据与制约. 高校地质学报, 13(3): 415-428

翟世奎, 陈丽蓉, 张海啟. 2001. 冲绳海槽的岩浆作用与海底热液活动. 北京: 海洋出版社

张浩宇, 丘学林, 张佳政, 等. 2019. 国产海底地震仪的时间记录与原始数据精细校正. 地球物理学报, 62(1): 172-182.

张佳政, 赵明辉, 丘学林, 等. 2012. 西南印度洋洋中脊热液A区海底地震仪数据处理初步成果. 热带海洋学报, 31(3): 79-89

张莉, 赵明辉, 王建, 等. 2013. 南海中央次海盆OBS位置校正及三维地震探测新进展. 地球科学(中国地质大学学报), (01): 33-42

张莉, 赵明辉, 丘学林, 等. 2016. 南沙地块海底地震仪转换横波震相识别最新进展. 热带海洋学报, 35(1): 61-71

张文佑. 1983. 中国及邻区海陆大地构造图(1∶500万). 北京: 科学出版社

张文佑. 1986. 中国海区及邻域海陆大地构造图. 北京: 科学出版社

张训华, 尚鲁宁. 2014. 冲绳海槽地壳结构与性质研究进展和新认识. 中国海洋大学学报, 44(6): 72-80

张训华, 杨金玉. 2014. 南黄海盆地基底及海相中、古生界地层分布特征. 地球物理学报, (12): 4041-4051

张训华, 等. 2008. 中国海域构造地质学. 北京: 海洋出版社

张训华, 张志珣, 蓝先洪, 等. 2013. 南黄海区域地质. 北京: 海洋出版社

张训华, 肖国林, 吴志强, 等. 2017. 南黄海油气勘探若干地质问题认识和探讨——南黄海中-古生界海相油气勘探新进展与面临的挑战. 北京: 科学出版社

张岳桥, 李金良, 张田, 等. 2007. 胶东半岛牟平-即墨断裂带晚中生代运动学转换历史. 地震论评, 53(3): 298-300

赵金海. 2004. 东海中、新生代盆地成因机制和演化(上). 海洋石油, 24(4): 6-14

赵明辉, 丘学林, 夏戡原, 等. 2004a. 南海东北部海陆联测地震数据处理及初步结果. 热带海洋学报, 23(1): 58-63

赵明辉, 丘学林, 叶春明, 等. 2004b. 南海东北部海陆深地震联测与滨海断裂带两侧地壳结构分析. 地球物理学报, 47(5): 845-852

赵明辉, 丘学林, 徐辉龙, 等. 2006. 华南海陆过渡带的地壳结构与壳内低速层. 热带海洋学报, 25(5): 36-42

赵明辉, 丘学林, 徐辉龙, 等. 2007. 南海北部沉积层和地壳内低速层的分布与识别. 自然科学进展, 17(4): 471-479

赵明辉, 丘学林, 夏少红, 等. 2008. 大容量气枪震源及其波形特征. 地球物理学报, 51(2): 558-565

赵岩, 张毅祥, 姜绍仁, 等. 1996. 南海北部地球物理特征及地壳结构. 热带海洋学报, 15(2): 37-44

郑永飞. 2008. 超高压变质与大陆碰撞研究进展: 以大别-苏鲁造山带为例. 科学通报, 53(18):

2129-2152

支鹏遥, 刘保华, 华清峰, 等. 2012. 渤海海底地震仪探测试验及初步成果. 地球科学进展, 27(7): 769-777

周志武, 殷培龄, 陈颐亨, 等. 1986. 东海地质构造特征与油气资源研究. 上海: 地质矿产部海洋地质综合研究大队

周志武, 赵金海, 殷培龄. 1990. 东海陆架盆地构造特征及含油气性. 见: 朱夏. 中国中新生代沉积盆地. 北京: 石油出版社. 226-242

周志远, 高金耀, 吴招才, 等. 2013. 东海莫霍面起伏与地壳减薄特征初步分析. 海洋学研究, 31(1): 16-25

周祖翼, 廖宗廷, 金性春, 等. 2001. 冲绳海槽——弧后背景下大陆张裂的最高阶段. 海洋地质与第四纪地质, 21(1): 51-55

宗统, 翟世奎, 于增慧. 2016. 冲绳海槽岩浆作用的区域性差异. 地球科学, 41(10): 1031-1040

Alerini M. 2006. Velocity Macro Model Estimation from Nodes Data. Proceedings of the 86th SEG International Symposium. 1-6

Arai R, Kodaira S, Yuka K, et al. 2017. Crustal structure of the southern Okinawa Trough: symmetrical rifting, submarine volcano, and potential mantle accretion in the continental back-arc basin, Journal of Geophysical Research: Solid Earth, 122: 622-641

Asakawa E, Kawanaka T. 1993. Seismic ray tracing using linear traveltime interpolation. Geophysical Prospecting, 41(1): 99-111

Billette F, Lambaré G. 1998. Velocity macro-model estimation from seismic reflection data by stereotomography. Geophysical Journal International, 135(2): 671-690

Bohnhoff M, Makris J, Papanikolaou D, et al. 2001. Crustal investigation of the Hellenic subduction zone using wide aperture seismic data. Tectonophysics, 343: 239-262

Breivik A J, Mjelde R, Grogan P, et al. 2003. Crustal structure and transform margin development south of Svalbard based on ocean bottom seismometer data. Tectonophysics, 369: 37-70

Bromirski P D, Frazer L N, Duennebier F K. 1992. Sediment shear Q from airgun OBS data, Geophysical Journal International, 110: 465-485

Chalard É, Podvin P, Lambaré G, et al. 2000. 3D stereotomography: a preliminary synthetic test. SEG Technical Program Expanded Abstracts, 2257-2260

Chang K H, Park S O. 2001. Paleozoic Yellow Sea transform fault: its role in the tectonic history of Korea and adjacent regions. Gondwana Research, 4(4): 588-589

Charvis P, Operto S. 1999. Structure of the Cretaceous Kerguelen Volcanic Province (southern Indian Ocean) from wide-angle seismic data. Geodynamics, 28: 51-71

Chen C H, Lee T, Shieh Y N, et al. 1995. Magmatism at the onset of back-arc basin spreading in the Okinawa Trough. Journal of Volcanology and Geothermal Research, 69(3-4): 313-322

Cho H C, Baag J, Lee W, et al. 2006. Crustal velocity structure across the southern Korean Peninsula from seismic refraction survey, Geophysical Research Letters, 33(6): L06307

Christenson N I. 1996. Poisson's ratio and crustal seismology. Journal of Geophysical Research, 101(B2): 3139-3156

Christensen N I, Mooney W D. 1995. Seismic velocity structure and composition of the continental crust: A global view. Journal of Geophysical Research, 100: 9761-9788

Chwae U, Choi S. 1999. On the possible extension of the Sulu Belt toward the east through the Korean Peninsula. Gondwana Research, 2(4): 540-542

Cukur D, Horozal S, Kim D C, et al. 2011. Seismic stratigraphy and structural analysis of the Northern East China Sea Shelf Basin interpreted from multi-channel seismic reflection data and cross-section restoration. Marine and Petroleum Geology, 28: 1003-1022

Davide S, Solarino S, Eva C. 2009. P wave seismic velocity and V_p/V_s ratio beneath the Italian peninsula from local earthquake tomography. Tectonophysics, 465: 1-23

Dragoset B. 2000. Introduction to air guns and air-gun arrays. The Leading Edge, 19(8): 892-897

Drakatos G, Karastathis V, Makris J, et al. 2005. 3D crustal structure in the neotectonic basin of the Gulf of Saronikos (Greece). Tectonophysics, 400: 55-65

Eakin D H, Mcintosh K D, Van Avendonk H J A, et al. 2014. Crustal-scale seismic profiles across the Manila subduction zone: the transition from intraoceanic subduction to incipient collision. Journal of Geophysical Research: Solid Earth, 119(1): 1-17

Fabbri O, Monie P, Fournier M. 2004. Transtensional deformation at the junction between the Okinawa trough back-arc basin and the SW Japan island arc. Geological Society, London, Special Publications, 227(1): 297-312

Gazdag J. 1978. Wave equation migration with the phase-shift method. Geophysics, 43(7): 1342-1351

Golub G, Kahan W. 1965. Calculating the singular values and pseudo-inverse of a matrix. Journal of the Society of Industrial and Applied Mathematics, 2(2): 205-224

Gungor A, Lee G H, Kim H J, et al. 2012. Structural characteristics of the northern Okinawa Troughand adjacent areas from regional seismic reflection data: geologic and tectonic implications. Tectonophysics, 522/523(3): 198-207

Guo X W, Xu H H, Zhu X Q, et al. 2019. Discovery of Late Devonian plants from the southern Yellow Sea borehole of China and its palaeogeographical implications. Palaeogeography, Palaeoclimatology, Palaeoecology, 531(PtA): 108444

Hirata N, Kinoshita H, Katao H, et al. 1991. Report on DELP 1988 Cruises in the Okinawa Trough Part 3: crustal structure of the southern Okinawa Trough. Bulletin of the Earthquake Reçearch Institute University of Tokyo, 66: 37-70

Huang J, Zhao D. 2006. High-resolution mantle tomography of China and surrounding regions. Journal of Geophysical Research, 111: B09305

Huang Y Q, Zhang J Z, Liu Q H. 2011. Three-dimensional GPR ray tracing based on wavefront expansion with irregular cells. IEEE Transactions on Geoscience and Remote Sensing, 49(2): 679-687

Huang Z, Li H, Zheng Y, et al. 2009. The lithosphere of North China Craton from surface wave tomography. Earth and Planetary Science Letters, 288: 164-173

Ishiwatari A, Tsujimori T. 2001. Late Paleozoic high-pressure metamorphic belts in japan and sikhote-alin: possible oceanic extension of the Chinese Dabie-Su-Lu Suture detouring Korea. Gondwana Research, 4(4): 636-638

Iwasaki T, Sellevoll M A, Kanazawa T, et al. 1994. Seismic refraction crustal study along the Sognefjord, south-west Norway, employing ocean-bottom seismometers, Geophysical Journal International, 119:

791-808

Kasahara J, Harvey R R. 1977. Seismological evidence for the high-velocity zone in the Kuril Trench area from ocean bottom seismometer observations. Journal of Geophysical Research, 82(26): 3805-3814

Kim H J, Kim C H, Hao T Y, et al. 2019. Crustal structure of the Gunsan Basin in the SE Yellow Sea from ocean bottom seismometer (OBS) data and its linkage to the South China Block. Journal of Asian Earth Sciences, 180: 103881

Kim S D, Nagihara S, Nakamura Y. 2000. P- and S-wave velocity structures of the Sigsbee Abyssal Plain of the Gulf of Mexico from ocean bottom seismometer data. GCAGS Transactions, 50: 475-483

Kimura M. 1985. Back-arc rifting in the Okinawa Trough. Marine and Petroleum Geology, 2: 222-240

Kimura M, Kaneoka I, Kato Y, et al. 1986. Report on DELP 1984 cruises in the middle Okinawa Trough, Part V: topography and geology of the central grabens and their vicinity. Bulletin of the Earthquake Research Institute University of Tokyo, 61(2): 269-310

Kizaki K. 1986. Geology and tectonics of the Ryukyu Islands. Tectonophysics, 125(1-3): 193-207

Kodaira S, Bellenberg M, Iwasaki T, et al. 1996. V_p/V_s ratio structure of the Løfoten continental margin, northern Norway, and its geological implications. Geophysical Journal International, 124: 724-740

Korenaga J, Holbrook W S, Kent G M, et al. 2000. Crustal structure of the southeast Greenland margin from joint refraction and reflection seismic tomography. Journal of Geophysical Research: Solid Earth, 105(B9): 21591-21614

Le Bégat S, Podvin P, Lambaré G. 2000. Application of 2D stereotomography to marine seismic reflection data. 70th SEG Technical Program Expanded Abstracts. 2142-2145

Lee C S, Jr Shor G G, Bibee L D, et al. 1980. Okinawa Trough: Origin of a back-arc basin. Marine Geology, 35: 219-241

Lee G H, Kim B, Shin K S, et al. 2006. Geologic evolution and aspects of the petroleum geology of the Northern East China Sea Shelf Basin. American Association of Petroleum Geologists, 90(2): 237-260

Letouzey J, Kimura M. 1985. Okinawa Trough genesis: structure and evolution of a backarc basin developed in a continent. Marine and Petroleum Geology, 2(2): 111-130

Li C F, Wang J L, Zhou Z Y, et al. 2012. 3D geophysical characterization of the Sulu–Dabie orogen and its environs. Physics of the Earth and Planetary Interiors, 192-193: 35-53

Li Z X, Li X H. 2007. Formation of the 1300-km-wide intracontinental orogen and postorogenic magmatic province in Mesozoic South China: a flat-slab subduction model. Geology, 35(2): 179-182

Lin J Y, Sibuet J C, Hsu S K. 2005. Distribution of the East China Sea continental shelf basins and depths of magnetic sources. Earth, Planets and Space, 57(11): 1063-1072

Liu L, Hao T, Lü C, et al. 2015. Crustal structure of Bohai Sea and adjacent area (North China) from two onshore-offshore wide-angle seismic survey lines. Journal of Asian Earth Sciences, 98: 457-469

Lu R S, Pan J J, Lee T C. 1981. Heat flow in the southern Okinawa Trough. Earth and Planetary Science Letters, 55(2): 300-310

Martinez M D, Lana X, Guinto E R. 2008. Shear-wave attenuation tomography of the lithosphere-asthenosphere system beneath the Mediterranean region. Tectonophysics, 101(B2): 224-240

McIntosh K D, Liu C, Lee C. 2012. Introduction to the TAIGER special issue of marine geophysical research. Marine Geophysical Research, 33(4): 285-287

Miura S, Takahashi N, Nakanishi A, et al. 2005. Structural characteristics off Miyagi forearc region, the Japan Trench seismogenic zone, deduced from a wide-angle reflection and refraction study. Tectonophysics, 407: 165-188

Mjelde R, Aurvag R, Kodaira S, et al. 2002. V_p/V_s-ratios from the central Kolbeinsey Ridge to the Jan Mayen Basin, North Atlantic; implications for lithology, porosity and present-day stress field. Marine Geophysical Research, 23: 125-145

Nazareth J J, Clayton R W. 2003. Crustal structure of the borderland-continent transition zone of southern California adjacent to Los Angeles. Journal of Geophysical Research, 108(B8): 1-17

Nissen S S, Hayes D E, Buhl P, et al. 1995. Deep penetration seismic soundings across the northern margin of the South China Sea. Journal of Geophysical Research, 100(B11): 22407-22433

Oh C W, Krishnan S, Kim S W, et al. 2006a. Mangerite magmatism associated with a probable Late-Permian to Triassic Hongseong-Odesan collision belt in South Korea. Gondwana Research, 9: 95-105

Oh C W, Sajeev K, Kim S W, et al. 2006b. Tectonic evolution of Korean Peninsula and adjacent crustal fragments in Asia: introduction. Gondwana Research, 9: 19-20

Okaya D, Henrys S, Stern T. 2002. Double-sided onshore-offshore seismic imaging of a plate boundary: "super-gathers" across South Island, New Zealand. Tectonophysics, 355(1): 247-263

Ren J Y, Tamaki K, Li S T, et al. 2002. Late Mesozoic and Cenozoic rifting and its dynamic setting in Eastern China and adjacent areas. Tectonophysics, 344(3): 175-205

Reshef M. 1991. Depth migration from irregular surfaces with depth extrapolation methods. Geophysics, 56(1): 119-122

Richards T C. 1960. Wide angle reflections and their application to finding limestone structures in the foothills of western Canada. Geophysics, 25: 385-407

Richardson W J, Greene C R, Malme C I, et al. 1995. Marine mammals and noise. San Diego: Academic Press

Sachpazi M, Galvé A, Laigle M, et al. 2007. Moho topography under central Greece and its compensation by Pn time-terms for the accurate location of hypocenters: the example of the Gulf of Corinth 1995 Aigion earthquake. Tectonophysics, 440: 53-65

Shang L N, Zhang X H, Jia Y G, et al. 2017. Late Cenozoic evolution of the East China Continental Margin: insights from seismic, gravity, and magnetic analyses. Tectonophysics, 698: 1-15

Shinjo R, S L Chung, Kato Y, et al. 1999. Geochemical and Sr-Nd isotopic characteristics of volcanic rocks from the Okinawa Trough and Ryukyu Arc: implications for the evolution of a young, intracontinental back arc basin. Journal of Geophysical Research, 104: 10591-10608

Shinn Y, Chough S, Hwang I. 2010. Structure development and tectonic evolution of Gunsan Basin(Cretaceous-Tertiary) in the central Yellow Sea. Marine and Petroleum Geology, 27: 500-514

Sibuet J, Deffontaines B, Hsu S, et al. 1998. Okinawa Trough backarc basin: early tectonic and magmatic evolution. Journal of Geophysical Research, 103: 30245-30267

Soubaras R. 2010. Deghosting by joint deconvolution of a migration and a mirror migration. 80th SEG Annual Meeting, Expanded Abstracts, 3406-3410

Stockwell J W. 1999. The CWP/SU: Seismic Unix package. Computer & Geoscience, 25(4): 415-419

Tapponnier P, Peltzer Y, Dain L, et al. 1982. Propagating extrusion tectonics in Asia: new insight from simple experiments with plasticine. Geology, 10: 611-616

Tapponnier P, Peltzer G, Armijo R. 1986. On the mechanics of the collision between India and Asia. Geological Society, London, Special Publications, 19(1): 113-157

Trey H, Cooper A K, Pellis G, et al. 1999. Transect across the West Antarctic rift system in the Ross Sea, Antarctica. Tectonophysics, 301: 61-74

Van Avendonk H J, Holbrook W S, Okaya D, et al. 2004. Continental crust under compression: a seismic refraction study of South Island geophysical transect I, South Island, New Zealand. Journal of Geophysical Research: Solid Earth, B06302(109): 1-16

Wang K L, Chung S L, Chen C H, et al. 1999. Post-collisional magmatism around northern Taiwan and its relation with opening of the Okinawa Trough. Tectonophysics, 308(3): 363-376

Wang T K, Chen M K, Lee C S, et al. 2006. Seismic imaging of the transitional crust across the northeastern margin of the South China Sea. Tectonophysics, 412(3): 237-254

White R S. 1992. Crustal structure and magmatism of north-atlantic continental margins. Journal of the Geological Society, 149(5): 841-854

Xu P, Liu F, Ye K, et al. 2002. Flake tectonics in the Sulu orogen in eastern China as revealed by seismic tomography. Geophysical Research Letters, 29(10): 21-23

Yamano M, Uyeda S. 1985. Possible effects of collisions on plate motions. Tectonophysics, 119(1-4): 223-244

Yamano M, Uyeda S, Furukawa Y, et al. 1986. Heat flow measurements in the northern and middle Ryukyu Arc Area on R/V Sonne in 1984. Bulletin of the Earthquake Research Institute University of Tokyo, 61(2): 311-327

Yamano M, Uyeda S, Foucher J P, et al. 1989. Heat flow anomaly in the middle Okinawa Trough. Tectonophysics, 159(3-4): 307-318

Yan P, Zhou D, Liu Z S. 2001. A crustal structure profile across the northern continental margin of the South China Sea. Tectonophysics, 338(1): 1-21

Yang F L, Xu X, Zhao W F, et al. 2011. Petroleum accumulations and inversion structures in the Xihu Depression, East China Sea Basin. Journal of Petroleum Geology, 34(4): 429-440

Yang K, Jiang F, Cheng J B, et al. 2007. An integrated wave-equation datuming scheme for the overthrust data based on the one-way extrapolator. SEG Technical Program Expanded Abstracts, 2275-2279

Ye J, Qing H, Bend S, et al. 2007. Petroleum systems in the offshore Xihu Basin on the continental shelf of the East China Sea. AAPG Bulletin, 91: 1167-1188

Yin A. 1993. An indentation model for the North and South China collision and the development of the Tan-Lu and Honam fault systems, eastern Asia. Tectonics, 12(4): 801-813

Zelt C A. 1999. Modelling strategies and model assessment for wide-angle seismic traveltime data. Geophysical Journal International, 139(1): 183-204

Zelt C A, Smith R B. 1992. Seismic travel time inversion for 2-D crustal velocity structure. Geophysical Journal International, 108: 16-34

Zelt C A, Sain K, Julia V, et al. 2003. Assessment of crustal velocity models using 815 seismic refraction and reflection tomography. Geophysical Journal International, 153: 609-626

Zhai M G, Guo J H, Li Z, et al. 2007. Linking the Sulu UHP belt to the Korean Peninsula: evidence from eclogite, Precambrian basement, and Paleozoic sedimentary basins. Gondwana Research, 12(4): 388-403

Zhang J Z, Huang Y Q, Song L P, et al. 2011. Fast and accurate 3-D ray tracing using bilinear traveltime interpolation and the wave front group marching. Geophysical Journal International, 184: 1327-1340

Zhang J Z, Shi J J, Song L P, et al. 2015. Linear traveltime perturbation interpolation: a novel method to compute 3-D traveltimes. Geophysical Journal International, 203(1): 548-552

Zhang K J. 1997. North and South China collision along the eastern and southern North China margins. Tectonophysics, 270: 145-156

Zhang M H, Xu D S, Chen J W. 2007. Geological structure of the yellow sea area from regional gravity and magnetic interpretation. Applied Geophysics, 4(2): 75-83

Zhao M H, Qiu X L, Xia S H, et al. 2010. Seismic structure in the northeastern South China Sea: S-wave velocity and V_p/V_s ratios derived from three-component OBS data. Tectonophysics, 480: 183-197

Zhou D, Ru K, Chen H Z. 1995. Kinematics of Cenozoic extension on the South China Sea continental margin and its implications for the tectonic evolution of the region. Tectonophysics, 251: 161-177

Zhou H W. 2003. Multiscale traveltime tomography. Geophysics, 68(5): 1639-1649

Zhou Z. 1989. Characteristics and tectonic evolution of the East China Sea. Chinese Sedimentary Basins, 165-179